压水堆核电厂操纵人员基础理论培训系列教材

核电厂水化学

Water Chemistry of Nuclear Power Plants

韩延德 编著

中国原子能出版社

图书在版编目(CIP)数据

核电厂水化学／韩延德编著．—北京：原子能出版社，2010.12（2025.7 重印）
（压水堆核电厂操纵人员基础理论培训系列教材）
ISBN 978-7-5022-4979-3

Ⅰ.①核… Ⅱ.①韩… Ⅲ.①压水型堆—核电厂—水化学—技术培训—教材 Ⅳ.①TM623.91

中国版本图书馆 CIP 数据核字(2010)第 130846 号

内容简介

本书是一本概论性教材。全书共分 10 章，分别介绍了水化学在压水堆核电厂中的重要作用，水化学基础理论，腐蚀及其防护，化学补偿控制，冷却剂辐射化学，辐射场控制，一、二回路水的 pH 控制，一、二回路系统的水化学准则，水处理工艺和系统以及水化学分析和监测。

本书是压水堆核电厂操纵人员基础理论培训系列教材之一，也可供从事核电工程的相关技术人员及高等院校相关专业的师生参考。

核电厂水化学

策　　划　刘　朔　张　琳
出版发行　中国原子能出版社（北京市海淀区阜成路 43 号　100048）
责任编辑　肖　萍
技术编辑　冯莲凤
责任印制　赵　明
印　　刷　北京天恒嘉业印刷有限公司
经　　销　全国新华书店
开　　本　787 mm×1092 mm　1/16
印　　张　12　　**字　　数**　295 千字
版　　次　2010 年 12 月第 1 版　2025 年 7 月第10 次印刷
书　　号　ISBN 978-7-5022-4979-3
定　　价　**60.00 元**

网址：http://www.aep.com.cn　　**E-mail：atomep123@126.com**
发行电话：010-68452845

《压水堆核电厂操纵人员基础理论培训系列教材》

编　委　会

《压水堆核电厂操纵人员基础理论培训系列教材》

校审专家

（按姓氏拼音顺序排列）

一审专家：

高秀清　高永春　李文埮　李永章　刘耕国
罗璋琳　彭木彰　浦胜娣　吴炳祥　夏益华
张培升　赵兆颐

二审专家：

陈　跃　付卫彬　黄志军　蒋祖跃　李守平
马明泽　毛正宥　潘泽飞　唐锡文　王瑞正
魏　挺　薛峻峰　杨　炜　朱晓斌

统审专家：

曹述栋　丁卫东　丁云峰　宫广臣　苟　峰
顾颖宾　郭利民　何小剑　黄世强　廖伟明
刘志勇　马明泽　毛正宥　缪亚民　戚屯锋
苏圣兵　孙光弟　王晓航　魏国良　吴　放
吴　岗　杨昭刚　俞卓平　张福宝　张志雄
周卫红

前　言

核电厂操纵人员的素质关系到核电厂的安全运营，而培训工作是保证人员素质的基本环节之一。为适应当前我国大力发展核电的形势，保证核电厂操纵人员的培训质量，使基础理论培训满足国家核安全法规与行业规定的要求，便于对培训过程实施统一规范的管理，国家主管部门决定编写一套适用于核电厂操纵人员的基础理论培训教材——《压水堆核电厂操纵人员基础理论培训系列教材》。鉴于核工业研究生部在近20年的核电基础理论培训中，积累了丰富的教学及管理经验，具有稳定的师资队伍和较完整的教材体系，故由核工业研究生部具体承担教材编写的组织工作。

为了编好操纵人员培训教材，核工业研究生部牵头组织长期从事核电培训的专家、教授进行认真分析和讨论，根据我国现有堆型的特点，从压水堆核电厂入手，由核电厂、核动力运行研究所、操纵人员资格审查委员会等单位的专家共同参与编写。这套教材共十二册，包括《核反应堆物理》、《核反应堆热工水力学》、《核电厂辐射防护》、《核电厂材料》、《核电厂通用机械设备》、《核电厂水化学》、《核电厂电气原理与设备》、《核电厂核蒸汽供应系统》、《核电厂蒸汽动力转换系统》、《核电厂仪表与控制》、《核电厂核安全》、《核电厂运行概论》。这套教材内容以核电厂相关专业的基本概念、基本原理及基础知识为主，可为操纵人员下一步培训打下良好的理论基础。

本套教材是经过充分准备、精心组织而完成的。首先，根据核电厂操纵人员的培训目标，按照《核电厂操纵人员的执照考核标准》(EJ/T 1043—2004)的相关内容和要求进行课程设置、制定教材编写原则、明确每种教材应涵盖的内容；在总结以往教学经验的基础上，充分征求各核电厂专家的意见，形成了内容完整、要求明确的教材编写大纲。其次，聘请既有较高的专业水平又有较强的实际工作能力和丰富的教学经验的专家担任本套教材的编者，并为编者提供教材编写技巧、《著作权法》等相关知识的讲座和模拟机现场观摩学习；编者根据教材编写原则和大纲编写具体内容，力求做到既符合学员的认知规律又贴近核电厂的实际。再次，请理论功底扎实、教学经验丰富的教授、专家根据教学原则对教材内容的准确性、系统性等进行审查，并广泛征求任课教师的意见；同时请实践经验丰富的核电厂专家结合实际进行审查。编者根据上述意见对教材进行认真修改后，再征求各方意见，最终由操纵人员资格审查委员会审定。

本套教材中《核电厂电气原理与设备》由江苏核电有限公司具有丰富实际工作经验的专家编写。其余的各分册由核工业研究生部多年从事核电培训教学工作、教学及实践经验丰富的教授、专家编写。

在本套教材的编审过程中，核工业研究生部的任课教师们认真参与教材的编审和研讨；江苏核电有限公司专门成立“电气教材编写专项组”，精心组织编审；各核电厂积极推荐审稿专家，提供编写教材所需资料；核电秦山联营有限公司组织一线人员与编者进行对口交流，创造条件为编者提供模拟机现场演示与讲解；各核电厂、核动力运行研究所、操纵人员资格审查委员会等单位的专家们认真审稿，提出许多宝贵意见；原子能出版社自始至终给予通力合作，提前介入指导，缩短了出版周期。

本套教材的编制出版，凝聚着编、审、校、印及组织管理人员的大量心血，同时得到各相关单位的大力支持和热情帮助，在此深表谢意！

编委会

2010 年 11 月

编者的话

《核电厂水化学》是根据核电基础理论培训教材编写大纲要求，在广泛听取核电专家意见的基础上编写的，是《压水堆核电厂操纵人员基础理论培训系列教材》之一，也可供核电厂相关人员参考。

本书根据《核动力厂运行安全规定》(HAF103)和《核电厂人员的配备、招聘、培训和授权》(HAD103/05)的要求，内容以基础理论知识、基本概念和基本原理为主，涵盖了《核电厂操纵人员的执照考核》标准(EJ/T 1043—2004)附录A.3.6、A.4的内容。

本书以核工业研究生部核电厂操纵人员培训讲义《压水堆水化学》为基础，结合任课老师的教学实践作了修改和补充。在编写上，尽量从原理上着重讲清楚基本概念，并注意联系实际，将这些基本概念与核电厂的运行实际相结合。在内容选择和安排上，为便于读者理解，力求做到由浅入深，尽量避免艰深的理论，做到既重点突出，又具有一定的全面性、系统性。

全书共分10章。第1章绪论，介绍水化学在压水堆核电厂中的重要作用；第2章介绍水化学基础理论；第3章介绍腐蚀及其防护；第4章介绍化学补偿控制；第5章介绍冷却剂辐射化学；第6章介绍辐射场控制；第7章介绍一、二回路水的pH控制；第8章介绍PWR一、二回路系统的水化学准则；第9章介绍PWR水处理工艺和系统；第10章介绍PWR水化学分析和监测。

本书在编写过程中，参考了核工业研究生部、秦山核电有限公司、西安交通大学和大亚湾核电厂等单位由苏淑娟、林芳良、方能虎和李运康等同志编写的多本相关内部讲义。同时，高秀清、陈跃等专家审校了全文，编者一并表示诚挚的谢意。

书中如有不妥之处，恳请批评指正。

编者

2010年11月

目　录

第1章　绪　论

压水堆(PWR)以高温高压水作为冷却剂和慢化剂。一方面随着反应堆运行堆年的增加,水化学问题会相继表现出来,例如放射性污染问题、设备和材料的腐蚀问题、水质的保证及控制问题和放射性污染的处理以及防护问题等;另一方面随着运行堆年的增加,水化学对维护反应堆的运行安全和提高核电厂可利用率的重要性就更加突出。

水化学从两个方面影响压水堆的运行安全:

1) 影响核电厂含有放射性的屏障的安全性;

2) 影响堆芯以外的辐射场的放射性积累,从而影响工作人员经受的辐射剂量。

这些因素相互联系,为了保证系统的完整性必须定期进行检查和维护,而维修又是职业性地经受照射的主要原因。水化学的良好控制可以使上述两个问题对核电厂的不利影响大为减少,从而改善核电厂的安全性。良好的水化学控制是确保屏障的完整性的重要手段,保护屏障的完整性问题涉及两个方面:

1) 导致安全屏障直接破坏的腐蚀过程;

2) 削弱安全屏障性能的腐蚀,即使在运行期间屏障的完整性是完好的,但也可使其在瞬间发生破裂,使事故逐步升级。

1.1　屏障的完整性

为防止放射性裂变产物释放到环境,核电厂设有四道屏障:芯块、燃料包壳、一回路系统(反应堆内壳)和安全壳(包括废物处理系统)。水化学可以影响前三道屏障。在燃料棒中燃料芯块和装有芯块的锆合金包壳形成了防止功率运行期间产生的裂变产物释放到环境的两道屏障。因此,保护燃料包壳的完整性是核电厂运行安全的主要目标。锆合金可能受腐蚀、氢脆和由于腐蚀产物在其表面的沉积,传热效率下降致使包壳表面温度升高而引起锆合金的抗腐蚀性能下降和恶化。一回路系统是防止活化腐蚀产物、裂变产物和燃料包壳破损而泄漏的放射性物质的又一道屏障。以上这些屏障的完整性都与水化学有关。水化学对反应堆压力容器不会有重大影响,但水质对压水堆的蒸汽发生器的完整性却有重大影响。目前虽还没有出现由于水化学因素导致一回路侧结构材料的开裂,但人们仍关注一回路的水化学对燃料包壳、一回路压力边界的完整性和一回路放射性积累的影响。压水堆蒸汽发生器的完整性一方面受到一回路水质好坏的重大影响,而另一方面二回路水化学控制不善引起的耗蚀、点蚀、凹陷和晶间腐蚀等严重问题也导致了许多核电厂蒸汽发生器的失效。因此,保持压水堆二回路良好的水质也是非常重要的。水化学不会影响作为反应堆安全屏障的安全壳系统。在第3章将详细讨论锆合金包壳和结构材料与水化学的相容性问题。

1.2 辐射场及其控制

保证良好的工作环境,降低辐射场剂量是所有核电厂的目标,必须使工作人员所受的辐射照射剂量保持在合理可行尽量低的水平,以便减少其对人员身体健康的影响。工作人员所受的辐射剂量是由在辐射区所停留的时间和所受的辐射强度决定的。可以利用远距离控制设备的操作和减少维护修理,来减少工作人员所受辐照的时间。

本节简要论述减少反应堆堆芯以外的辐射场的途径,尤其是人员在检查和维护工作期间导致遭受更大剂量的辐射场是压水堆的蒸汽发生器。在反应堆燃料元件包壳破损率很小或无破裂的正常运行工况下,堆芯以外的辐射场的90%放射性强度是由活化的腐蚀产物所贡献。这些腐蚀产物来自堆内部件或冷却剂系统的腐蚀、磨损表面,并由主冷却剂载运到堆芯,在堆芯内被活化,随后沉积在堆芯以外的系统表面上。钴同位素(^{58}Co和^{60}Co)是辐射场的主要贡献者。在新的核电厂正通过控制材料中钴杂质的含量和尽可能减少表面硬化钴基合金的使用来更多地减少钴源。水化学控制是降低辐射场形成速率的唯一办法。在反应堆首次启动前和运行期间表面的预处理和仔细地控制水化学是很重要的。在运行期间和停堆时,良好地控制水化学是必须的,以减少整个燃料循环周期内钴同位素的释放、转移和沉积。核电厂运行经验表明,水质控制不好的核电厂,通常具有较高的辐射场。

许多在良好水化学控制情况下运行的压水堆核电厂,年集体剂量较低,而在水化学控制比较差的情况下运行的核电厂,通常具有较高的辐射场,其年集体剂量甚至达到水化学控制情况良好的核电厂的几倍(在第6章将详细讨论水化学对辐射场的影响)。

1.3 水化学控制

(1) 主要水化学控制

1) 恰当的化学处理(如pH值和氧含量的控制);

2) 使用高纯补给水,严格控制水质质量标准;

3) 一回路和二回路水有效的净化;

4) 防止杂质的进入;

5) 在冷却剂系统中使用化学药品的纯度应具有质量保证;

6) 在核电厂控制区使用化学物质,应遵守核安全条例;

7) 为获得优质水需要有性能良好的补给水除盐系统,冷凝器的高度完整性,避免氧气漏入,有效的主冷却剂和冷凝水净化系统;

8) 核电厂管理部门均有制定水质监测、腐蚀监督和辐射场报警等管理法规及对策。

(2) 主要水化学问题

每个核电厂的设计都存在其自身的潜在问题。例如,人们特别关心离子交换树脂,氧和无机杂质(Cl^-、F^-)进入一回路,因为杂质(Cl^-、F^-)和氧(冷却水在堆芯辐射分解生成)的联合作用可能对材料有很大的损害,同时更加关注二回路水中的Cl^-,氧的含量,因为这是构成蒸汽发生器传热管应力腐蚀开裂的主要化学因素。另外,为控制堆芯的反应性,在整个燃料周期要求冷却剂中的硼酸浓度随燃料的燃耗加深而降低。因此,使压水堆一回路系统的水化学复杂化了。这需要向主冷却剂中添加碱化剂，通常是氢氧化锂、氢氧化铵和氢氧化钾。如果维持 pH 值恒定，碱化剂的浓度要随硼酸浓度作相应的改变。还必须保持主冷却剂中有一定氢含量[25 ml(STP)/(kgH_2O)]，以便抑制水的辐射分解，否则，辐射分解产生的氧将导致材料局部腐蚀和在燃料包壳表面上将有大量腐蚀产物的沉积。压水堆二回路系统大都采用维持碱性的二回路给水的全挥发性处理法。这里必须特别注意的是要减少能迅速促使蒸汽发生器传热管产生严重腐蚀的氧、氯化物、硫酸盐等杂质的进入。

为了通过控制腐蚀和辐射场来改进反应堆运行安全，要求核电厂管理部门制定监测水化学、腐蚀和辐射场以及需要时采取纠正措施的法规、程序和对策。

综上所述，适宜的水化学控制技术在确保核电厂安全稳定运行中具有重要作用。

复习题

1. 简述水化学控制的主要内容和水化学在压水堆核电厂安全运行中的重要作用。
2. 水化学主要在哪几个方面影响压水堆核电厂的安全运行和核电厂可利用率？

第2章　水化学基础理论

2.1　元素周期表

元素周期表是化学元素周期律的概括表达形式。化学元素周期律的发现是化学史上最重要的事件之一。元素周期律对化学元素性质的研究和物质结构学说的进一步发展都起了非常重要的作用。

2.1.1　元素和元素的周期表

目前，已知的化学元素达到112种，其中94种存在于自然界中，18种是人工制造的。在这些元素中，绝大多数是金属元素，共90种，非金属元素22种。为了书写上的方便，采用一定的符号来表示各种元素，叫做元素符号。112种化学元素中109种有了中文、英文名称和相应的元素符号。每种元素符号通常用它的拉丁文原名的第一字母（要用大写）。如氧元素用“O”表示，碳元素用“C”表示。如果两种元素的拉丁文原名第一字母相同，为了区别起见，就再在它后面附加一个字母，但第二个字母必须小写。例如锆元素用“Zr”表示，镍元素用“Ni”表示。书写元素符号注意字母大写和小写的规定，否则会造成错误。例如：“Co”是元素钴的符号，“CO”是一氧化碳的化学式。

俄国化学家门捷列夫（Менделеев）总结大量前人的研究成果，并根据相对原子质量大小顺序、比较各元素原子化学性质相似相异后，最早提出了元素周期规律性或周期律。在门捷列夫把所有的元素按相对原子质量的增大顺序排列之后，他发现每经过规律性的间隔总会出现化学上相似的元素，即在元素系列中，它们的许多性质都周期性地重复出现。他深信，在所有的化学元素之间应存在着一种规律性的联系，这种联系将所有的元素联成一个整体。他得出结论，元素的相对原子质量应当是它们分类的基础。门捷列夫最先发表了简单而明确的按元素周期相似性排列起来的表，称作元素周期表。单质的性质及元素化合物的形态和性质，与元素相对原子质量的数值成周期性的关系。现代元素周期表是长式的，叫维尔纳长式周期表（见图2-1）。

2.1.2　元素的周期性

随着化学元素相对原子质量的增加，它们性质的改变不是朝着一个方向不断地进行下去，而是具有周期性。经过一定数量的元素以后，好像又返回到原来的性质，然后在一定程度上又按同样的顺序再一次重复前面那些元素的性质，但在质和量两方面则有某些差异。

门捷列夫把在其范围内性质循序改变的一行元素，称之为周期。例如，从锂到氖或从钠到氩的一行八个元素。如果把这两个周期写成一上一下，使得锂的下面是钠，而氖的下面是氩，就得到下面的元素排列：

能级组或周期	能级组内状态	I A	II A	IIIB	IVB	VB	VIB	VIIB	VIIIB			I B	II B	IIIA	IVA	VA	VIA	VIIA	VIIIA	元素数
1	1s	1 H s^1																	10 He s^2	2
2	2s, 2p	3 Li s^1	4 Be s^2											5 B $[s^2]p^1$	6 C p^2	7 N p^3	8 O p^4	9 F p^5	10 Ne p^6	8
3	3s, 3p	11 Na s^1	12 Mg s^2											13 Al $[s^2]p^1$	14 Si p^2	15 P p^3	16 S p^4	17 Cl p^5	18 Ar p^6	8
4	4s, 3d, 4p	19 K s^1	20 Ca s^2	21 Sc s^2d^1	22 Ti s^2d^2	23 V s^2d^3	24 Cr s^1d^5	25 Mn s^2d^5	26 Fe s^2d^6	27 Co s^2d^7	28 Ni s^2d^8	29 Cu s^1d^{10}	30 Zn s^2d^{10}	31 Ga $[s^2d^{10}]p^1$	32 Ge p^2	33 As p^3	34 Se p^4	35 Br p^5	36 Kr p^6	18
5	5s, 4d, 5p	37 Rb s^1	38 Sr s^2	39 Y s^2d^1	40 Zr s^2d^2	41 Nb s^1d^4	42 Mo s^1d^5	43 Tc s^2d^5	44 Ru s^1d^7	45 Rh s^1d^8	46 Pd s^0d^{10}	47 Ag s^1d^{10}	48 Cd s^2d^{10}	49 In $[s^2d^{10}]p^1$	50 Sn p^2	51 Sb p^3	52 Te p^4	53 I p^5	54 Xe p^6	18
6	6s, 4f, 5d, 6p	55 Cs s^1	56 Ba s^2	57–71 s^2df	72 Hf $[f^{14}]\ s^2d^2$	73 Ta s^2d^3	74 W s^2d^4	75 Re s^2d^5	76 Os s^2d^6	77 Ir s^2d^7	78 Pt s^1d^9	79 Au s^1d^{10}	80 Hg s^2d^{10}	81 Tl $[f^{14}s^2d^{10}]p^1$	82 Pb p^2	83 Bi p^3	84 Po p^4	85 At p^5	86 Rn p^6	32
7	7s, 5f, 6d…	87 Fr s^1	88 Ra s^2	89–103 s^2df	104 Rf s^2d^2	105 Db s^2d^3	106 Sg	107 Bh	108 Hs	109 Mt	110 Ds	111 Uuu	112 Uub							未完
元素分区		s区		d区								ds区		p区						
价电子构型		$ns^{1\sim2}$		$(n-1)d^{1\sim9}s^{1\sim2}$								$(n-1)d^{10}s^{1\sim2}$		$ns^2np^{1\sim6}$						

f区：$(n-2)f^{1\sim14}(n-1)d^{0\sim2}ns$

57–71 镧系元素	s^2df	57 La d^1	58 Ce f^1d^1	59 Pr f^3	60 Nd f^4	61 Pm f^5	62 Sm f^6	63 Eu f^7	64 Gd d^1f^7	65 Tb f^9	66 Dy f^{10}	67 Ho f^{11}	68 Er f^{12}	69 Tm f^{13}	70 Yb f^{14}	71 Lu d^1f^{14}
89–103 锕系元素	s^2df	89 Ac d^1	90 Th d^2	91 Pa d^1f^2	92 U d^1f^3	93 Np f^4d^1	94 Pu f^6	95 Am f^7	96 Cm d^1f^7	97 Bk f^9	98 Cf f^{10}	99 Es f^{11}	100 Fm f^{12}	101 Md (f^{13})	102 No (f^{14})	103 Lr (d^1f^{14})

图 2-1　元素周期表

Li	Be	B	C	N	O	F	Ne
Na	Mg	Al	Si	P	S	Cl	Ar

在这样排列之下，垂直的各列里的元素性质都相近并且具有相同的价，如锂和钠，铍和镁等。

把所有的元素分成周期，使一个周期在另一个周期之下，并且使性质相似和生成化合物的类型也相似的元素上下排列之后，门捷列夫列出了一张表，并称之为元素按族和行排列的周期系。它由七个横行和十八个纵列（或称族）组成，其中彼此相似的元素上下相对应。

首先研究一下横行里元素的排列。第一行里只有两个元素——氢和氦。这两个元素构成第一周期。第二行和第三行由我们已经研究过的元素组成，并构成两个周期，各有八个元素。两个周期都以碱金属开始而以稀有气体结束。这三个周期都称为短周期。

第四行同样始自碱金属钾。根据前面两行性质的变化判断，可以预料，这一周期里元素的性质也会按同一顺序改变，第七个元素还会是卤族，而第八个元素仍将是稀有气体。但是并非如此。第七个位置上不是卤素而是锰：既能生成碱性氧化物又能生成酸性氧化物的金属，其氧化物中只有最高价的 Mn_2O_7 与相应的氧化氯（Cl_2O_7）相似。在这一周期中，锰的后面还有三个金属——铁、钴和镍，彼此很相像。第五行又重新从碱金属铷开始，依此类推。因此，氩以后的元素性质比较完整地重复发生在十八个元素之后，这十八元素组成了第四周期，即所谓长周期。

第六行里镧的后面有十四个元素，称为镧系，它们与镧极为相似，彼此之间也极为相似。鉴于它们原子结构的特点所形成的这种相似，镧系通常被置于总周期表之外，而只在镧的一格里标明它们在周期系中的位置。

第七行里锕后面的十四个元素原子结构与锕相似，因此将它们称为锕系，和镧系一样放在总表之外。

在表的纵列里的元素具有相似的性质。因此每一个纵列的族好像是元素的一个天然家族。表内这样的族共有八个。族的号码在上端用罗马数字标明。

属于第一族的元素生成的氧化物共同的化学式为 R_2O，第二族为 RO，第三族为 R_2O_3，依此类推。因此，每一族元素相对于氧的最高价，除少数例外，都与族的序号相符。

这样，从第四周期开始，周期系的每一族可分两个分族：主族，冠以符号 A；另一分族称为副族，冠以符号 B。

元素周期表最右边的是“零族”，门捷列夫最初拟定的周期表总共包括八个族。惰性气体元素必须排出一个新族，门捷列夫把这些元素排在第一族之前，称此族为零族。这个名称除了表示该族编号为零之外，还表示出此族的特殊化学性质；其所有的元素根本不与其他元素化合，也就是说，它们的原子价是零价，通常将其排在极右端。

在创立周期系时，门捷列夫遵循了按相对原子质量的增长排列元素的原则。后来，他不认为相对原子质量具有决定意义，在确定一个元素在表中的位置时，是以其性质的总和为依据的。

这样一来，在周期系里元素的性质，它们的相对原子质量、价数、化学特性，无论是在横的方向还是垂直方向都按一定顺序变化。因而元素在周期表中的位置是由它的性质决定的，反之，每一个位置适合于具有一定的综合性质的元素。因此，知道元素在周期表中的位置，就可以相当准确地指出它的性质。

元素在周期表中的位置是由它的性质决定的，门捷列夫在周期系里对元素的排列完全正确，后来发现元素的性质由它的原子的电子层结构决定的，并与原子结构相符合。元素的原子结构和性质决定了元素在周期表中的位置，反之，周期表中的每个位置也反映了该元素的原子结构和性质。

原子核电荷相等即原子序数相同，而原子质量不同的元素，它们在元素周期表上占有同一位置，这些核素称为同位素。由于同一种元素的各种同位素在周期表中占同一个位置，它们的化学性质几乎完全相同。天然存在的化学元素大部分都有同位素。例如：氢元素的原子都含有一个质子，但含有的中子数分别为 0、1、2 三种原子，它有三种同位素：分别称为氕、氘、氚，即普通氢原子、重氢、超重氢，其同位素符号分别为^{1}H、^{2}H、^{3}H。再如：^{58}Co、^{60}Co 等。

同位素按其质量不同，通常又分为轻同位素和重同位素。凡在周期表内占较前位置的元素，它们的原子质量较轻(原子序数较小)，其同位素叫做轻同位素，例如：^{6}Li 和^{7}Li。在周期表占较后位置的元素，其原子质量较重(原子序数较大)，它们的同位素叫做重同位素，例如：^{235}U 和^{238}U。天然铀中含有三种同位素：铀-238(^{238}U)、铀-235(^{235}U)和铀-234(^{234}U)。

同位素有放射性同位素和稳定同位素之分。天然同位素约有 50 种是不稳定的。所谓不稳定，是指这些核的自发衰变特性，不断地放出射线改变自身的核结构而转变成另一种核素，这种现象称之为核衰变。这种具有放射性的同位素就叫做放射性同位素。放射性同位素活度降为一半所需的时间等于该同位素的半衰期 $t_{1/2}$。存在于自然界中的放射性同位素叫做天然放射性同位素；与放射性同位素相反，有些同位素不具有放射性，其原子核是稳定的，这种同位素称为稳定同位素。

原子-分子理论奠定之后，可以确定周期律的发现就是化学上最重要的事件。门捷列夫以周期律为基础，将化学元素用周期系的形式进行了分类，这种分类方法对化学元素性质的研究和物质结构学说的进一步发展都起了非常重要的作用。原子的电子层结构具有周期性变化规律，因此与原子结构有关的一些原子基本性质，如原子半径、电离能、电子亲和能、电负性等也随之呈现显著的周期性。继门捷列夫的周期律之后，波尔学说解决了在不同元素的原子中电子的排列这个问题，并确定了原子的电子层结构与元素的性质之间的关系。了解了某原子中围绕着原子核旋转的电子数等于该元素在周期系中的原子序数。所有的电子按电子层分成若干电子组。每一个电子层填满或达到饱和所需的电子数目是一定的。元素的原子最外电子层中的电子数是周期性重复的。一个原子的最外层电子(叫做价电子)主要决定元素的化学性质。如果把具有相同数目价电子的元素划分一族，那么在各族中的元素应具有相类似的化学性质。关于元素化学性质的差异，是由三个主要特征造成的：

1) 核电荷的大小和核外电子数，这两个都等于原子序数；

2) 电子层数和各层中的电子数，特别是价电子层中的电子数；

3) 在各电子层中，电子彼此间的距离和它们离核的距离。

第ⅠA 族：主族——锂(Li)、钠(Na)、钾(K)、铷(Rb)、铯(Cs)和钫(Fr)称为碱金属；这个名称的由来，是因为这一族的两个主要代表钠和钾的氢氧化物自古以来被称为碱。这六种元素的氢氧化物都是易溶于水的碱，所以称它们为碱金属元素，其中钫是放射性元素。

第ⅡA 族：主族——铍(Be)、镁(Mg)、钙(Ca)、锶(Sr)、钡(Ba)、镭(Ra)六种元素。Ca、Sr、Ba 的氧化物在性质上介于“碱性的”碱金属氧化物和“土性的”(以前把黏土的主要成分，既难溶于水又难熔融的 Al_2O_3 称为“土”)难溶的氧化物 Al_2O_3 之间，所以称它们为碱土金属。习惯上把铍和镁也包括在内，统称为碱土金属元素，其中镭是放射性元素。

第ⅦA族：主族——氟(F)、氯(Cl)、溴(Br)、碘(I)和砹(At)五种元素，总称为卤素。"卤素"在希腊文中为"成盐元素"的意思，因为这些元素是典型的非金属，所以它们都能与典型的金属-碱金属化合生成典型的盐。卤素中最后一个元素砹是放射性元素。在自然界中，砹仅以微量而短暂地存在于镭(Ra)、锕(Ac)或钍(Th)的蜕变产物中。

如果把周期表中的元素分类，按照它们的原子结构可分为四类：

1) 惰性气体：它们是氦(He)、氖(Ne)、氩(Ar)、氪(Kr)、氙(Xe)、氡(Rn)。这些元素的外电子层完成了8个电子的(氦是两个电子)外壳，所以它们的化学性质很稳定；

2) 代表性元素：这些元素最外层是未被完成的，增加的电子可以进入最外层，这些代表性元素是周期表中的ⅠA、ⅡA、ⅢA、ⅣA、ⅤA、ⅥA和ⅦA族的元素；

3) 过渡元素：这些元素从外数第二层电子层从8个电子完成到18个电子以钪(Sc)、钇(Y)、镧(La)、锕(Ac)为首的四个过渡系；

4) 内过渡系：这些元素在外数第三层中从18个电子完成到32个电子。这两个内过渡系是：

第一内过渡系：铈(Ce)到镥(Lu)；

第二内过渡系：钍(Th)到铹(Lr)。

镧(La)和锕(Ac)它们分别与这两个过渡系的其他元素相类似，因而也包括在内，分别作为第一内和第二内过渡系的第一个元素。由于过渡元素都是金属，也称为过渡金属。

元素周期系对后来化学的发展有很大的影响。它不仅是化学元素独一无二的天然分类，还表明元素组成一个严谨的体系并且彼此有密切联系，而且还是进一步研究的有力工具。

目前周期律仍然是化学的指南和指导原则。正是在周期律基础上，最近几十年里人工制造了超铀元素，它们在周期系里位于铀的后面。其中之一，1955年首次制得的第101号元素，为了纪念这位伟大的俄罗斯科学家取名为钔。

门捷列夫的预言"周期律没有破灭的威胁，而只有发展和提高的可能"。立足于周期律之上，以后的科学发展使得有可能比门捷列夫生前更深刻得多地了解物质结构。几乎经过半个世纪，直到20世纪初原子结构理论提出后，周期律的实质才被确认。20世纪研究确定的原子结构理论，又对周期律和元素周期系作了崭新的，更为深入的阐明。门捷列夫的预言得到了光辉的证实。元素周期律实质上是原子的基态电子构型随原子序数递增呈现周期性变化的必然结果。

周期律的发现和化学元素周期系的建立不仅对于化学具有重大意义，而且对于哲学，对于我们的整个世界观都有重大的意义。门捷列夫指出，化学元素组成一个严谨的体系，这个体系的基础就是自然界的基本规律。辩证唯物主义关于自然现象相互联系相互制约的原理在这里得到了体现。在揭示化学元素的性质与它们的原子之间的关系的同时，周期律出色地证实了自然发展的普遍规律之一：从量变到质变的规律。

2.2　水的结构与特性

2.2.1　水的结构与特性

水的质量组成是：氢11.11%、氧88.89%。在高温下，按水蒸气的密度所测定的水的相对分子质量为 18 g，当温度接近于沸点时，蒸汽的密度稍有增加，因而，所得的相对分子质量稍大于 18 g，将水溶解于适当的溶剂中，测得水的相对分子质量也较大于根据简单式(H_2O)所应得到的数值。

X 射线研究发现水分子为折线性结构，即两个 H-O 共价键间的夹角为 104.5°，从而说明了水分子是个具有偶极矩($\mu=6.14\times10^{-30}$ C·m)($\mu_{H\text{-}O}=5.04\times10^{-30}$ C·m)的极性分子(见图 2-2)。

由于极性水分子与其他分子或离子间的相互作用——水合作用，使得水溶液中的分子或离子为水分子层层包围，即形成水合分子或水合离子(常以 aq 注解)，如图 2-3 所示。

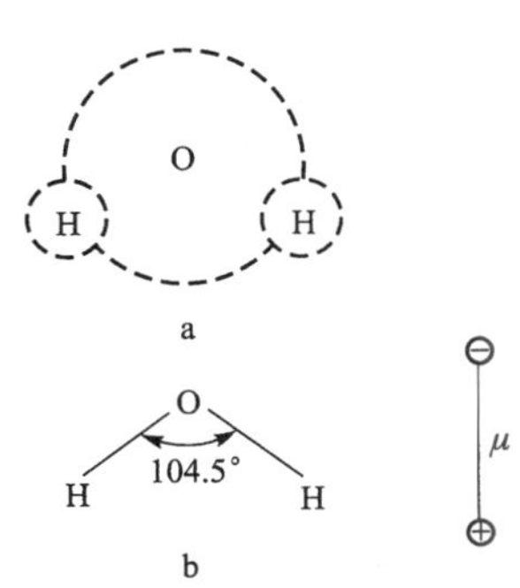

图 2-2　水分子的结构与极性

a. 水分子的立体模型；

b. 水分子的结构式及极性

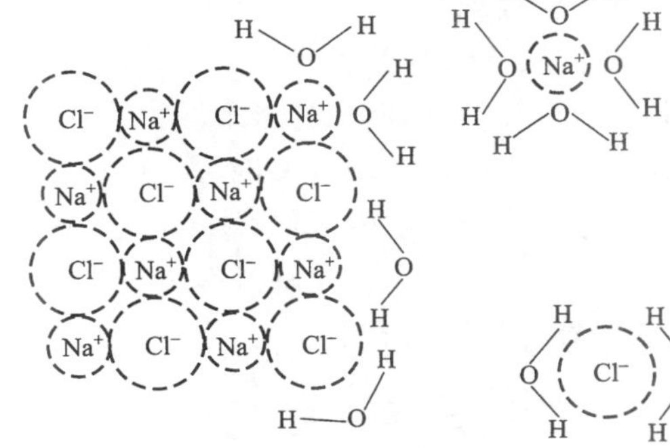

图 2-3　氯化钠的溶解与水合离子

从图 2-3 可见，离子型化合物氯化钠(NaCl)溶解时，受极性水分子作用变成水合钠离子[Na^+(aq)]和水合氯离子[Cl^-(aq)]的情况。

由于此种作用，减弱了外电场或阴、阳离子之间的作用力。此外，水的介电常数较大，阴、阳离子之间在水中的作用力仅是真空中的 1/78.5。故离子型化合物在水中易以阴、阳离子形式存在，反之，阴、阳离子在水中不易结合。所以，水是离子型化合物的优质溶剂。

水分子的偶极相互吸引，并通过“氢键”形成多分子的聚集状态。水的氢键使它具有很多反常的性质。

极性水分子在外电场或离子的作用下，会发生定向排列取向，即其荷正电的一端(氢)指向电场的负极或阴离子，荷负电的一端(氧)指向电场的正极或阳离子，如图 2-4 所示。

液态水中除含有简单的分子 H_2O 外，还同时含有较复杂的分子，这些复杂分子和简单分子处于平衡状态。复杂分子的组成可用通式$(H_2O)_x$表示。这种由简单分子结合成比较复杂的分子，而不引起物质的化学性质改变的现象，称为分子的缔合。

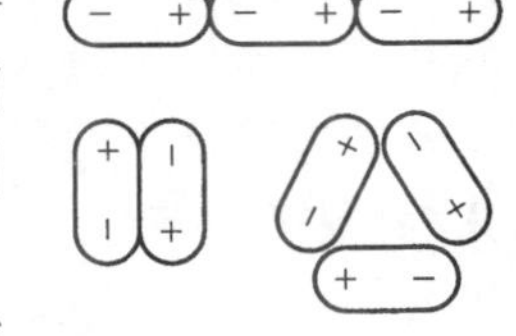

图 2-4　水分子的缔合

一般地说，分子的缔合是其极性所引起的。由于极性，分子彼此以异性相吸引，因而形成双分子、三分子等，见图 2-4，但对水来说，缔合主要的原因是由于形成所谓“氢”键的缘故。经研究确定，与负电性强的元素(尤其是氟和氧)作共价结合的氢原子，还可以再和此类元素的另一原子相结合。此时所形成的第二个键，称为氢键。氢原子的这种特性是由于它给出自己唯一的电子，和负电性强的元素生成共价键时，剩下一个很小的核，几乎没有电子云。所以它不受其他原子的电子云的排斥，相反的却发生吸引，因而可以和其他原子的电子云相互作用，形成氢键。液态水中，某个水分子中的氢原子和另一个水分子中的氧原子形成氢键，如下所示：

```
....O   H  H....O          O....H  H
   / \   \/     / \        / \     \/
  H   H....O   H   H....  H   H....O
```

水中较复杂的分子聚集体就是由这种方式生成的。双分子水$(H_2O)_2$具有最大的稳定性。显然，它是由形成两个氢键所产生的。

水的一些反常现象，可用水分子的缔合来解释。假设在 0 ℃时，水的大部分由分子$(H_2O)_3$组成。从 0 ℃加热到 4 ℃时，三分子离解，而生成双分子$(H_2O)_2$。由于双分子中含有两个氢键的缘故，所以使水的密度增大。继续加热，双分子分解成简单的分子，水的密度就逐渐减小。不过即使在 100 ℃时，水和蒸汽中还含有一些双分子，因此在 100 ℃时，水蒸气密度仍不完全符合于水的简单式 H_2O。水的比热很大，这也可用复杂分子在加热时发生离解的事实来解释。因为在离解过程中吸收热量，所以在水加热时，热量不仅消耗于升高温度，也消耗于聚合分子的分解。

2.2.2 水的物理与化学性质

(1) 水的核性质

水的元素构成是氢和氧，其化学式用 H_2O 表示。

水分子中氢与氧都有同位素存在：氢的同位素有三种，氢（或 H）：占天然存在氢的 99.98%；氘（或 D）：占天然存在氢的 0.04%；氚（或 T）：具有放射性，半衰期大约为 12.5 a，天然存在极微；氢和氘都是稳定的。氧的同位素有三种，^{16}O：占天然存在氧的 99.76%，^{17}O：占天然存在氧的 0.04%，^{18}O：占天然存在氧的 0.20%。

水的核性质决定水可以作为中子的慢化剂。水的核性质可以归结为其组成元素的核性质。氢和氘对中子有较高的散射截面，氢和氧的三种同位素的热中子吸收截面都不大，尤其是氘中子(俘获)吸收截面很小。因此，普通水(轻水)可以用作反应堆的冷却剂和慢化剂(减速剂)，对慢化剂的要求是对中子有较高的散射截面和低的吸收截面。但由于轻水的中子吸收截面比重水大，所以重水比轻水作反应堆的冷却剂(又称载热剂)和慢化剂时，其核性质对应用更优越，作为中子的慢化剂优于普通水，但缺点是价格昂贵，重水的主要用途是在核反应堆中做减速剂。轻水的优点是价廉易得，压水反应堆选用轻水。氘和氚可作为聚变反应的核燃料。氘或氚发生聚变核反应，并能释放出很高的能量。

水或水溶液在辐射场作用下会发生辐射分解，水的辐射分解过程十分复杂，取决于许多因素(详见 5.2 节)。

(2) 水的物理性质

纯水是无色、无味、无臭的透明液体，水和大多数其他物质不同。当温度降低时，大多数物质的密度不断地增大，但水的密度却在 4(精确值为 3.98)摄氏度(℃)时最大，温度高于或低于 4 ℃时，它的密度都要小一些。水的这种特性有很大的意义，因为在冬天，深水处不会结冰到底，水中生物还能继续生存。

1 cm^3 的纯水，在 3.98 ℃时的质量为 1.000 0 g；在 0～3.98 ℃时，水不服从热胀冷缩的规律，密度随温度的升高而增加。温度高于或低于 3.98 ℃时，它的密度都要小一些。水在 0 ℃时，密度为 0.999 87×10^3 kg/m^3，冰在 0 ℃时，密度为 0.916 7×10^3 kg/m^3。在科学研究中，水还是确定许多物理常数和单位的一种基准物质。例如，在标准压力1.01×10^5 Pa（相当 760 mmHg）下，将纯水的凝固点和沸点分别定为 0 ℃和 100 ℃，从而制定了摄氏温度，也就是说，纯水的冰点、被采用为摄氏温度计的起点，用数字 0 表示；标准压力下水的沸点在温度计上标为 100，即在 100 ℃时，水蒸气的压力是 1.01×10^5 Pa。0 ℃时冰的蒸汽压等于 6.13×10^2 Pa（相当 4.6 mmHg）。

在所有的固态及液态物质中，以水的比热容为最大。将 1 g 纯水从 14.5 ℃升温到 15.5 ℃所需热量定为 4.184 0 J（4.184 0 J 即 10 000 cal 或 10 kcal）。使 1 摩尔（mol）100 ℃的水变为同温度的蒸汽，需要吸收 4.06×10^4 J（相当于 9.7 kcal）的热量。冰的相对密度只有 0.92。在特别大的压力下，冰点高于 0 ℃。在 20 ℃时，水的热导率为 0.006 J/(s・cm・K)。临界温度：加压力使气体液化之最高温度称为临界温度。如水之临界温度为 374 ℃，若温度高于 374 ℃，则不可能加压使水蒸气液化。临界压力：在临界温度时，加压力使气体液化的最小压力称之临界压力，等于该液体在临界温度之饱和蒸汽压。水的压缩系数极小，因此，水在密闭容器内受到外加压力时，其体积几乎没有缩小，但是能够向各个方向均匀地传递压力。

水和所有其他液体一样，在开口的容器中，或快或慢地蒸发着。如将液体置于密闭的空间或充满某种气体的空间，则液体将蒸发到与其所生成的蒸汽间建立动平衡时为止。在动平衡状态下，每单位时间内被蒸发出来的分子数，与回到液体中的分子数相等。当蒸汽和生成蒸汽的液体处于平衡时，此时的蒸汽称为饱和蒸汽。在一定温度下，各种液体的饱和蒸汽压是不同的。例如 20 ℃时水的饱和蒸汽压是 2.32×10^3 Pa（相当 17.4 mmHg），酒精是 5.85×10^3 Pa（相当 43.9 mmHg），乙醚是 5.89×10^4 Pa（相当 442 mmHg）。

蒸发是吸热过程。根据吕・查德里原理，温度升高可使液体和其蒸汽间的平衡移向生成蒸汽的一方，同时蒸汽压也增大（见表 2-1）。

表 2-1　不同温度下，水蒸气的蒸汽压

温　度/℃		0	20	40	60	80	100
蒸 汽 压	Pa	6.13×10^2	2.32×10^3	7.33×10^3	1.99×10^4	4.74×10^4	1.01×10^5
	mmHg	4.6	17.4	55.0	149.2	355.5	760

当某一液体的蒸汽压等于外界压力时，液体就沸腾起来。在标准压力下，水的沸点是 100 ℃，因为在此温度时，水蒸气的压力是 1.01×10^5 Pa（相当 760 mmHg）。

由水变成蒸汽时吸收大量的热。例如，使一摩尔 100 ℃的水变为同温度的蒸汽，需要吸收 4.06×10^4 J（9.7 kcal）的热量。相反的，蒸汽变成水时，就放出同样的热量。

如果在常温下，从温度为 0 ℃的水中取出热量，则水即变成固态——冰。反过来，若将温度为 0 ℃的冰加热，则它融化成水或水及冰的混合物。若不吸热也不向外界放热时，则将保持不变。由此可得下列定义：一物质的凝固点，同时也是其熔点，为该物质的液相和其固相达到平衡时的温度。水在凝固时每摩尔质量放出 5.94×10^3 J（1.42 kcal）的热量等于冰融化时所吸收的热量。

水变成冰时体积增大很多，冰的相对密度只有 0.92，即冰比水轻。压力增大时冰点最初下降,例如:6.23×10^{7} Pa 压力(615 大气压)下水仅在-5 ℃时才结冰。但超过 2.03×10^{8} Pa(2 000 大气压)以后结冰温度开始上升,在特别大的压力下,冰点高于 0 ℃。

冰和水一样,也能蒸发。在密闭的空间,冰继续蒸发到它所生成蒸汽压等于该温度所应有的一定值时为止。0 ℃时冰的蒸汽压和 0 ℃时水的蒸汽压相等,都等于 6.13×10^{2} Pa(相当 4.6 mmHg)温度降低时,冰的蒸气压降低得很快:在-20 ℃时是 1.07×10^{2} Pa(相当 0.8 mmHg),-50 ℃时为 40 Pa(相当 0.3 mmHg)。

上述水的蒸汽压和温度的关系,以及水同时以数种相共同存在的条件,可借水的状态图清楚地表示出来,如图 2-5 所示。

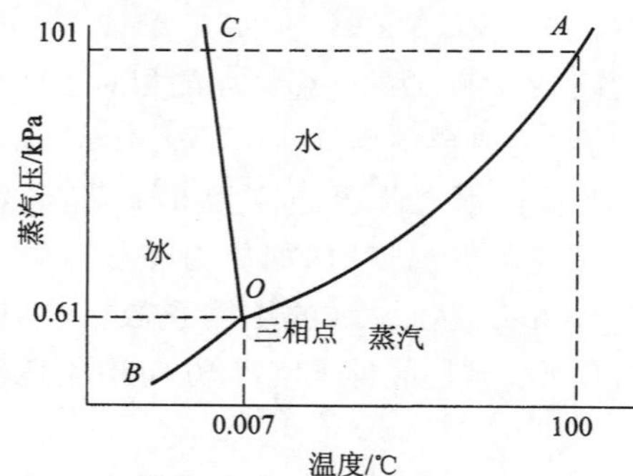

图 2-5 水的状态图
OA—水的蒸汽压曲线;
OB—冰的蒸汽压曲线;
OC—压力对冰的熔点的影响

OA 线上各点表示在那些温度和压力下,水和蒸汽可以同时呈平衡存在。曲线 OB 上各点是确定冰和蒸汽成平衡时的温度和压力,所以 O 点称为三相点。这点的压力是 6.13×10^{2} Pa(相当 4.6 mmHg)。温度是$+0.007$ ℃。曲线 OC 上的每一点都是水和冰平衡时相对应的一定的压力和温度。曲线 OA,OB 及 OC 把图面分成三部分,其中每一部分和水三种状态中的一种稳定状态相对应。在相当于 AOC 部分内各点的温度和压力时,水仅呈液态;同样在图中标着“冰”和“蒸汽”字样的部分,表示仅有固相或气相存在时的压力和温度。

在一定的压力下,对水不断加热,最后水开始沸腾,温度不再上升,叫做水在一定压力下的饱和温度,这种具有饱和温度的水称为饱和水。饱和温度与压力有关:随着压力升高,饱和温度也相应升高。在绝对压力为 0.2 MPa (2.04 kgf/cm^{2})时,水的饱和温度为 120.23 ℃;在绝对压力为 1.4 MPa(14.29 kgf/cm^{2})时,水的饱和温度为 195.04 ℃。在一定压力下,对饱和水继续加热,饱和温度保持不变,但水陆续地转化为蒸汽,这种具有饱和温度的水蒸气称为饱和蒸汽。通常饱和蒸汽中含有一定的水分,称为湿饱和蒸汽。如果湿饱和蒸汽再继续加热,其温度仍然不变,而是湿饱和蒸汽中的水分全部变为蒸汽,这种蒸汽称为干饱和蒸汽。将干饱和蒸汽继续加热,此时压力不变而蒸汽温度升高,并超过了饱和蒸汽的温度,这种蒸汽称为过热蒸汽。

饱和水含热量:把 1 千克水在压力不变的情况下,从 0 ℃加热到饱和温度所需要的热量,称为饱和水含热量(也称液体热或显热),它与压力有关,压力越高,饱和水的含热量越大,但它不能改变水的形态。其单位是千焦/千克(符号:kJ/kg)。

汽化热:把 1 kg 饱和温度的水在压力不变的情况下,变为相同温度的干饱和蒸汽所需要的热量,称为汽化热(也称汽化潜热或蒸发热),它也与压力有关,但压力越高,汽化热则越小。汽化热的单位也是 kJ/kg。

干饱和蒸汽含热量:干饱和蒸汽的含热量等于饱和水含热量(液体热)与汽化热(汽化潜热)之和,压力越高,饱和蒸汽含热量越大。例如,表压力为 0.5 MPa 时,饱和水含热量为 670.5 kJ/kg,汽化热为 2 086 kJ/kg,则干饱和蒸汽含热量为 670.5+2 086=2 756.5 kJ/kg;若表压力在 1.3 MPa 时,饱和水含热量为 830 kJ/kg,汽化热为1 960 kJ/kg,则干饱和蒸汽含热量为 830＋1 960＝2 790 kJ/kg。

(3) 水的化学性质

水溶解能力很强。水的溶解能力受到溶质分子极性特征，温度、压力、水的 pH 值等因素的影响，水本身是良好的溶剂，大部分无机化合物可溶于水。当岩土中的一些难溶物质进入水中后，会以胶体形式存在。在水循环过程中，大气中的 N_2、O_2、CO_2、Ar、He 等气体都可能以不同的量溶于水中，在一些有机物富集的水体中，还常有 CH_4、H_2、H_2S 等还原性气体存在。水溶解及反应能力极强。许多物质不但在水中有很大的溶解度，而且有最大的电离度。水的导电性能是随着水中含盐量的增加而增大。离子键化合物在水中极易溶解。水中的各种溶质极易发生相互之间及其与水之间的各种化学反应，具有良好的对自然界物质的迁移、转化能力，即具有很强的溶解力。但随着盐类化合物组成元素的电价增高，或化学键中共价键性增强，化合物的解离程度迅速减小，例如 $Fe(OH)_3 \rightarrow Fe^{3+} + 3OH^-$ 的解离程度就很小，所以当 $Fe(OH)_3$ 溶于水中后，$Fe(OH)_3$ 分子就是主要的存在形式。气体的溶解度随温度的升高而减小，压力越大，气体在水中的溶解度越大。水溶液的酸碱度对物质在水中的溶解度有重大影响。

水分子在被加热时，表现出具有很大地稳定性。但在温度高于 1 000 ℃时，水蒸气明显地开始离解成为氢和氧。

$$2H_2O \longrightarrow 2H_2 + O_2 - 572.4\ kJ/mol \tag{2-1}$$

因为在这个过程进行时要吸收热量，根据吕・查德里原理，增高温度，平衡向右方移动。但即使在 2 000 ℃时水的离解度也不过是 1.8%。温度降低到 1 000 ℃以下时，平衡几乎全部向生成水的方向移动。在常温时，生成游离的氢分子和氧分子的量极少，以致不易觉察到。但水在通电的条件下会离解为氢气和氧气。

虽然水在加热时很稳定，但它是很容易起反应的物质，如：许多金属和非金属的氧化物和水反应生成碱或酸；许多盐和水生成结晶水化物；最活泼的金属与水互相作用放出氢气等。常见与水有关的化学反应：

① 水与全部的碱金属及碱土族的钙、锶、钡等均可反应产生氢氧化物及氢气，如：

$$Ca(s) + 2H_2O(l) \longrightarrow Ca(OH)_2(aq) + H_2(g) \tag{2-2}$$

② 水与许多金属氧化物反应会生成碱：

$$K_2O(s) + H_2O(l) \longrightarrow 2KOH(aq)$$
$$CaO(s) + H_2O(l) \longrightarrow Ca(OH)_2(aq) \tag{2-3}$$

③ 水与许多非金属氧化物反应会生成酸：

$$SO_3(g) + H_2O(l) \longrightarrow H_2SO_4(aq)$$
$$CO_2(g) + H_2O(l) \longrightarrow H_2CO_3(aq) \tag{2-4}$$

能溶于水的酸性氧化物或碱性氧化物都能与水反应，生成相应的含氧酸或碱。酸和碱发生中和反应生成盐和水。

水在电流的作用下能够分解成氢气和氧气。碱金属和水接触会发生反应，并释放出氢气，在反应激烈时甚至能够出现燃烧爆炸现象。在催化剂的作用下，可以引发许多无机物和有机物与水进行水解反应。有机物水解时，有机物分子中的某种原子或原子团被水分子的氢原子或羟基(—OH)取代，例如乙酸甲酯的水解。无机物的水解通常是盐的水解，例如乙酸钠(弱酸盐)在水中解离出的乙酸根离子与水中的 H^+ 结合成弱酸，使溶液呈碱性。

2.3 水化学相关的基本概念

2.3.1 化合物和混合物

由两种或两种以上元素的原子相互结合而成的新物质为化合物。化合物能被化学反应所分解。例如，水是由氢元素和氧元素的原子构成的，水电解可生成氢和氧；糖是由碳、氢、氧原子构成的，糖在没有空气条件下加热，它会分解为碳和水；食盐电解为钠和氯。

由两种或两种以上的物质所组成，每种组成物质都保持自己的同一性和特有的性质，叫做混合物。比如黑色火药是碳、硫磺和硝酸钾的混合物；空气是氮、氧、二氧化碳、水蒸气和一些其他气体的混合物。由于混合物中的每一种组分都保持自己的特征性质，所以混合物中的各组分可以用物理的办法加以分离。自然界的物质一般都是混合物，而纯净物是非常少见的。

2.3.2 溶液和溶解度

2.3.2.1 溶液

一种物质（或几种物质）分散到另一种物质里，形成均一的、稳定的分散体系叫做溶液（solution）。这种分散体系是混合物的特例。被溶解的物质叫做溶质（solute），能溶解其他物质的物质叫做溶剂（solvent）。凡气体或固体溶于液体时，则称液体为溶剂，而称气体或固体为溶质，若两种液体（或物质）相互溶解时，通常把量多的一种液体（或物质）叫做溶剂，量少的一种叫做溶质。如啤酒的乙醇含量约为 4%，所以水是溶剂，乙醇是溶质，而白酒的乙醇含量可高达 60%，此时乙醇是溶剂，水是溶质了。可以说啤酒是醇的水溶液，而白酒则是水的乙醇溶液。水是最常见的溶剂。按此定义，溶液可以是液态，也可以是气态或固态。例如空气是 O_2、N_2、Ar 等多种气体混合而成的气态溶液。由于气体分子间作用力很小，各种分子互不干扰，所以气态溶液是气体的均匀混合物。钢和黄铜其实都是固态溶液，少量的 C 溶于 Fe 而成钢，Zn 溶于 Cu 而成黄铜。它们都是稳定均匀的分散体系。

2.3.2.2 物质的溶解度

物质的溶解度是在一定温度下（对气体还应指明压力），物质溶解在一定量溶剂中达到饱和时所能溶解的量。

对固体物质来说，它们的溶解度通常是指在一定温度下，在 100 g 溶剂（水）中形成饱和溶液（刚好达成平衡状态）时所溶解溶质的量（以克为单位），叫做这种物质在这种溶剂中的溶解度。

气体的溶解度，是指溶解达到平衡时，气体在液体中的浓度。

通常是用一定温度时，某气体 1.01×10^5 Pa 压力下，在一体积溶剂里达到溶解平衡状态时所溶解的体积数表示。

由于各种物质的溶解度差别很大，所以浓溶液不一定是饱和溶液，稀溶液也可能是饱和溶液。一般把室温（291～298 K）下，溶解度在 10 g 以上的物质称为“易溶”物质；1～10 g 之间的称为“可溶”物质，0.1～1 g 之间的称为“微溶”物质；0.1 g 以下的称为“难溶”物质。

关于溶解度的规律性至今尚无完整的理论。归纳大量实验事实所获得的经验规律是“相似相溶”原理。所谓相似，主要是指物质的结构相似和极性相似。溶解过程是溶剂分子拆散、溶质分子拆散、溶剂与溶质分子相结合（溶剂化）的过程，凡溶质与溶剂的结构越相似，溶解前后分子周围作用力的变化越小，这样的过程就越容易发生。

如苯酚（C_6H_5OH）可溶于水，邻苯二酚［$C_6H_4(OH)_2$］易溶于水，而苯（C_6H_6）不溶于水，这是由于水分子中有羟基，苯酚分子中也有一个羟基，而苯分子中没有羟基的缘故。极性相似的物质也易相互溶解，如大多数无机物——酸、碱、盐等易溶于水而难溶于有机溶剂（苯、汽油、乙醚等），这是由于大多数无机物和水的极性较强，而有机溶剂极性较弱或没有极性的缘故。反之，分子极性较小的有机物能溶于有机溶剂，而在水中的溶解度却很小。物质溶解度的大小，主要由溶质和溶剂本身的性质来决定。外界条件如温度、压强对溶解度有一定的影响。

温度对溶解度的影响大致有以下四种情况：

① 绝大多数固体物质的溶解度都随着温度的升高而增大；

② 少数物质，如 NaCl 的溶解度受温度的影响不大；

③ 也有极少数物质，例如熟石灰 $Ca(OH)_2$的溶解度随着温度的升高而减小；

④ 硫酸钠的溶解度比较特殊，低温时随温度的升高而增大，当温度超过 305.4 K 时，溶解度反而随温度的升高而减小。其原因是，在 305.4 K 以下时，与饱和溶液呈平衡的固体是 $Na_2SO_4 \cdot 10H_2O$，而在 305.4 K 以上时，与饱和溶液呈平衡的固体是 Na_2SO_4。无水硫酸钠与含结晶水的硫酸钠在水中的溶解情况不同，故而表现出溶解度随温度变化的特殊性。

气体在溶解过程中也存在溶解平衡，不过它与固态物质的溶解平衡略有不同，气体的溶解平衡是指在密闭容器中，溶解在液体中的气体分子逸出的速度与液面上的气体分子进入液体的速度保持相等。

气体溶解度的大小除与气体的本性有关，还受温度、压力和溶液中其他成分的影响。

气体溶于水时都是放热过程，所以气体物质的溶解度随温度的升高而减小。水加热未沸腾时能看到少量气泡逸出，就是溶于水中的少量空气因温度升高其溶解度减小的缘故。气体的溶解度随着压强的增加而增大。压力对气体的溶解度影响较大，当温度一定时，气体的溶解度和该气体的压力（分压）在一定范围内成正比，这一关系称为亨利（Henry）定律。

液体在液体中的溶解称作混溶性。它可以用一种液体在另一种液体中的溶解度来表示。有些液体可以任何比例与水完全互相混溶，如乙醇、硫酸和甘油；有些液体与水不能互相混溶，如汽油、四氯化碳；还有部分混溶，如乙醚、溴只微溶于水。

固体物质在溶剂（例如水）的溶解存在着两个相反的过程：一方面是固体表面的粒子（分子或离子）由于本身的振动以及受到溶剂分子（常用的是水）的撞击和吸引逐渐脱离固体表面并扩散到溶剂中去，这个过程称为溶解；另一方面，已溶解的溶质粒子在溶液中不停地运动着，当它们与未溶解的固体表面碰撞时又会重新被吸引到固体表面，这个过程称为结晶（或沉积）。溶解开始时，溶质溶解的速度很大，结晶速度为零。随着溶解的进行，溶液的浓度不断增大，溶解的速度不断减小，而结晶的速度不断增大，最后溶解速度与结晶速度相等，体系达到动态平衡状态（即同一时间里，进入溶液的溶质粒子数与回到固体表面溶质的粒子相等）。这时溶液中多余的固体似乎不再溶解，溶液的浓度也不再改变。这种与未溶解的溶质成平衡状态的溶液，称为饱和溶液。溶液的浓度小于它的饱和溶液的浓度时，这种溶液称为不饱和溶液。

当温度升高时，在低温时的饱和溶液一般就变为不饱和溶液（也有相反的例子），还可以继续溶解更多的溶质，并形成新的饱和溶液。如果将此溶液恒温过滤，再缓慢冷却到原来的温度，若此时无结晶析出，这时溶液中所含溶质的量已超过它在该温度时所能溶解的量，故称此溶液为过饱和溶液。若往过饱和溶液中投入一小颗晶种或用玻璃棒摩擦容器壁，过量溶解的溶质立即从溶液中析出使溶液成为该温度下的饱和溶液。可见，过饱和溶液是不稳定的。

物质在溶解过程中。总伴随有能量的变化，即溶解的热效应。例如 KOH 固体溶于水时放热，而 NH_4NO_3 固体溶于水时则吸热。固体物质的溶解一般都是吸热过程。固体物质溶解的热效应取决于两个过程热效应的大小。一个是溶解过程，需将固体物质中粒子拆散并向水中扩散，这需要消耗一定的能量，也就是吸热；另一个是水合过程，固体粒子与水分子作用而形成水合物，这个过程要放出能量，也就是放热。溶解过程的热效应则是这两种热效应的总和。若放出的热量多于所吸收的热量，溶解时表现为放热，体系的温度升高；反之，吸收的热量多于所放出的热量，溶解时表现为吸热，体系的温度降低。

溶解过程中，溶液的体积也常随着改变，溶剂化作用愈强烈，溶质与溶剂结合得愈紧，放出热量愈多，溶液的体积就减小愈多；反之，溶液的体积增大。例如，无水酒精和水混合，溶液体积小于两者单独体积之和，同时有热量放出。苯和醋酸混合，溶液体积大于两者单独体积之和，同时吸热。至于乙醇和丙醇混合，前后体积几乎不改变，热量的变化也非常微小。

实际上，很多物质溶解时，它们的分子（或离子）与溶剂的分子相结合，生成化合物，称为溶剂化物（solvate），这种过程称为溶剂化作用。当溶剂是水时，这些化合物称为水合物，而水合物形成的过程称为水合作用。

溶液形成的过程中，有时还有颜色变化。无水硫酸铜是白色粉末，溶于水则成蓝色溶液。这些现象说明溶解不是机械混合的物理过程，而总伴有一定程度的化学变化，实际上是铜离子发生了水合作用。但这种变化与通常的纯化学过程不同，因为用蒸馏、结晶等物理方法仍能很容易使溶质从溶剂中分离出来，所以说溶解过程是一种特殊的物理化学过程。溶液不同于简单的混合物，通常也不是化合物，而是介于两者之间的一种状态。因而，溶液的两个极端情况可以分别是混合物和化合物。表 2-2 表示溶液与混合物和化合物的比较。

表 2-2 溶液与混合物和化合物的比较

	混合物	溶液	化合物
形成过程	物理过程	既包括物理过程，又包括化学过程	化学过程
组成	不固定	大多数物质溶解有一定限度 溶液的组成不固定	固定
状态	不均一	均一	均一

2.3.2.3 溶液的通性

不同溶液具有不同的性质，例如：溶液的颜色（$CuSO_4$ 溶液为蓝色，NaCl 溶液为无色），导电性（盐酸溶液能导电，酒精不能导电）等。溶液一般具有以下的通性：

(1) 溶液的蒸汽压下降

大量的实验证明,溶液中溶解任何一种难挥发的物质(糖或氯化钠)时,液体的蒸汽压便下降。因此,在同一温度下,难挥发物质的溶液的蒸汽压总是低于纯溶剂的蒸汽压。在这里,所谓溶液的蒸汽压实际是指溶液中溶剂的蒸汽压。在同一温度下,纯溶剂蒸汽压和溶液蒸汽压的差,叫做溶液的蒸汽压下降。溶液的浓度越大,溶液的蒸汽压下降得越多。

(2) 溶液的沸点上升和凝固点下降

当液体加热,其蒸汽压等于外界压力时,液体就会沸腾,此沸腾温度叫做沸点。沸点随着外界压力的增加而升高,除另加注明外,液体的沸点通常均指 1.01×10^5 Pa 下它的沸腾温度。纯水的沸点为 100 ℃。

物质的凝固点是在一定外压下,该物质的固相蒸汽压与液相蒸汽压相等时的温度。水的凝固点(也叫冰点)在 1 大气压(1.01×10^5 Pa)下是 0 ℃。

一切纯物质都有一定的沸点和凝固点。但是加入难挥发的溶质后,由于溶液的蒸汽压下降而使溶液的沸点上升和凝固点下降。实验证明,难挥发溶质的溶液的沸点($t_{沸}$)总是高于纯溶剂的沸点,溶液沸点的上升是蒸汽压下降的必然结果;溶液的凝固点($t_{凝}$)总是低于纯溶剂的凝固点,溶液的凝固点下降也是蒸汽压下降的必然结果。溶液越浓,溶液蒸汽压下降越多,溶液的沸点就越高,而溶液的凝固点则越低。上述溶液的这些性质在工业生产及生活中有极大的应用价值。

(3) 渗透现象和渗透压

溶剂通过半透膜进入溶液,或溶液从稀溶液通过半透膜进入浓溶液的现象,叫做渗透。使渗透停止时的压力叫做渗透压。

若在浓溶液的一边加上比渗透压更高的压力,可倒转自然渗透的方向,使浓溶液中的溶剂(水)通过半透膜压向稀溶液一边,这种现象叫做反渗透。反渗透广泛应用于海水淡化、工业废水处理和溶液的浓缩等方面。

2.3.2.4 溶液的浓度

溶液的浓度是指一定量溶液(或溶剂)中含有溶质的量。

在不同的应用中,往往使用不同的表示方法来表示溶液的浓度。主要有物质的质量浓度、物质的量浓度、物质的质量分数和物质的体积分数等。

(1) 物质 B 的质量浓度

一定量的溶液里所含溶质的量叫做溶液的浓度。根据国家标准 GB 3102.8—1993 规定,物质 B 的质量浓度的定义为:物质 B 的质量除以混合物的体积,其国际符号为 ρ_B,即:

$$\rho_B = m_B/V$$

式中:

ρ_B——物质 B 的质量浓度;

m_B——物质 B 的质量;

V——混合物的体积。

物质 B 质量浓度的单位名称是千克每立方米,符号为 kg/m^3,化学分析中常用单位是 kg/L、g/L、mg/L、μg/L 等。

物质 B 的质量浓度 ρ_B 主要用来表示元素标准溶液及基准溶液的浓度,也常用来表示一般溶液浓度和水质分析中各组分的含量,不管用于何种溶液的浓度表示,一般情况下,都是用于溶质为固体的溶液。

(2) 物质B的浓度

物质B的浓度又称为物质B的物质的量浓度，根据国家标准GB 3102.8—1993规定，其定义为：物质B的物质的量n_B除以混合物的体积V，国际符号为c_B，即：

$$c_B = n_B/V$$

式中：

c_B——物质B的物质的量浓度；

n_B——物质B的物质的量；

V——混合物的体积。

物质B的浓度名称为摩尔每立方米，其SI国际符号为mol/m^3。化学分析中c_B常用的单位有mol/L、mmol/L、μmol/L、nmol/L。

通常用1 dm^3溶液中所含溶质的量(mol)或1 cm^3溶液中所含溶质的量(mmol)来表示溶液的浓度叫物质的量浓度，现用符号C表示，右下角可注明物质的化学式，单位是$mol \cdot dm^{-3}$(过去叫摩尔浓度，常用符号M代表)。

若将58.5 g NaCl溶于1.00 dm^3的水中，它的浓度并不是1.00 $mol \cdot dm^{-3}$，因为溶解过程有体积变化，溶液的体积不再等于1.00 dm^3要配制1.00 $mol \cdot dm^{-3}$的NaCl溶液，是先将58.5 g NaCl溶于水，然后再在容量瓶里冲稀到1.00 dm^3。上述10%的NaCl溶液换算为物质的量浓度该是多少？前者溶质和溶剂的量都用克表示，后者则用摩尔表示溶质的量，换算时要知道摩尔质量，并用dm^3表示溶液的量，所以换算时还要知道该溶液的密度。密度可以直接测量，也可查阅手册等资料。例如，已知10%NaCl溶液在10 ℃时的密度ρ=1.074 11 $g \cdot cm^{-3}$，NaCl的摩尔质量为58.5 $g \cdot mol^{-1}$，那么：

$$C_{NaCl} = \frac{\text{溶质的量(mol)}}{1.00\ dm^3\ \text{溶液}}$$

$$= \frac{10.0\ g/58.5\ g \cdot mol^{-1}}{100\ g/1.07\ g \cdot cm^{-3}} \times 1\ 000\ cm^3 \cdot dm^{-3} = 1.83\ mol \cdot dm^{-3}$$

这种浓度表示法是实验室最常用的，只要用滴定管、量筒或移液管取一定体积的溶液，很容易计算其中的所含溶质的量(mol)。如25 cm^3，18 $mol \cdot dm^{-3}$的浓硫酸中所含H_2SO_4的量。

$$n_{H_2SO_4} = 18\ mol \cdot dm^{-3} \times \frac{25\ cm^3}{1\ 000\ cm^3 \cdot dm^{-3}} = 0.45\ mol$$

此法的缺点是溶液密度随温度略有变化，如10% NaCl溶液在20 ℃的ρ=1.070 74 $g \cdot cm^{-3}$。在10 ℃的ρ=1.074 11 $g \cdot cm^{-3}$。按3位有效数字计算，10 ℃和20 ℃的浓度可以说没有差别，若按4位或5位有效数字计算，则10 ℃和20 ℃的浓度是略有不同的，所以在讨论有些理论问题时，浓度单位常用$mol \cdot kg^{-1}$而不用$mol \cdot dm^{-3}$。

(3) 物质B的质量分数

根据国家标准GB 3102—1993规定物质B的质量分数，其国际符号为W_B，定义为：物质B的质量与混合物的质量之比，即：

$$W_B = m_B/m$$

从上式可知，构成比值的分子和分母都是质量，最终计算结果都是纯数，故此量为无量纲量，其SI单位为“1”，最终计算结果都是纯数。因此，在计算所得数值(比值)之后不应再加任何其他单位或符号，而应该用纯数表示，或表示成为某一数值乘上 10^{-2}、10^{-3}、10^{-6}、10^{-9} 等形式，如：0.005 或 5×10^{-3}。有些写法不再使用：%(w/w)、%(m/m)、ppm(w/w)、ppm(m/m)等。由于国际标准化组织不推荐使用“‰”，国家标准没有将“‰”符号列入，故不应再使用“‰”符号，如上式的质量分数不应表示为 5‰。

值得说明的是：过去分析化学中习惯用的“ppm”和“ppb”作为单位来表示微量成分的浓度，可以指质量，也可以指物质的量，有时也指体积。在我国现行的法定计量单位中已废除习惯用的“ppm”和“ppb”作为单位。直接用 10^{-6} 和 10^{-9} 更科学，或统一为 mg/L 和 μg/L 来表示。

当溶剂与溶质都用质量“克”表示时，过去曾经定义溶质在全部溶液中所占的百分数即为质量百分比浓度，简称百分比浓度，但现在已经废止。

当溶质和溶剂的量都用摩尔表示时，过去曾经定义物质的量的摩尔分数或摩尔百分数浓度，即溶质的摩尔数在全部溶液中摩尔数所占的分数和百分数即为摩尔分数或摩尔百分数浓度，但现在也已经废止。

(4) 物质 B 的体积分数

根据国家标准 GB 3102—1993 规定物质 B 的体积分数，其国际符号为 φ_B，定义为：物质 B 的体积与混合物的体积之比，即：

$$\varphi_B = V(B)/V$$

从上式可知，它与质量分数相类似，此量为无量纲量，其 SI 单位为“1”，最终计算结果都是纯数。在计算所得数值(比值)之后不应再加任何其他单位或符号，而应该用纯数表示，或表示成为某一数值乘上 10^{-2}、10^{-3}、10^{-6}、10^{-9} 等形式。如：0.38 或 38×10^{-2}。

过去，化学上常用的浓度表示法还有很多，表示溶液浓度的方法虽然很多，但大致可分为两类：质量浓度和体积浓度。质量浓度表示一定质量的溶液中含有溶质的量，它不受温度的影响，体积浓度表示一定体积的溶液中含有溶质的量，它要受到温度的影响，因为温度改变，溶液的体积随之改变，浓度也跟着改变。

2.3.3 pH 值

本节将叙述溶液的一个相当重要的概念即溶液的 pH 值的定义和计算。溶液的 pH 值被用来表示溶液中的氢离子浓度。它与水的电离有关。

(1) 电离平衡

纯水中氢离子浓度极低，这是由于水电离成氢离子和氢氧根离子的能力极弱。水的电离平衡与弱电解质的电离平衡概念紧密关联，因此在叙述溶液的 pH 值之前要先叙述弱电解质的电离平衡概念。在弱电解质溶液中，电解质的分子，只有少数电离成离子。在弱电解质的电离过程中，一方面分子不断地电离成阴离子和阳离子；另一方面阴离子和阳离子互相吸引，又重新结合成分子。所以，弱电解质电离是可逆的。当电离进行到一定程度时，分子电离成离子的速度与离子重新结合成分子的速度相等，即达到动态平衡。这种平衡叫电离平衡。

例如：醋酸的电离过程可表示如下：

$$CH_3COOH \rightleftharpoons CH_3COO^- + H^+$$

在电离平衡时，溶液中已电离的溶质分子数和溶解的溶质分子总数之比，叫做电离度。电离度通常用百分数来表示

$$电离度(\alpha)=\frac{已电离的溶质分子数}{溶解的溶质分子总数}\times 100\% \tag{2-5}$$

例如：18 ℃时，在 0.1 mol/L 的醋酸溶液里，每 10 000 个醋酸分子里有 133 个分子电离成离子。它的电离度是：

$$\alpha=\frac{133}{10\ 000}\times 100\%=1.33\%$$

电离度不仅与电解质和溶剂的本性有关，也与电解质溶液的浓度和温度有关。浓度越小，电离度越大。反之浓度越大，电离度就越小。一般常见的弱电解质在 18 ℃的电离度，见表 2-3。

表 2-3 在 18 ℃时，0.1 mol/L 溶液里某些弱电解质的电离度

电解质	化学式	电离度/%	电解质	化学式	电离度/%
氢氟酸	HF	8.00	醋酸(乙酸)	CH_3COOH	1.33
亚硝酸	HNO_2	6.50	氢氰酸	HCN	0.01
甲酸	HCOOH	4.37	氨水	$NH_3\cdot H_2O$	1.34

从上表可见，不同的弱电解质在浓度相同时，它们的电离度不同，这是由弱电解质的相对强弱所决定的。所以电离度的大小，可以表示弱电解质的相对强弱。

(2) 电离常数

弱电解质的电离平衡服从化学平衡的一般规律，例如，醋酸的电离：

$$CH_3COOH \rightleftharpoons CH_3COO^- + H^+ \tag{2-6}$$

当电离达到平衡时，电离生成的离子浓度的乘积与未电离的醋酸浓度之比，应等于一个常数 K_i：

$$\frac{[H^+][CH_3COO^-]}{[CH_3COOH]}=K_i \tag{2-7}$$

式中：

$[CH_3COO^-]$和$[H^+]$——分别表示溶液中醋酸根离子和氢离子的浓度；

$[CH_3COOH]$——未电离的醋酸分子的浓度；

K_i——电离常数。

在一定温度下，各种弱电解质都有确定的电离常数。表 2-4 给出了常见的几种弱电解质的电离常数(25 ℃)。

表 2-4 常见的几种弱电解质的电离常数(25 ℃)

电解质	电离常数	电解质	电离常数
醋酸 (CH_3COOH)	1.8×10^{-5}	磷酸 (H_3PO_4)	$K_1=7.6\times10^{-3}$ $K_2=6.3\times10^{-8}$ $K_3=4.33\times10^{-13}$
碳酸 (H_2CO_3)	$K_1=4.2\times10^{-7}$ $K_2=5.6\times10^{-11}$	亚硫酸 (H_2SO_3)	$K_1=1.26\times10^{-2}$ $K_2=6.3\times10^{-8}$
氢氰酸 (HCN)	6.2×10^{-10}	氢硫酸 (H_2S)	$K_1=9.1\times10^{-8}$ $K_2=1.1\times10^{-10}$
氢氟酸 (HF)	6.6×10^{-4}	氨水 ($NH_3\cdot H_2O$)	1.8×10^{-5}

由表2-4可见，K_i越大，达到平衡时离子浓度也大，即电解质电离得越多。不同大小的电离常数，反映了弱电解质的相对强弱。例如，醋酸和氢氰酸都是弱酸。已知在常温时，0.1 mol/L醋酸溶液的K_i值是1.80×10^{-5}。而0.1 mol/L氢氰酸溶液的K_i值是6.2×10^{-10}。所以氢氰酸是比醋酸更弱的酸。

酸式多元弱酸盐一般是弱电解质。以前反应堆是用磷酸盐控制炉水碱性，但磷酸盐在运行过程中可能产生游离碱，从而加速材料腐蚀。为防止这种现象发生，最好将钠离子和磷酸根离子浓度的比值保持在2.6以下，可以达到预定目的。即除向炉水中添加磷酸钠外，还应添加一定比例的酸式磷酸盐，如Na_2HPO_4和NaH_2PO_4，以防止游离碱生成。多元弱酸盐的电离是分步进行的：

$$NaH_2PO_4 \rightleftharpoons Na + H_2PO_4$$

$$H_2PO_4^- \rightleftharpoons H^+ + HPO_4^{2-}$$

$$HPO_4^{2-} \rightleftharpoons H^+ + PO_4^{3-}$$

每一步电离都有它的电离常数，这些电离常数也各不相同。用K_1、K_2、K_3等加以区别。

氨极易溶解于水，在20 ℃，1.01×10^5 Pa压力下，1体积水能溶解700体积的氨，氨是一种弱的电解质，部分溶解的氨和水作用生成氢氧化铵：

$$NH_3 + H_2O \rightleftharpoons NH_4OH$$

NH_4OH系弱碱，按照下式电离：

$$NH_4OH \rightleftharpoons NH_4^+ + OH$$

(3) 溶液的pH值

纯水也是一种特别弱的电解质，用精密仪器可测出它有很微弱的导电能力，这说明水能电离(或称离解)成很少量的氢离子(可写作$[H^+]$)和氢氧离子(可写作$[OH^-]$)，纯水电离时，发生如下变化：

$$H_2O \longrightarrow H^+ + OH^- \tag{2-8}$$

质子(H^+)因其很小而强烈地吸引极性水分子：

$$H^+ + H_2O \longrightarrow H_3O^+ \tag{2-9}$$

因此，极少量的水分子的离解反应为：

$$2H_2O \longrightarrow H_3O^+ + OH^- \tag{2-10}$$

达到平衡时，习惯上将其写成：

$$H_2O \rightleftharpoons H^+ + OH^- \tag{2-11}$$

当然，这里的OH^-、H^+或H_3O^+都是水合离子，H_3O^+又称水合氢离子。

未电离的水分子(H_2O)的浓度，与H^+和OH^-浓度之间有如下关系：

$$K_i = \frac{[H^+][OH^-]}{[H_2O]} \tag{2-12}$$

上式可改写为：

$$K_i[H_2O] = [H^+][OH^-] \tag{2-13}$$

因为水的电离度很小，可以忽略其已电离的部分，而把未电离的水分子(H_2O)看作一定值。通常以一个新常数K_w来表示$K_i[H_2O]$，叫做水的离子积，等于$[H^+]$和$[OH^-]$的乘积。

由于水的离解是个吸热的过程，故水的离子积会随温度的升高而增大，见表2-5。

表 2-5 不同温度时水的离子积

温 度/℃	5	10	15	20	25	30	50	100
$K_w/10^{-14}$	0.186	0.293	0.452	0.681	1.008	1.471	5.476	51.3

在 22 ℃时，由纯水的导电实验测得 H^+离子和 OH^-的离子浓度各等于 10^{-7}摩[尔]每升，因此，可得到：

$$K_w=[H^+][OH^-]=10^{-7}\times10^{-7}=10^{-14} \tag{2-14}$$

在一定温度下，水中$[H^+]$与$[OH^-]$的乘积总是保持一个定值，即 10^{-14}。在纯水中：

$$[H^+]=[OH^-]=10^{-7}\ \text{mol/L}$$

当水中加入酸时，$[H^+]$增加，$[H^+]>10^{-7}$，则$[OH^-]<10^{-7}$，$[H^+]>[OH^-]$，溶液呈酸性。

当水中加入碱时，$[OH^-]$增加，$[OH^-]>10^{-7}$，而$[H^+]<10^{-7}$，$[H^+]<[OH^-]$。溶液呈碱性。

因此，中性溶液中不是没有 H^+离子和 OH^-离子，酸性溶液中不是没有 OH^-离子，碱性溶液中也不是没有 H^+离子，而是水溶液中都存在着这两种离子，只是它们的浓度有所不同，因此使溶液呈现出中性、酸性或碱性。

可以看出：H^+浓度越大，溶液的酸性越强；H^+浓度越小，溶液的酸性越弱。经常要用到一些 H^+离子浓度很小的溶液，如$[H^+]$等于 10^{-7} mol/L、1.34×10^{-3} mol/L 等。用这样的数值，计算时很不方便。为此化学上常采用 H^+离子浓度的负对数来表示，这叫做溶液的 pH 值。

$$pH=-\lg[H^+]$$

$$pH=-\lg\frac{K_w}{[OH^-]}$$

由上式可知，无论是已知氢离子浓度或氢氧离子浓度均可用公式计算溶液的 pH 值。

由此可以得到表 2-6 所列的稀溶液中的氢离子浓度或氢氧离子浓度、pH 值与溶液酸碱性的关系。

表 2-6 水溶液的酸碱性（室温附近）

酸碱性	离子浓度		酸碱指数	
	$[H^+]/(mol\cdot L^{-1})$	$[OH^-]/(mol\cdot L^{-1})$	pH	pOH
中性	1.0×10^{-7}	1.0×10^{-7}	7.00	7.00
酸性	$>1.0\times10^{-7}$	$<1.0\times10^{-7}$	<7.00	>7.00
碱性	$<1.0\times10^{-7}$	$>1.0\times10^{-7}$	>7.00	<7.00

(4) 溶液的 pH 值计算

[例 1] 纯水的$[H^+]=10^{-7}$ mol/L，求它的 pH 值。

∵ $pH=-\lg[H^+]$

∴ $pH=-\lg10^{-7}=7$

[例 2] 0.1 mol/L CH_3COOH 的$[H^+]=1.33\times10^{-3}$ mol/L（∵0.1 mol/L 醋酸溶液的电离度为 1.33%），求它的 pH 值。

$$pH=-\lg(1.33\times10^{-3})=-\lg1.33-\lg10^{-3}=-0.124+3=2.88$$

[例 3]　0.1 mol/L $NH_3 \cdot H_2O$ 的$[OH^-]=1.34\times10^{-3}$ mol/L(0.1 mol/L $NH_3 \cdot H_2O$ 的电离度为 1.34%),求它的 pH 值。

∵　$[H^+]=\dfrac{K_w}{[OH^-]}=\dfrac{1\times10^{-14}}{1.34\times10^{-3}}=7.46\times10^{-12}$ mol/L

∴　$pH=-\lg[H^+]$

$=-\lg(7.46\times10^{-12})=-\lg7.46-(-12)$

$=-0.87+12=11.13$

[例 4]　已知溶液的 pH 值等于 9,计算氢离子浓度。

∵　$pH=-\lg[H^+]$　　　代入:$\lg[H^+]=-9$

∴　$[H^+]=10^{-9}$ mol/L

由上面计算可知:中性溶液中,pH=7;碱性溶液中,pH>7,溶液碱性越强,pH 值越大;酸性溶液中,pH<7,溶液的酸性越强,pH 值越小。因$[H^+]$和$[OH^-]$乘积为一常数即 10^{-14},所以用 pH 值就可以表示溶液的酸性或碱性强弱。例如 pH=3 的溶液,$[H^+]=10^{-3}$ mol/L,$[OH^-]$必为$\dfrac{10^{-14}}{10^{-3}}=10^{-11}$ mol/L,这样 pH 值也间接地表示 OH^- 离子浓度。

pH 值、$[H^+]$、$[OH^-]$和溶液酸碱性的关系,列于表 2-7。计算溶液的 pH 值时,对于强酸、强碱溶液,可以根据强酸、强碱在溶液里全部电离成离子,先求出 H^+ 离子或 OH^- 离子的浓度,再计算溶液的 pH 值。

表 2-7　$[H^+]$与$[OH^-]$与 pH、pOH 的关系

$[H^+]$	$[OH^-]$	pH	pOH	溶　液
10^0或 1	10^{-14}	0	14	强酸性
10^{-1}	10^{-13}	1	13	↑
10^{-2}	10^{-12}	2	12	
10^{-3}	10^{-11}	3	11	酸性增强
10^{-4}	10^{-10}	4	10	
10^{-5}	10^{-9}	5	9	
10^{-6}	10^{-8}	6	8	
10^{-7}	10^{-7}	7	7	中性
10^{-8}	10^{-6}	8	6	
10^{-9}	10^{-5}	9	5	
10^{-10}	10^{-4}	10	4	碱性增强
10^{-11}	10^{-3}	11	3	
10^{-12}	10^{-2}	12	2	↓
10^{-13}	10^{-1}	13	1	强碱性

[例 5]　计算 0.01 mol/L HCl 溶液中 H^+离子和 OH^-离子的浓度和 pH 值。

[解]　HCl 在水中全部电离,它的电离方程式是:

$$HCl \longrightarrow H^+ + Cl^-$$

$$0.01\quad 0.01\quad 0.01$$

$$[H^+]=0.01\ \text{mol/L}=10^{-2}\ \text{mol/L}$$

$$pH=-\lg[H^+]=-\lg10^{-2}=2$$

∵ $[H^+][OH^-]=10^{-14}$

∴ $[OH^-]=10^{-14}/[H^+]=10^{-12}$ mol/L

答：0.01 mol/L HCl 溶液的 H^+ 离子和 OH^- 离子浓度分别为 10^{-2} mol/L 和 10^{-12} mol/L，溶液的 pH 值是 2。

对于弱酸、弱碱溶液，必须根据弱酸或弱碱的电离常数，先求出 H^+ 离子或 OH^- 离子的浓度，再计算溶液的 pH 值。

［例 6］ 计算 0.01 mol/L $NH_3 \cdot H_2O$ 溶液中的 OH^- 离子浓度和 pH 值。

［解］ 设溶液的 OH^- 离子浓度为 X

$$NH_3 \cdot H_2O \rightleftharpoons NH_4^+ + OH^-$$

平衡浓度 $0.01-X$ X X

$$K_i=[OH^-][NH_4^+]/[NH_3 \cdot H_2O]$$

$$1.8\times10^{-5}=X^2/(0.01-X)$$

$$X=4.2\times10^{-4}\ \text{mol/L}$$

$$[H^+]=10^{-14}/[OH^-]=2.4\times10^{-11}\ \text{mol/L}$$

$$pH=-\lg 2.4\times10^{-11}=10.62$$

答：0.01 mol/L $NH_3 \cdot H_2O$ 溶液里 OH^- 离子的浓度为 4.2×10^{-4} mol/L，pH 值为 10.62。

由以上举例及计算可见，氢离子浓度与 pH 值的关系：若$[H^+]=10^{-5}$，则 pH=5；如$[H^+]=10^{-9}$，则 pH=9，以此类推。

实际应用中测定 pH 值有各种不同的方法，最简便的常采用 pH 试纸，可定性地给出溶液的酸、碱或中性。常用的指示剂有石蕊、酚酞和甲基橙。它们在酸性、碱性和中性溶液的颜色变化，见表 2-8。

表 2-8 指示剂在各种溶液中的颜色

指示剂	溶液的反应		
	酸性	中性	碱性
石蕊	红色	紫色	蓝色
酚酞	无色	无色	紫红色
甲基橙	玫瑰红色	橙黄色	黄色

2.3.4 电导率

(1) 电导

导体的导电能力用“电导”来度量。电导 G 定义为电阻 R 的倒数，即：

$$G=\frac{1}{R}$$

电导的 SI 单位为西［门子］，符号为 S，1 S=1 Ω^{-1}。

和电阻一样，导体的电导与导体的形状有关。实验表明，电导与导体的长度 L 成反比，与导体的截面积 A 成正比，即：

$$G=K\frac{A}{L}$$

式中：

K——比例系数，称为电导率(以前称为比电导)。

电导率的 SI 单位为西[门子]每米，符号为 S/m，在化学中常用的单位为 S/cm。

(2) 摩尔电导率

现国家标准计量单位中规定的用“摩尔电导率”这一量代替了以前的“当量电导率”。

对电解质溶液过去常用当量电导率这一概念。根据当量电导的定义，其内容如下：对于离子导体即电解质溶液来说，如果在电解质溶液中插入两个平板电极，彼此平行，相距 1 cm，而两极之间容纳的溶液中含电解质总量为 1 克当量，则这时溶液的电导值称为当量电导率值。或者说，1 克当量的某种电解质在不同浓度的溶液中生成的离子所具有的导电能力就叫当量电导率，以 λ 表示。

由于两极板间距离为 1 cm(即导体长度 $L=1$ cm)，如果极板间所夹 1 克当量的某种电解质溶液的总体积为 $V\,\mathrm{cm}^3$，则导体的电极面积为 $V\,\mathrm{cm}^2$(即导体截面积 $A=V\,\mathrm{cm}^2$)。此时的电导值即为当量电导率，所以：

$$\lambda=KV \tag{2-15}$$

式中：

V——溶液的体积，可以称为溶液的稀释度，即浓度的倒数。

若该溶液的当量浓度为 N 克当量每升，则：

$$V=\frac{1\ 000}{N} \tag{2-16}$$

代入式(2-15)，则当量电导率为：

$$\lambda=K\frac{1\ 000}{N} \tag{2-17}$$

当量电导率的常用单位为西[门子]平方厘米每克当量，或用符号$(\mathrm{S\cdot cm^2})/\mathrm{eq}$ 表示。

此处的克当量是指化学式量 M_r 除以该离子在电极反应中得失的电子数(或离子价数)，例如：$\mathrm{eqK^+}=M_r(\mathrm{K^+})/1$，$\mathrm{eqCu^{2+}}=M_r(\mathrm{Cu^{2+}})/2$，$\mathrm{eqFe^{3+}}=M_r(\mathrm{Fe^{3+}})/3$，$\mathrm{eqFe(CN)_6^{4+}}=M_r[\mathrm{Fe(CN)_6^{4+}}]/4$等。

同当量电导率的定义相似，由上述定义可知，按照 GB 3102—1993 的规定，电导率除以物质的量浓度称为摩尔电导率，即：

$$\Lambda_\mathrm{m}=\frac{K}{C_\mathrm{B}}\times 1\ 000 \tag{2-18}$$

式中：

Λ_m——摩尔电导率，SI 单位是西[门子]平方米每摩[尔]，符号为$(\mathrm{S\cdot m^2})/\mathrm{mol}$；化学中常用单位是$(\mathrm{S\cdot cm^2})/\mathrm{mol}$。

由摩尔电导率的定义可知，只要选定以具有单位电荷的粒子为基本单元，则摩尔电导率 Λ_m 与当量电导率，不仅含义相同，而且对于同一电解质溶液其数值也是相等的。

2.3.5　氧化和还原

造成反应堆结构材料腐蚀大多数反应都是氧化反应。反应堆水化学工作者必须了解氧化反应。

也有将化学反应分为四种基本反应类型：化合反应、分解反应、置换反应和复分解反应，问题是不包括氧化还原反应。当考查 $Fe_2O_3+3CO=2Fe+3CO_2$ 属何种基本反应类型时，发现该反应是不属于基本反应类型中的任何一种，说明此种分类方法不能囊括所有化学反应。从得失氧的角度看，该反应可称为氧化还原反应。这就从得氧或失氧的角度定义了氧化还原反应(狭义氧化还原反应定义)。这里氧化还原反应的含义仅是指物质与氧化合或从化合物中夺取氧的反应。再比如镁的氧化反应和氢气还原氧化铜的反应：

$$2Mg+O_2=\!=\!=2MgO$$

$$CuO+H_2=\!=\!=Cu+H_2O$$

对于氢气还原氧化铜的反应，氧化铜失去氧，氢得到氧，得到氧的数目与失去氧的数目相等。因此可以根据化学反应中物质是否得到氧或失去氧，把反应定义为氧化反应和还原反应。在 $H_2+CuO=\!=\!=Cu+H_2O$ 反应中，CuO 失氧发生了还原反应，而氢得到氧的反应是发生了氧化反应。在 $2Mg+O_2=\!=\!=2MgO$ 反应中，对于镁来说，是 Mg 的氧化反应，同时在其中也存在着 O_2 的还原反应。

因此，可简单地把物质得到氧的反应定义为氧化反应，把物质失去氧的反应定义为还原反应。以上只是从得氧和失氧的分类标准认识氧化还原反应的概念和特征。

如前所说的四种基本反应类型，它只是依据反应物和生成物的类别、种类对化学反应的一种形式上的分类，它没有反映化学反应的本质。而仅从得失氧角度划分的氧化还原反应，同样也不能反映化学反应的本质。例如，在 $2Mg+O_2=\!=\!=2MgO$ 和 $S+O_2=\!=\!=SO_2$ 反应中，哪个失去了氧？似乎不太直观。还有 $2Na+Cl_2=\!=\!=2NaCl$ 和 $H_2+Cl_2=\!=\!=2HCl$ 两反应中虽然没有氧参与，但元素化合价却起了变化。这种虽无氧得失或无氧参加的反应，其实质也属于氧化还原反应。在氢气还原氧化铜的反应 $CuO+H_2=\!=\!=Cu+H_2O$ 中，铜的化合价降低、被还原；氢的化合价升高、被氧化。

以上从反应前后元素化合价升降的角度看，不难导出氧化还原反应特征的定义：凡是有化合价升降的化学反应都是氧化还原反应。并可以总结出以下几点：

1）有元素化合价升降的反应是氧化还原反应，这是氧化还原反应又一个标志和判断依据；

2）物质化合价升高则被氧化，该物质称作还原剂；物质化合价降低则被还原，该物质称作氧化剂；

3）在氧化还原反应中，物质化合价升高的总价数等于降低的总价数；

4）化合价升降不仅能分析得氧、失氧的反应，也能分析虽无得氧失氧但反应前后元素化合价有变化的反应。

化学反应的本质是原子间的重新组合，氧化还原反应的本质又是化合价变化。

钠在氯气中剧烈燃烧生成氯化钠，氢气在氯气中剧烈燃烧生成氯化氢：

$$2Na+Cl_2 \xlongequal{\text{点燃}} 2NaCl \qquad H_2+Cl_2 \xlongequal{\text{点燃}} 2HCl$$

从微观的角度上认识氧化还原反应的本质即钠原子和氯原子是怎么变化成 Na^+ 和 Cl^- 进而形成 NaCl。实际上是电子的转移形成了 NaCl。这正是元素化合价起变化的原因和本质所在。例如，可以把氢气与氯气的化合反应写成两个半反应的形式，即：

氧化反应：$H_2 \longrightarrow 2H^+ + 2e^-$；

还原反应：$Cl_2 + 2e^- \longrightarrow 2Cl^-$。

可以把单质原子看作为 0 价。在第 1 个半反应中，氢从 0 价被氧化到 +1 价；同时，在第 2 个半反应中，氯从 0 价被还原到 −1 价。

两个半反应加合，得：$H_2 + Cl_2 \longrightarrow 2H^+ + 2Cl^-$；

离子结合，形成氯化氢：$2H^+ + 2Cl^- \longrightarrow 2HCl$。

可见，"化合价升降"与"电子转移"以及"氧化还原反应"这三者之间的关系：即失去电子者—化合价升高—被氧化，得到电子者—化合价降低—被还原。因此，氧化还原反应的本质是电子的转移，特征为化合价的变化。化合价升高，即失电子的半反应是氧化反应；化合价降低，得电子的反应是还原反应。化合价降低的物质氧化对方得到电子（或电子对偏向）自身被还原，叫氧化剂，其产物叫还原产物；化合价升高的物质还原对方失去电子（或电子对偏离）自身被氧化，因此叫还原剂，其产物叫氧化产物。一般来说，同一反应中还原产物的还原性比还原剂弱，氧化产物的氧化性比氧化剂弱。现在可以从得失电子的角度给氧化还原反应重新下定义：凡是有电子转移（电子的得失或电子对的偏移）的反应就是氧化还原反应。根据反应中电子转移的情况得出的氧化还原反应定义是实质性定义。这里把氧化还原反应的概念拓展了，只要是失去电子的反应就是氧化反应，只要是得到电子的反应就是还原反应。由于在化学反应中，有失电子的，必有得电子的，因此氧化和还原是对立统一的关系，不存在单独的氧化反应，也不存在单独的还原反应，它们是共存的。总之，从得氧失氧观点描述氧化还原反应是不完善的，有其局限性；从化合价升降观点可以判断是否为氧化还原反应；电子转移是氧化还原反应的本质。有以下关系（见图 2-6）：

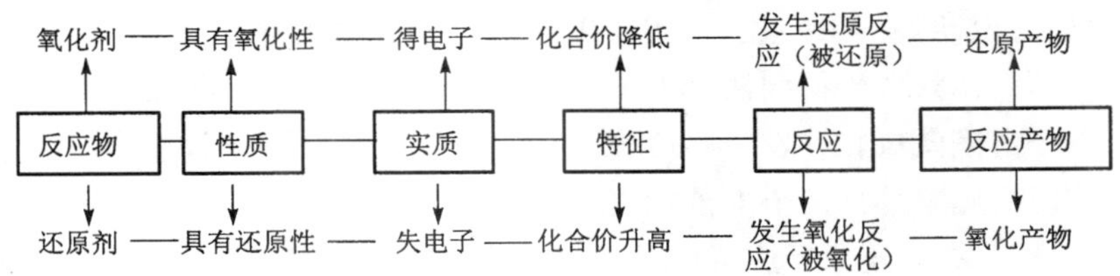

图 2-6　氧化还原反应原理图

可简明实用概括如下：

氧化性←氧化剂（失氧）→被还原→还原反应→化合价降低→得电子或共同电子对偏移过来→还原产物（可能有还原性）；还原性←还原剂（得氧）→被氧化→氧化反应→化合价升高→失电子或共同电子对偏移过去→氧化产物（可能有氧化性）。

一般在无机反应中判断是否氧化反应的方法，就是看有没有电子得失。但在有机化学中，发现有机反应比较难判断有没有电子的得失，所以在有机反应中判断的标准是：可把有机物得到氧或者失去氢的反应叫做氧化反应，有机物失去氧或者得到氢的反应叫做还原反应。

物质还原性很强＝失电子的能力强；物质氧化性很强＝得电子的能力强。金属性在本质上就是还原性，而还原性不仅仅是金属的性质。非金属性在本质上就是氧化性，而氧化性不仅仅是非金属单质的性质。一个粒子的还原性越强，表明它的氧化性越弱；粒子的氧化性越强，表明它的还原性越弱。如：在元素周期表中，非金属性最强的非金属元素氟，它的氧化性最强，因此，氟元素无正价。反之，金属性越强的元素，它的还原性也就越强。还原性的强弱只与失电子的难易程度有关，与失电子的多少无关。金属得电子不一定变为 0 价。例如：$2Fe+Cu^{2+}=\!=\!=2Fe^{2+}+Cu$，$Fe^{3+}+e^{-}=\!=\!=Fe^{2+}$，再如工业炼铁的反应：

$$Fe_2O_3+3CO=\!=\!=2Fe+3CO_2\text{（高温反应）}$$

在这个反应中，Fe_2O_3 是氧化剂，而 CO 是还原剂。Fe_2O_3 中的氧给了 CO，使后者氧增加变为 CO_2，铁由 3 价变为单质 0 价（化合价降低，为氧化剂），而碳由 2 价变为 4 价（化合价升高，为还原剂）。

另外，复分解反应一定不是氧化还原反应。因为复分解反应中各元素的化合价都没有变化，例如：$Na_2CO_3+CaCl_2=2NaCl+CaCO_3\downarrow$，其中钠保持 1 价，碳酸根保持 −2 价，氯元素保持 −1 价，而钙元素保持 2 价。复分解反应都不是氧化还原反应。有单质参加的化合反应大部分是氧化还原反应（有例外，如石墨在一定条件下变成金刚石，还包括其他同素异形体之间的转换）；有单质生成的分解反应大部分是氧化还原反应（有例外，如次氟酸分解：$2HFO=2HF+O_2$，化合价没有变化）。归中反应和歧化反应可以看做是特殊的氧化还原反应。

根据化学反应不同的特点，虽可以分为许多不同的类型，但从反应过程中是否有氧化数的变化或从电子转移的角度上看，化学反应基本上分为两大类：有电子转移或氧化数变化的氧化还原反应和没有电子转移或氧化数变化的非氧化还原反应。

广义的氧化还原反应是指反应物元素氧化值发生改变的反应。氧化还原反应中元素氧化值改变的实质是反应物之间发生了电子转移。某元素失去电子，氧化值升高，这个过程称为氧化；另一元素得到电子，则氧化值降低，这个过程称为还原。因此，氧化还原反应可以进一步用电子得失来说明：在镁氧化反应中，镁元素由于失去两个电子，氧化值就由 0 升到 +2，镁被氧化；而氧元素由于得到两个电子，氧化值就由 0 降到 −2，氧被还原。反应中发生了电子得失，电子由镁向氧转移，在铜氧化反应中，氢元素失去了一个电子，氧化值由 0 升到 +1，氢被氧化；而铜元素得到两个电子，氧化值由 +2 降到 0，铜离子被还原，在反应时电子由 H_2 向 Cu^{2+} 转移。氧化还原反应可以定义为在反应前后元素的氧化数具有相应的升降变化（反应物之间发生了电子转移）的化学反应。这种反应可以理解成由两个半反应构成，即氧化反应和还原反应。显然，氧化还原反应必然都遵守电荷守恒。在氧化还原反应里，氧化与还原必然以等量同时进行。氧化和还原两者可以比喻为阴阳之间相互依靠、转化、消长且互相对立的关系。因此，氧化反应是指反应中某元素失电子或电子对偏离它的反应；还原反应是指反应中某元素得电子或电子对偏向它的反应。氧化与还原过程必然是同时发生的。没有电子转移的反应，就不是氧化还原反应。在反应中，得到电子的物质（即氧化值降低），必同时使另一物质失去电子（氧化值升高）。一种物质获得电子，必须同时使另一物质失去电子，也就是说有氧化值降低的物质，必同时使另一物质的氧化值升高。这种本身被还原而使另一物质氧化的物质，称为氧化剂。同样，那种本身被氧化而使另一物质还原的物质，称为还原剂。这是从广义的角度定义氧化剂和还原剂。例如，联氨与水中溶解氧的反应：

$$\overset{-2}{N}_2H_4+\overset{0}{O}_2=\overset{0}{N}_2+2H_2\overset{-2}{O}$$

氧（O_2）得到电子，氧化值由 0 降到 −2，故 O_2 是氧化剂；N_2H_4 中的氮元素（N）失去电子，氧化值由 −2 升高到 0，故 N_2H_4 是还原剂。

凡能失去电子的物质，都可以做还原剂。还原剂越易失去电子，其还原能力就越强。凡能接受电子的物质，都可以作氧化剂。氧化剂越容易接受电子，其氧化能力就越强。

某元素形成各种不同氧化值的化合物时，具有最高氧化值的化合物可用作氧化剂；具有最低氧化值的化合物可以用作还原剂；介于最高和最低氧化值之间的化合物，根据反应的具体条件既可作氧化剂，又可作还原剂。

总之，元素的化合价升高与降低是元素得失电子，即电子的转移（得失或偏移）的结果。因此，从电子的得失（或偏移）角度才能认识氧化还原反应的本质。

复习题

1. 什么是元素的周期？什么是元素的族？
2. 门捷列夫最初按相对原子质量的增长排列元素的，相对原子质量具有决定意义吗？后来在确定一个元素在表中的位置时，是以其性质的总和为依据的，那么周期表的排列实质是什么？
3. 简述门捷列夫所发现的周期律的重大意义。
4. 以水为例，说明摄氏温度的确定。
5. 1 g 纯水从 14.5 ℃升到 15.5 ℃所需要的热量是多少？在什么温度时水的密度最大？
6. 水的质量组成如何？复杂水分子的组成通式如何表示？何谓分子的缔合？何谓氢键？何谓饱和蒸汽？划出水的状态图，并说明三相点的温度和压力？
7. 在温度高于 1 000 ℃时，水蒸气明显地开始离解成氢和氧，写出反应方程式。
8. 什么叫做弱电解质？什么叫电离平衡？各举一例说明。
9. 什么叫电离度？举例说明并写出表达式。
10. 什么是电离常数？举例说明并写出表达式。
11. 什么叫水的离子积？水溶液的 pH 值是如何定义的？并写出各自的表达式。在酸、碱和中性水溶液中的 pH 值范围是多少？
12. 已知溶液的 pH 值等于 10，计算氢离子浓度？
13. 已知溶液的 pH 值等于 4，计算氢离子的浓度和氢氧离子浓度？
14. 若从化合价变化来分，应怎样对化学反应分类？举例回答。
15. 是否只有得失氧的反应才是氧化还原反应？怎样看待氧化还原反应的定义？
16. 用化合价变化的观点和电子转移的观点加深对氧化反应、还原反应等概念的理解。

第3章　腐蚀及其防护

3.1　概　述

作为压水堆燃料元件包壳材料锆合金和压水堆结构材料的不锈钢和镍基合金，由于要用它们包容放射性物质，因此对它们在结构上的完整性要求十分苛刻。从保护结构材料、保证压水堆核电厂能够较长时间安全和稳定地运行、最大限度地提高压水堆可利用率的目的出发，要求严格控制一、二回路水化学条件，以尽量减少反应堆内各种材料因发生腐蚀、磨蚀等因素造成的破损。研究金属的腐蚀以及防腐是十分重要的，对于减少由于金属设备的腐蚀带来的损失具有重要意义。

3.1.1　核电厂常见的材料腐蚀

早期发展的一些核电厂，与冷却剂相接触的材料几乎全部是不锈钢。现在，具有耐高温及更良好核性能的锆合金逐渐取代了不锈钢而成为燃料元件的包壳材料；同时，蒸汽发生器中的不锈钢换热管亦逐渐为镍基合金管所取代，因为镍基合金具有更好的抵抗氯离子应力腐蚀的能力。于是，压水堆一回路中不锈钢材料的量，从早期的近于100%，减少到仅占10%左右。此外，某些活动的机械部件，如控制棒驱动机构、泵叶轮、轴承、阀杆、阀板等，采用了耐磨高强度钢和硬质合金，以减少生成活化腐蚀产物钴-60。常见的金属材料腐蚀（包括核电厂金属材料腐蚀）形态见示意图3-1。

核电厂常见的金属材料腐蚀为：

(1) 全面腐蚀（又称均匀腐蚀）

全面腐蚀有腐蚀产物膜形成的称全面成膜腐蚀。如不锈钢在氧化环境中生成的氧化膜，这种膜通常具有保护性。无膜的全面腐蚀显然是危险的。无膜的全面腐蚀除特殊情况外，一般不会遇到。全面（均匀）腐蚀的特征是腐蚀产物在整个表面上生成。

(2) 点腐蚀

点腐蚀有的称为小孔腐蚀，是一种高度局部的腐蚀形态，一般小孔直径等于或小于它的深度。小而深的孔可能穿透金属材料，引起物料流失或设备报废。

(3) 缝隙腐蚀

缝隙腐蚀是发生在缝隙内的一种腐蚀形式，如螺栓和螺帽之间、垫圈和金属之间、焊接气孔、氧化皮、污垢、沉积物、涂料等覆盖物和下面金属之间出现缝隙产生的腐蚀。缝隙腐蚀是一种特殊的局部腐蚀。破坏形态成沟缝状，严重的可穿透。产生的条件有两条：① 要有危害性离子 Cl^-；② 要有滞流的缝隙（0.025～0.3 mm）。

(4) 晶间腐蚀

晶间腐蚀是一种由微电池作用而引起的局部破坏现象，是金属材料在特定的腐蚀介质中沿着材料晶粒边界深入内部，直至成为溃疡性腐蚀，使整个金属强度完全丧失，晶粒间已丧失了结合力，失去金属的声音，甚至成为粉状。因此，它是一种危害性很大的局部腐蚀。

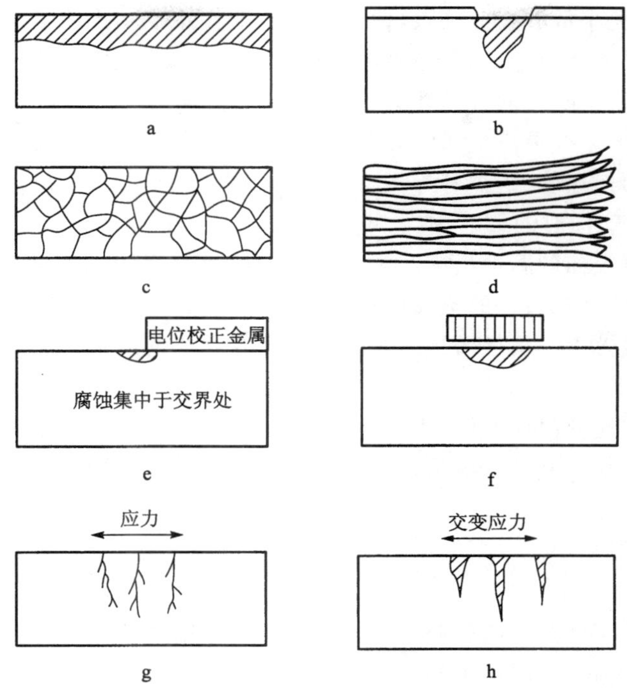

图 3-1　常见的金属材料腐蚀形态示意图

a. 均匀腐蚀（全面腐蚀）；b. 点蚀（孔蚀）；c. 晶间腐蚀；d. 剥蚀；
e. 电偶腐蚀；f. 缝隙腐蚀；g. 应力腐蚀断裂；h. 腐蚀疲劳

例如，氢氧化钠的作用产生的苛性腐蚀。

（5）应力腐蚀断裂

应力腐蚀断裂是指金属或合金在腐蚀和拉应力的同时作用下产生的断裂。这里腐蚀指的是在特定的“材料-环境”下的局部腐蚀，如“不锈钢-Cl^-”。而拉应力产生于冷加工时的剩余应力、热应力、焊接应力、外加应力等。

应力腐蚀特性类似于点蚀、缝隙腐蚀。其发生和发展的过程是：① 在化学介质的作用下金属表面生成钝化膜；② 膜局部断裂，产生点蚀孔或裂隙。③ 在开裂孔的尖端产生应力集中，裂缝向纵深发展导致断裂。所以在实际应用中要避免应力集中，采取必要的保护措施。

（6）氢腐蚀

由于金属内部存在氢或氢相，引起金属破坏，被称为氢腐蚀。可分为氢鼓泡、氢脆、氢蚀等。

1）氢鼓泡是由于氢原子渗入金属内部，结合成氢分子、形成巨大内压，使金属内部变形，引起材料表面鼓泡甚至破裂。

2）氢脆是氢原子进入金属内部，使金属晶格变形、导致延展性和强度下降、变脆。

3）氢蚀是进入金属内部的氢，与一种组分或元素发生化学反应，使金属破坏。

（7）腐蚀疲劳

腐蚀疲劳是在交变应力和腐蚀共同作用下引起的破裂。这种应力是沿着两个相反的方向交替作用，如果其大小低于疲劳极限，即使经过长期作用也不产生疲劳破裂，但在腐蚀介质的作用下疲劳极限大大降低，因而在不高的交变应力下就易发生破裂。

腐蚀疲劳的外形特征是：通过蚀孔有若干条裂缝，方向和应力垂直，是穿晶型，没有分支裂缝、缝边呈现锯齿形。容易产生腐蚀疲劳的设备有振动部件，如泵轴和泵杆，由于温度变化产生周期热应力的换热管、锅炉管等。

(8) 动水腐蚀和磨损腐蚀

动水腐蚀是金属表面的腐蚀反应产生的腐蚀产物被流动的水带走，使反应的平衡状态不复存在，因而腐蚀速度加快。磨损腐蚀在一个表面相对于另一个表面相移动时发生。由于流体冲刷表面的微粒引起机械磨损。对金属表面同时产生机械磨损和电化学腐蚀的破坏形态称为磨损腐蚀。

以上为核电厂常见的材料腐蚀。

金属材料还有其他一些常见的腐蚀，如图 3-1 所示的剥蚀、电偶腐蚀等。

3.1.2 腐蚀机制

(1) 化学腐蚀

化学腐蚀指金属表面与非电解质直接发生纯化学作用而引起的破坏。其反应历程的特点是金属表面的原子与非电解质中的氧化剂直接发生氧化还原反应，形成腐蚀产物。腐蚀过程中电子的传递是在金属与氧化剂之间进行的，因而没有电流产生。

(2) 电化学腐蚀

电化学腐蚀是指金属表面与离子导电的介质(电解质)发生电化学反应而引起的破坏。任何以电化学机制进行的腐蚀反应，至少包含有一个阳极反应和一个阴极反应，并以流过金属内部的电子流和介质中的离子流形成回路。阳极反应是氧化过程，阴极反应是还原过程。电化学腐蚀是最普通的、最常见的腐蚀，金属在大气、海水、土壤和各种电解质溶液中的腐蚀都属此类。

(3) 物理腐蚀

物理腐蚀是指金属由于单纯的物理溶解作用引起的破坏。熔融金属中腐蚀就是固态金属与熔融液态金属(如 Pb 、Zn、Na、Hg 等)相接触引起的金属溶解及开裂。这种腐蚀不是由于化学反应，而是由于物理的溶解作用形成合金，或液态金属渗入晶界造成的，例如：热浸锌用的铁锅，由于液态锌的溶解作用，使铁锅很快腐蚀坏了就属此类。

3.1.3 腐蚀的防护方法

防止金属腐蚀的方法很多，常见的有以下几种：

(1) 钝化

浓 H_2SO_4 是用铸铁罐贮运的，浓 HNO_3 是用铝罐贮运的。这是因为在浓的氧化性酸中，铁、铝表面会生成致密的氧化膜，产生了阴极极化，阻止浓酸与金属反应，这就是所谓的化学钝化现象。另外一种是电化学钝化现象，就是由于阳极上外加适当电流，使阳极电势变正、产生阳极极化，至某一电势时，阳极表面生成了一层致密的钝化膜，金属由活化状态变为钝态，于是金属得到保护。

(2) 提高金属表面的电化学均匀性

提高金属的纯度，提高加工表面的光洁度、平整度，设计零、部件时考虑其各部分受力、受热均匀，从而使表面不提供阴、阳极，或即使产生两极，其电势差也很小，以防止腐蚀。

(3) 保护层

采取涂漆、电镀、化学镀、搪瓷、磷化等方法使腐蚀介质与金属隔离，以防止腐蚀。

(4) 电化学保护

通电，加强电极极化，将$E_{腐蚀}$降低到最低限度，可将被保护工件接到直流电源的负极，表面产生阴极极化，叫做阴极保护。工件接到直流电源的正极，表面产生阳极极化(表面氧化，又叫做钝化)，如果继续外加小电流就能维持阳极处于钝态，这就是阳极保护，使金属减缓腐蚀。

(5) 加缓蚀剂

在介质中加入能降低金属腐蚀速率的物质，叫做缓蚀剂。使腐蚀电池阳极极化作用加强的，叫做阳极缓蚀剂。使阴极极化作用加强的，叫做阴极缓蚀剂。极化作用加强，腐蚀电流下降，从而降低腐蚀速率。

3.2　PWR 结构材料的腐蚀

3.2.1　锆合金

纯锆虽然具有良好的核性能[对 2 200 m/s 的中子俘获截面为(0.18±0.02) b，散射截面为(8±1) b]及机械性能，但却不宜作为燃料棒的包壳材料。因为它对氮、氧有很强的亲和力，在中子辐照下易发生脆裂。添加少量的合金元素即能大大改善锆的性能。在压水反应堆中，锆锡合金和锆铌合金获得了广泛的应用。

锆锡合金主要有两种：锆-2 合金和锆-4 合金，合金中的锡可抵消氮的有害作用。锆-2合金的吸氢性能很强，甚至 100%能吸收腐蚀过程中产生的氢，因而较易发生氢脆。合金中的镍是造成吸氢量大的主要元素。因此，研究了锆-4 合金，它与锆-2 合金的区别在于镍的含量大大降低，但加入了等量的铁。降低了镍含量就降低了合金的吸氢性能，但对合金在高温蒸汽中(400 ℃)的抗氧化性能有不良影响，加入等量的铁就弥补了这一缺陷。这样得到的锆-4 合金，其耐氧化性能及其他性能均与锆-2 相当，唯吸氢量仅为锆-2 合金的 1/3～1/2。锆-4 合金已被广泛用作水冷堆的燃料包壳材料。

3.2.1.1　锆合金在高温水中的腐蚀特点

锆位于周期表ⅣB 族，是一种非常活泼的金属，但它却具有良好的抗腐蚀性能，这归因于金属表面氧化膜的保护作用。若破坏了这层氧化物保护膜，锆合金就会在短时间内遭受到腐蚀破坏。

锆合金在高温水或蒸汽中生成氧化物膜：

$$Zr + 2H_2O \longrightarrow ZrO_2 + 2H_2$$

刚开始时反应非常缓慢，氧化膜增加到一定厚度时，腐蚀速率突然增加，随后腐蚀速率又逐渐减缓并趋近恒定值。图 3-2 和图 3-3 分别为锆-2 合金及锆-4 合金在高温水(或蒸汽)中的腐蚀曲线。腐蚀突然加快的点称为转折点。在转折点以前，氧化膜呈平滑连续状紧贴在金属表面上，并且有黑色光泽，是一种组成为 ZrO_{2-n}（$n<0.05$）单斜晶体。转折点后，氧化膜呈灰色或白色，组成为 ZrO_2，疏松地附在基体金属上，无保护作用。

3.2.1.2　影响锆合金腐蚀的因素

影响锆合金在冷却剂中腐蚀的因素很多，主要有：

(1) 温度

由图 3-2、图 3-3 可见，冷却剂温度越高，到达转折点的时间就越短，腐蚀量也越大。在压水堆燃料元件表面温度（340 ℃）下，锆合金达到转折点的时间为 190 d，而燃料在堆内辐照时间一般要延续 1 000 d 左右，也就是说，堆内锆合金包壳大部分时间处于转折点以后的状态，因此，掌握转折点以后的锆合金腐蚀行为十分重要。

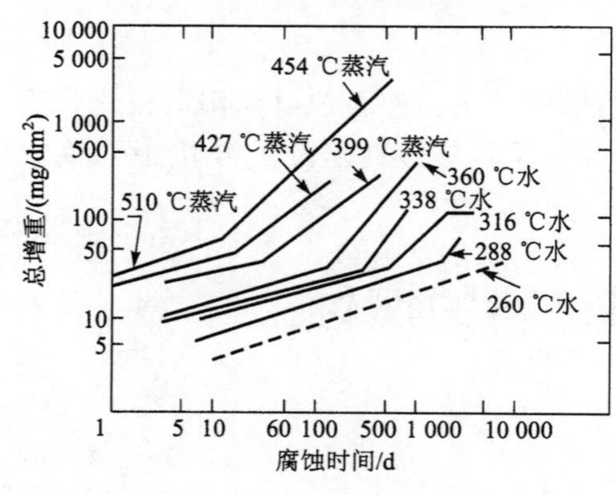

图 3-2　锆-2 合金在高温水（或蒸汽）中的腐蚀作用（实线为实验数据，虚线为外推数据）

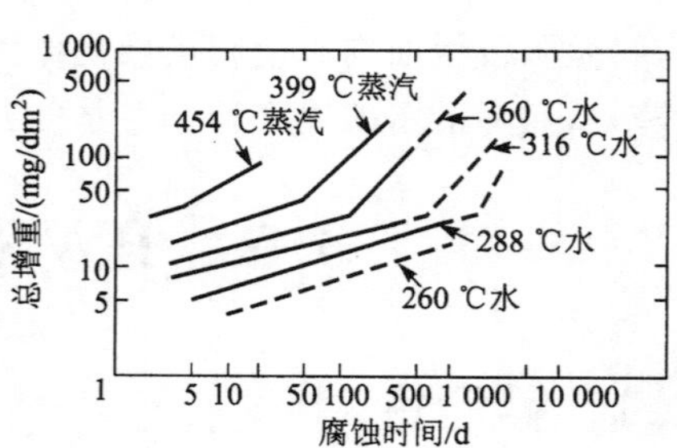

图 3-3　锆-4 合金在高温水（或蒸汽）中的腐蚀作用（实线为实验数据，虚线为外推数据）

(2) 冷却剂流速

冷却剂流速为 0～10 m/s 范围时，对锆合金的腐蚀没有什么影响。

(3) 中子注量率

锆合金（Zr-2，Zr-4）在水蒸气中的腐蚀，强烈地受中子注量率和氧含量的影响，且两者相互促进。在中子辐照下，冷却剂或蒸汽中的氧能显著提高腐蚀速率，同样，在含溶解氧的冷却剂中，提高中子注量率也会加剧锆合金的腐蚀。由于压水堆冷却剂中的溶解氧容许浓度很低，中子辐照对锆合金的腐蚀速率不会有显著影响。如希平港反应堆运行 1 885 d 后，再生区燃料锆包壳的氧化膜厚度为 2 μm，其中氧含量约为 70 mg/L，与堆外试验结果相符。

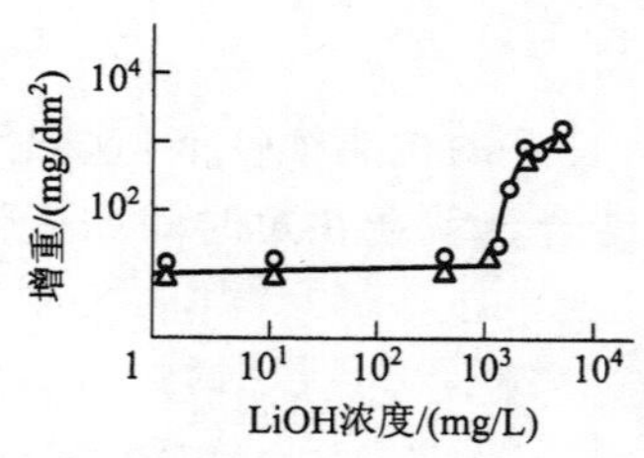

图 3-4　锆合金在 LiOH 溶液中的腐蚀

O—锆-2；Δ—锆-4

(4) 热通量

反应堆运行时，裂变产生的热量经过元件包壳向冷却剂传递，若包壳表面氧化膜增厚，则金属氧化物界面的温度将随之上升，使包壳的氧化速度加快。

(5) 冷却剂水质

1) 碱性溶液对锆合金腐蚀影响较大，LiOH 较 KOH 更为明显。碱浓度越高，锆合金腐蚀速率越大（见图 3-4）。

溶液中 Li^+ 浓度对锆合金的腐蚀影响，可用下式表示：

$$R/R_0 = 1 + 13[Li^+]$$

式中：

R——锆合金在 LiOH 溶液中的腐蚀速率；

R_0——锆合金在纯水中的腐蚀速率；

$[Li^+]$——Li^+ 的摩尔浓度。

表 3-1 援引了一些计算结果。发生泡核沸腾时，LiOH 可能在堆内构件缝隙处浓缩，引起锆合金局部腐蚀。

表 3-1　LiOH 浓度对锆合金腐蚀的影响

LiOH/(mol/L)	R/R_0
10^{-4}	1.001 3
10^{-3}	1.013
10^{-2}	1.13
10^{-1}	2.3
1	14

2）硼酸对锆合金腐蚀的影响　在冷却剂硼浓度所能达到的范围内，硼酸对锆合金的腐蚀没有什么影响。

3）溶解氢对锆合金腐蚀的影响　水中溶解少量氢气，对锆合金的腐蚀没有什么影响，甚至溶液气相空间氢气分压达到 4.84 MPa(表压力)时，其影响也不显著。氢对锆合金的破坏作用主要表现在氢脆方面。

4）卤素离子对锆合金腐蚀的影响　在卤素中，氟对锆合金的腐蚀作用最明显。在 360 ℃，pH 为 10.5 的水中，当氯或碘的浓度为 0.01 mol/L 时，Zr-4 合金的腐蚀性能没有变化，甚至当氯离子浓度高达 10^4 mg/L，也同样如此。而微量氟(约 10 mg/L)则能显著增加锆合金的初始腐蚀速率和吸氢量。反应堆冷却剂中有时会出现微量氟，它可能来自某些密封材料(如聚四氟乙烯)，也可能因燃料元件制造厂对包壳表面进行氢氟酸处理后漂洗不干净所致。

锆合金的应力腐蚀比其他类型腐蚀引起的局部腐蚀发展要快，因此具有更大的危险性。在高功率下燃料元件包壳的破损多属这类腐蚀。锆合金受应力破裂的敏感温度为 240～500 ℃，以 400 ℃为最敏感。

3.2.1.3　锆合金的氢脆与内氢脆

早在 1953 年，已观察到锆-2 合金在腐蚀过程中的吸氢现象。锆合金与水反应产生的氢气，一部分能穿过氧化物膜扩散到锆合金中而被吸收。被吸收的氢通过热扩散在金属中的低温处(通常是燃料包壳外表面)浓集，若局部浓集超过氢在锆中的溶解度时，就会在晶界或晶面上析出氢化锆 $ZrH_{1.5}$，使锆的脆性增加，这就是锆的氢脆现象。氢化锆的形成改变了金属的机械性能，使锆合金的腐蚀加快。

锆合金燃料包壳的内氢脆。所谓内氢脆，系指氢化锆由燃料包壳内壁向外表呈辐射状析出，使包壳产生裂缝，甚至贯穿管壁造成裂变产物的泄漏。这是至今危害水冷堆燃料完整性的最严重问题。因此，内氢脆危害极大，为了防止包壳的氢脆破裂，必须尽可能减少和消除燃料包壳内的氢。经验证明，造成一个辐射缺陷的最小氢量约为 0.2 mg。燃料中的微量水分往往是氢的主要来源，所以需要严格控制，但因涉及因素很多，应视具体情况而定。有人根据经验提出，卤素和铯能促进内氢脆，尤其是氟会削弱氧化膜对氢穿透的保护作用。氟和水汽共同作用将加速辐射状缺陷的形成，所以应严格控制燃料芯块的氟含量，一般宜低于10～15 mg/L。

实际运行的经验表明，锆合金包壳的完整性与冷却剂水质有很大关系，尤其水中的溶解氧给锆合金的腐蚀以显著影响。

3.2.2 不锈钢

3.2.2.1 不锈钢的腐蚀特点

不锈钢的耐腐蚀性应归因于合金中铬的存在，铬在其中的含量超过 11%（质量分数）时，即能抵抗大气腐蚀。随着铬含量的增加，耐腐蚀性进一步提高。当不锈钢暴露在高温高压的除气水中，虽然最初几百小时的腐蚀速率较大，但以后则逐渐降低，最后达到一个较低的恒定值（见图 3-5）。

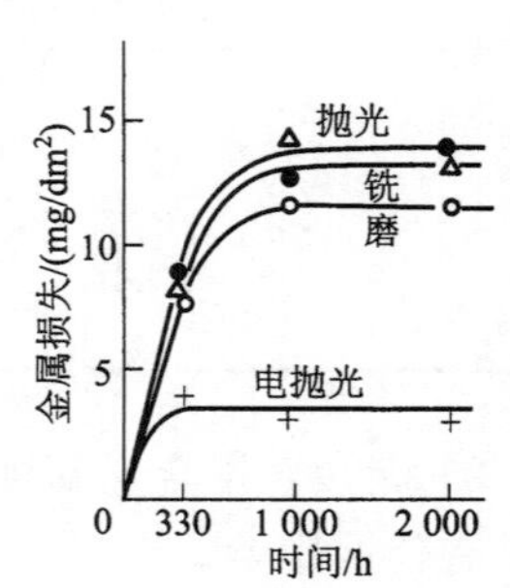

图 3-5 用不同方法进行表面处理的不锈钢在高温水（300 ℃）中的腐蚀

提高表面光洁度能改善不锈钢的耐蚀性能。增大水溶液的 pH 值，对不锈钢的稳定性常常是有益的，见表 3-2。在高温水中，溶解氧的存在往往使不锈钢表面生成的氧化膜（α-Fe_2O_3）比较疏松，易受水力冲刷等影响而剥落，失去保护作用，因此，水中溶解氧超过某一浓度将加剧腐蚀。辐射对不锈钢的腐蚀没有太大的影响，但长期受中子辐照将使不锈钢机械性能发生变化。

表 3-2 不锈钢（1Cr18Ni9Ti）的腐蚀速率与溶液 pH 的关系

温 度 /℃	介 质	pH(25 ℃)	时 间 /h	腐蚀速率/ [mg/(m² · 月)]
350	0.1 mol/L，HNO_3	1.07	300	150
	0.001 mol/L，HNO_3	3.01	300	36
	蒸馏水	6.8	100	15
	0.001 mol/L，NaOH	11.13	300	14.4

试验表明，不锈钢在一回路含硼冷却剂中，与在纯水中相当，即硼酸的存在对不锈钢的腐蚀作用无明显影响。当冷却剂中的含氧量低于 5 mg/L 时，氧的存在对不锈钢腐蚀速率也几乎没有影响。辐照也对不锈钢的腐蚀无明显促进作用。

由此可见，不锈钢的均匀腐蚀速度很低，而且这类腐蚀比较容易发现，且不透入金属内部，对机械性能和设备完整性影响不大。

3.2.2.2 不锈钢的应力腐蚀

不锈钢的应力腐蚀破裂事故已占全部湿态破坏事故的 30%～50%，因此引起人们极大的重视。

不锈钢在含氧和氯离子水中，最易遭受到应力腐蚀。通常奥氏体不锈钢（敏化 304，

316)在含有氯离子的高温水中的应力腐蚀破裂，呈穿晶型；而在含氧高温水中，则呈晶间型。不锈钢的冶炼过程对应力腐蚀的影响很大，碳、氮、硫等对不锈钢的耐应力腐蚀性能不利。在高浓度氯化物溶液中，降低铬含量可以提高不锈钢抗应力腐蚀破裂的能力；而在含有微量氯离子的高温水中，铬对抗氯离子应力腐蚀有利。随着镍含量的增加，奥氏体不锈钢对氟离子穿晶应力腐蚀的敏感性减少，甚至可以完全避免。这正是压水堆改用镍基合金作为蒸汽发生器管材的主要原因。

3.2.2.3　影响不锈钢应力腐蚀破裂的因素

(1) 氯与氧

水中溶解氧和氯离子的共同作用是不锈钢穿晶应力腐蚀破裂的重要原因。这种腐蚀曾造成了蒸汽发生器等主要设备的严重破坏。

奥氏体不锈钢破坏的概率随氯离子浓度的增大而增大，在氧含量高的水中尤甚。

氧是奥氏体不锈钢氯离子应力腐蚀破裂的促进剂。在 260 ℃的含氧水中，即使氯离子的含量仅为 1 mg/L，用弯曲加载应力使 18-8 型不锈钢样品发生腐蚀破裂；而在氧含量小于0.1 mg/L 的水中，氯离子浓度即使高达 2 000 mg/L 也未见不锈钢应力腐蚀破裂发生。在无氧的氯化物溶液中，奥氏体不锈钢不会发生腐蚀破裂，而在氯离子浓度相同的情况下，加载应力的试样出现裂缝的时间与溶液氧浓度成比例，氧浓度越低，产生裂缝所需的时间也越长，见表 3-3。

表 3-3　1Cr18Ni9Ti 不锈钢应力腐蚀破坏试验结果(350 ℃)

浓　度/(mg/L)		试验时间/h	结　果
Cl^-	O_2		
0.05	0.1～0.2	880	无裂缝
0.10	0.2～0.4	2 055	无裂缝
0.10	1.5～3.0	1 985	出现裂缝
0.10	38～42	221	出现裂缝
10	0.5～1.0	650	出现裂缝
1 000	0.1～0.2	873	无裂缝

由此可见，在压水堆中，为防止不锈钢氯离子应力腐蚀，应严格控制冷却剂中溶解氧及氯离子的浓度，通常只要两者浓度的乘积满足小于 $10(mg/L)^2$ 的条件，即可避免晶间应力腐蚀，含钼的铬镍钢可避免穿晶应力腐蚀破裂。

(2) 氟离子

一般认为氟离子会引起高温水中甚至低温水中不锈钢的应力腐蚀破裂，但是对于能够引起这种破裂的最低氟离子的浓度众说不一。除氟和氯以外，还未发现不锈钢在其他卤素离子溶液中的应力腐蚀现象。

(3) 硼酸和氢

硼酸和氢气在压水堆冷却剂浓度范围内，对不锈钢应力腐蚀无不利影响。

(4) pH 值

提高溶液的 pH 值能延缓腐蚀破裂过程，因为 pH 值的变化影响了金属溶解的动力学和电极过程。用磷酸盐调节 pH 值通常对抑制应力腐蚀有利，但其浓度需适当，以免引起苛性应力腐蚀。

(5) 温度

温度对不锈钢的氯离子应力腐蚀破裂也有一定的影响。100 ℃以下,发生这类腐蚀破裂的事例比较少见。随着温度升高,不锈钢的氯离子应力腐蚀破裂的敏感性增加,产生破裂时间缩短。200～300 ℃是不锈钢应力腐蚀的温度敏感区。

3.2.2.4 不锈钢晶间腐蚀

腐蚀沿着晶粒边界进行的称为晶间腐蚀,其危害性很大。因为发生晶间腐蚀时,金属外表往往没有明显变化,而金属的机械性能却急剧降低,甚至破坏。某些牌号的不锈钢若热处理不当就易发生这种腐蚀。例如,304 不锈钢在 482～760 ℃范围内退火就会被敏化,晶界处析出碳化铬沉淀,形成贫铬区。提高退火温度,降低含碳量,添加钛、铌等合金元素(稳定化元素),以及采取合理的焊接工艺,可以大大改善不锈钢板的抗晶间腐蚀性能。

在严格坚持材料标准和加工条件下,1Cr18Ni9Ti 不锈钢蒸汽发生器管束和腐蚀挂片试验(pH＝10 295 ℃)数年后,均未发现晶间腐蚀。因此,可以认为,在无应力作用或应力较低的条件下,不锈钢晶间腐蚀已基本可以防止。

但是,在有应力的条件下(特别是拉应力),晶间腐蚀可能造成的腐蚀破裂不容忽视。此时,晶间破裂的扩展速度比无应力时大几个数量级。

3.2.2.5 不锈钢苛性晶间应力腐蚀破裂

苛性碱也能引起不锈钢晶间腐蚀类型的应力腐蚀破裂。不锈钢的苛性晶间应力腐蚀与氯离子应力腐蚀不同,前者不需要氧,而且不像后者那样容易发生。如在一组试验中,NaOH 溶液浓度需在 5 000 mg/L 以上,才能使 347 不锈钢发生苛性应力腐蚀破裂;而发生同样破损所需的氯离子浓度仅为 10 mg/L。苛性碱对不锈钢表面无不良影响。但在加热的缝隙中,苛性碱的局部浓缩能造成不锈钢断裂。压水堆的运行经验表明,只要保持良好的水质,不锈钢的平均腐蚀速率很小,见表 3-4。

表 3-4 不锈钢在水冷堆冷却剂中的平均腐蚀速率

电厂名称	堆 型	水质条件	运行时间/a	腐蚀速率/[mg/(dm² · 月)]
杨基	压水堆	中性 含氧量＜10 μg/L H_2约 25 ml (STP)/(kgH_2O)	～5.0	2.4～3.2
SM-1	压水堆	中性 含氧量＜10 μg/L H_2约 35 ml (STP)/(kgH_2O)	1.55	3.3
希平港	压水堆	LiOH 约 10^{-4} mol/L 含氧量＜10 μg/L H_2约 25 ml (STP)/(kgH_2O)	～5.5	0.7～1.0
德累斯顿	沸水堆	中性 含氧量约 0.2～0.3 ml/(kgH_2O) H_2约 0.4～0.6 ml (STP)/(kgH_2O)	～1	10

腐蚀对结构材料的完整性的影响并不重要。冷却剂中硼酸存在与否对不锈钢的腐蚀无明显影响。测试结果表明，从不锈钢包壳的基体金属到氧化膜表面，放射性的分布是不均匀的，而呈递减变化，这证明大部分膜不是原生的，而是由回路中(包括堆芯外部分)的腐蚀产物沉积造成的。腐蚀产物在不锈钢表面的黏附性较锆合金表面大。

正常条件下，一回路不锈钢极少发生应力腐蚀破裂，但当水质恶化或局部杂质浓缩时，可能发生这种现象，表 3-5 汇集了部分压水堆不锈钢应力腐蚀的结果，其中燃料包壳的破损，有人认为应归于应力和氢脆。

表 3-5　压水堆不锈钢材料应力腐蚀破裂情况

堆　名	事故发生年份	不锈钢型号	破损部位	腐蚀情况	腐蚀原因
一回路侧					
ETR		304L	燃料元件包壳	晶间裂纹	氢、应力、辐照
PM-3A		347	燃料元件包壳	晶间裂纹	氢、应力、辐照
西米尔顿		304L	燃料元件包壳	晶间裂纹	氢、应力、辐照
SM-1		304L	燃料元件包壳	晶间裂纹	氢、应力、辐照
新生产堆	1963	304	蒸汽发生器管子	管子内壁晶间腐蚀	敏化残余应力、氧、卤化物
萨瓦那河	1960	304	热交换器管子 热交换器出口管	穿晶腐蚀裂纹 晶间腐蚀裂纹	氯、氟离子 氯、氟离子
阿杰斯塔	1964	304	疏水管	穿晶腐蚀裂纹	氟离子 (密封填料溶解)
USS-Nautilas		347	蒸汽发生器管板中心及附近管子	穿晶腐蚀裂纹	氯离子 (二回路漏入)
希平港		304	控制棒驱动机构密封覆面焊缝附近	晶间腐蚀裂纹	残余应力、敏化、氧
杨基		304	点焊覆盖层焊缝周围	晶间腐蚀裂纹	残余应力、敏化、氧
二回路侧					
希平港	1958	304	蒸汽发生器管板及附近管子	材料敏化者为晶间裂纹，材料退火者为穿晶裂纹	游离碱、局部应力
印第安角落-1	1968	304	蒸汽发生器管板及附近管子	晶间裂纹	游离碱、局部应力
杨基	1966—1969	304	蒸汽发生器管板之上 3.8 cm 处的管子	晶间裂纹	游离碱、局部应力

但是从大多数压水堆的实际运行情况来看，燃料包壳的运行性能是不错的，如杨基 1 号堆芯和 2 号堆芯使用的 348 型不锈钢包壳，当燃耗为 2.8×10^{4} MW·d/tU，累积中子注量达 6×10^{21} n/cm^{2} 时，其性能仍然很好。在美国，不锈钢包壳的平均破损率仅为 0.01%，可见是相当低的。

表 3-5 中还记录了不锈钢蒸汽发生器及其他部件的应力腐蚀破裂情况，其中氯离子的存在和热处理(包括焊接影响)不当，往往是破裂的主要原因。一回路泵、阀的密封填料、焊剂、离子交换树脂乃至二回路水的渗漏都可能向冷却剂引入氯离子。此外，在不锈钢管子的

制造过程中酸洗液（HF-HNO_3）残余的氟离子也可能与晶间应力腐蚀的产生有关。为了避免不锈钢的氯离子应力腐蚀，不少压水堆采用抗氯离子应力腐蚀能力较强的镍基合金代替不锈钢作为蒸汽发生器的管材。但随之而来的是镍基合金的苛性应力腐蚀，所以蒸汽发生器换热管的应力腐蚀破裂问题并未最终解决。

3.2.3 镍基合金

为解决蒸汽发生器中不锈钢管子的氯离子应力腐蚀问题，广泛采用了因科镍-600、因科镍-690和因科洛依-800作为管材。因科镍的含镍量高，是20世纪50年代研制成功的较简单的镍-铬-铁固溶体耐热合金，而因科洛依的使用历史较短。它们都具有良好的冷、热加工性能，低温机械性能，抗氧化性能和抗高温腐蚀性能，尤其抗氯离子应力腐蚀性能极佳。但在高温应力和苛性碱共同作用下，有发生苛性应力腐蚀的可能性。

3.2.3.1 镍基合金的耐腐蚀性能

在高温水中，镍基合金的耐腐蚀性能与不锈钢相似。金属表面也生成保护性尖晶石型氧化物 Me_3O_4，腐蚀速率通常很低[小于 10 mg/(dm^2·月)]。在类似压水堆的水质、温度和水流速度（3～10 m/s）条件下，因科镍-600腐蚀速率和腐蚀产物释放率随时间的变化如图3-6和图3-7所示。

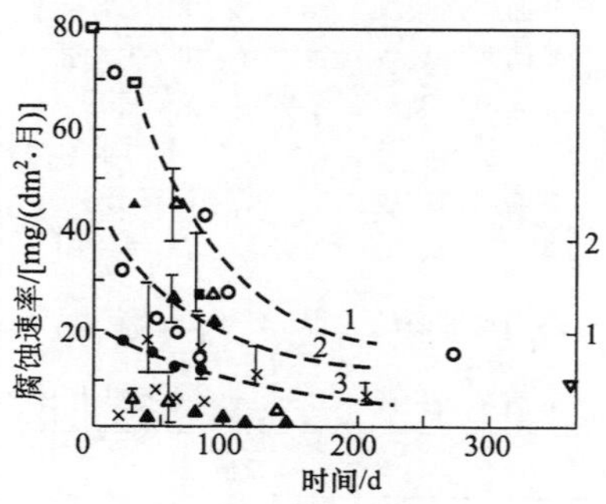

图3-6 因科镍-600的腐蚀速率随时间的变化

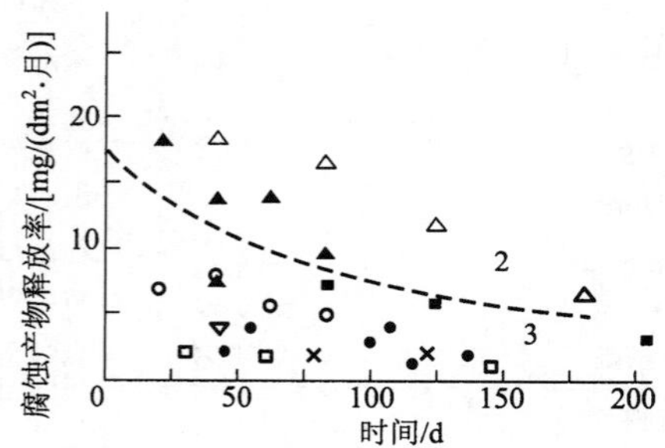

图3-7 因科镍-600的腐蚀产物释放率

为了便于讨论，将图中数据大体划分成几个区域：

1区：合金表面经金刚砂加工或磨光，试验溶液为硼酸溶液或碱-硼酸溶液；

2区：合金表面经磨光，试验溶液为碱-硼酸溶液或碱溶液；

3区：合金表面经光亮氢退火或酸洗，试验溶液为碱-硼酸溶液或碱溶液。

以上各区域的条件详见表3-6和表3-7。

表3-6 图3-6中各数据的测试条件

图中符号	分区	温度/℃	水质 mg/L(B, K, Li, NH_3, O_2) ml/kgH_2O(H_2)	表面处理
○	1	296	1 550B,30 H_2,O_2<0.01	
●	1	316	1 550B,5.7K,22 H_2,O_2<0.05	金刚砂抛光
△	1	316	1 060B,30 H_2,O_2<0.1	金刚砂抛光

续表

图中符号	分区	温度 /℃	水质 mg/L(B, K, Li, NH_3, O_2)　ml/kgH_2O(H_2)	表面处理
▲	1	316	1 050B,1.6Li,30 H_2,O_2<0.1	金刚砂抛光
□	1	316	1 560B,1Li,27 H_2,O_2<0.02	抛光
■	1	288	LiOH 5～6,20～140 H_2,O_2<0.03	磨光
×	2	316	1 550B,0.7 Li,75 H_2,O_2<0.01	喷砂、酸洗和光亮氢退火
○	2	288	1.4～3.0 NH_3,40～65 H_2,O_2<0.04	磨光
●	2	288	LiOH 5～6,20～140 H_2,O_2<0.003	退火、磨光
▽	2	268	B<1 200,3K,O_2<0.1	
×	3	288	LiOH 5～6.20～140 H_2,O_2<0.03	磨光、光亮、氢退火
△	3	316	1 500B,3.9K,22 H_2,O_2<0.05	酸洗
▲	3	260	NH_3 10,H_2>10,O_2<0.01	酸洗

表 3-7　图 3-7 中各数据的测试条件

图中符号	分区	温度 /℃	水质 mg/L(B, K, Li, NH_3, O_2)　ml /kgH_2O(H_2)	表面处理
△	2	316	1 550B,0.7 Li,25 H_2,O_2<0.1	Al_2O_3喷砂
▲	2	288	$NH_3$1.4～3.0,40～65 H_2,O_2<0.04	磨光
□	3	316	1 500B,3.9 K,22 H_2,O_2<0.05	酸洗
■	3	316	1 500B,0.7 Li,25 H_2,O_2<0.1	酸洗
○	3	288	LiOH 5～6,20～140 H_2,O_2<0.1	磨光
▽	3	288	LiOH 5～6,20～140 H_2,O_2<0.003	磨光、退火
●	3	260	NH_3 10,0.7 Li,H_2>10,O_2<0.03	酸洗
×	3	260	LiOH 3.0,H_2>10,O_2<0.01	酸洗

由图 3-6 可见，因科镍-600 腐蚀速率随时间延长而减少，在 200 d 后达到定值。粗糙或带有冷加工残屑(金刚砂喷、磨后的砂砾)的表面腐蚀较快。从 2 区可知，向硼酸溶液中添加少量碱可以减少粗糙表面的腐蚀速率，而提高金属表面的光洁度，有利于增强其抗腐蚀能力。溶液中硼酸存在与否对因科镍的腐蚀没有多大影响(见图中 3 区)。

图 3-7 表明，腐蚀产物释放率也随时间延长而减少，在 200 d 后趋向定值。从 3 区可以看出，260 ℃时无论用 LiOH 还是用 NH_4OH 调节 pH，腐蚀产物释放率均无明显区别。温度上升释放率稍有增加。硼酸对腐蚀产物释放率均无明显影响。但表面处理方法的选择对腐蚀产物释放率的影响却很明显，并依下列次序递增：酸洗、光亮氢退火、喷砂和磨光。

镍基合金在高温蒸汽中的腐蚀速率小于不锈钢。

3.2.3.2　镍基合金的晶间腐蚀和破坏

因科镍-600 或因科洛依-800 对氯离子应力腐蚀不甚敏感，但在一定条件下仍然会发生晶间应力腐蚀，见表 3-8。

表 3-8 蒸汽发生器因科镍-600 的应力腐蚀破裂

堆 名	事故年份	破损部位	腐蚀情况	腐蚀原因
杨基	1970—1972	距离管板 2.5～15 cm 处的管子	晶间裂纹	游离碱和局部应力
圣・奥诺弗莱	1970	U 形管段及挡板附近管子		游离碱和局部应力
贝茨瑙-1	1971	管板缝隙处和距管板 2.5～15 cm 处管子	晶间裂纹	游离碱和局部应力
鲁宾逊-2	1971—1972	距管板几厘米处管子	晶间裂纹	游离碱和局部应力
尖角滩-1	1971—1972	距管板几厘米处管子	晶间裂纹	游离碱和局部应力
奥布里希海姆	1971—1972	U 形弯管板及管板附近管子		二回路侧引起的晶间腐蚀
阿杰斯塔	1964	检查管	晶间裂纹	残余应力，大量碳化物沉积，游离碱和溶解氧
美滨-1		管子曲率(230 cm)较小处		二回路侧腐蚀
哈达姆海峡		管板之上 25 mm 处一根管子破损，另有一根管子断裂	晶间裂纹	

水中溶解氧、苛性碱乃至温度都对镍基合金的晶间应力腐蚀有显著影响。

苛性碱引起的因科镍-600 的晶间应力腐蚀与氧的存在与否关系不大。经低温热处理或处于蒸汽发生器运行条件下的因科镍-600 对碱性腐蚀比较敏感；而高温热处理(例如消除应力处理)可以形成粗糙晶粒边界沉淀，有利于抗苛性应力腐蚀，当因科镍合金与软钢接触时，电化学作用会加快裂纹的发展。在反应堆实际运行中，由二回路侧引起的蒸汽发生器因科镍换热管的苛性腐蚀破裂事故是常见的。

3.3 腐蚀产物的运动和活化

3.3.1 腐蚀产物的转移和沉积

压水堆结构材料具有良好的耐腐蚀性能，但由于冷却剂对材料的浸润表面非常大，即使腐蚀速率很小，腐蚀产物的总量仍然相当可观。腐蚀作用虽然发生在材料表面，但表面腐蚀产物并非静止不动。图 3-8 所示为反应堆一回路腐蚀产物的运动示意图。基体金属腐蚀产物大部分构成了表面的氧化层，仅有少量溶解或悬浮在水中。当腐蚀产物在冷却剂中的浓度尚未达到平衡溶解度时，它将不断溶解，并随冷却剂流到堆芯和回路各处。一旦温度或溶液的 pH 值发生变化，使冷却剂中的腐蚀产物浓度超过平衡值，它就会很快转变成悬浮粒子，或沉积在金属表面，或

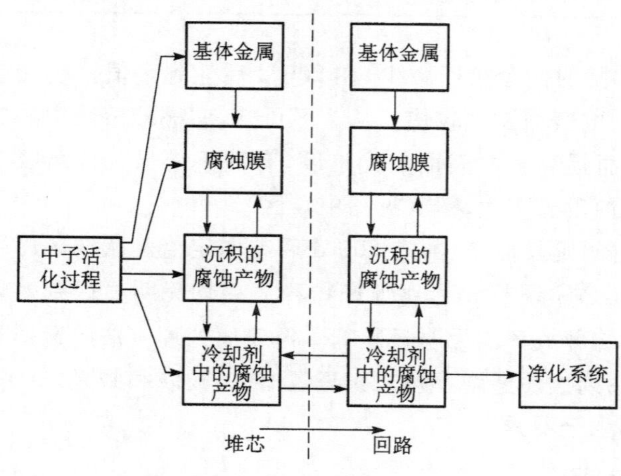

图 3-8 腐蚀产物运动示意图

继续随冷却剂流动。而沉积的腐蚀产物又可溶解或剥落下来，重新进入冷却剂。这种连续的溶解-沉积过程使堆芯和回路的腐蚀产物相互传输混匀。因此，经过一定时间后，沉积在各处的腐蚀产物组成几乎相同。

释入冷却剂的腐蚀产物，除少量溶解外，大部分则悬浮在水中，它们极易沉积在设备和管道表面，特别是死角、缝隙和低流速处。这些腐蚀产物长期累积将降低传热效率、增加堆芯流阻，甚至可能导致流道局部阻塞，引起严重事故。

3.3.2　腐蚀产物的活化和分布

冷却剂中溶解或悬浮的腐蚀产物经过堆芯或在堆芯沉积时，还可被中子活化。而堆芯活化沉积物除了能通过连续的溶解-沉积方式重新回到堆芯外，还能通过与溶液中金属离子发生同位素交换的方式而离开堆芯返回回路中。这些过程使堆芯活化了的腐蚀产物逐渐布满整个回路。温度对腐蚀产物溶解度的影响规律是：腐蚀产物中，铁等的溶解度先随温度上升而降低，但达到某一最小值后又急剧上升。最小值与碱浓度有关，碱浓度越高，相应的最小值的温度越低。当温度由 300 ℃降至室温时，溶解度可增加上千倍。可见，当反应堆降温或停堆换料时，会有相当一部分腐蚀产物从器壁上溶解下来，使水中腐蚀产物浓度大为增加。在正常情况下，一回路冷却剂中溶解与悬浮的腐蚀产物浓度非常低，当水流发生振动（如泵的启动）或沉积物剥落时，可在瞬间增加上千倍。

腐蚀产物中活化反应产生的主要放射性同位素是^{60}Co、^{58}Co、^{54}Mn、^{51}Cr、^{59}Fe 和^{95}Zr。在压水堆燃料元件无破损或破损极微时，冷却剂的放射性主要由活化了的腐蚀产物所贡献。沉积在设备内壁的活化腐蚀产物是反应堆系统停堆维护和检修时的主要辐射源和辐射威胁。对裂变产物的产生、放射性源项在冷却剂中的行为，包括裂变产物、活化腐蚀产物及其他中子活化产物在冷却剂中的产生、变化及化学作用等要给予足够的重视，尽可能地减少检修时的辐射源和辐射威胁。

复 习 题

1. 何谓腐蚀、化学腐蚀、电化学腐蚀、点腐蚀、晶间腐蚀、应力腐蚀断裂、氢腐蚀？
2. 金属的保护，常见的方法有哪几种？并加以简单的说明。
3. 锆合金、不锈钢、镍基合金的腐蚀有哪些特点及影响因素？
4. 腐蚀产物长期积累会带来什么危害？

第 4 章　化学补偿控制

4.1　可溶性中子吸收剂

4.1.1　化学补偿控制特点

(1) 反应堆的反应性控制

为保证反应堆安全可靠地运行，必须拥有一整套反应性控制系统以执行下列任务：

1) 补偿过剩反应性　动力反应堆要长期输出功率，初始装料量应超过最小临界需要量，即保持一定的过剩反应性，以补偿燃料消耗和裂变产物积累等因素引起的反应性降低。在堆芯运行初期，过剩反应性相当高，以后随着堆的运行逐渐降低。故初期为避免反应堆超临界而失控，一定要将这部分过剩反应性吸收掉；

2) 启动或关闭反应堆以及调整反应堆的功率水平　这要求能够随时增加或减少中子注量率，亦即改变反应性；

3) 维持功率水平　运行时，由于各种原因，反应堆会偏离规定的功率水平，必须通过改变反应性的方法予以调节；

4) 保证堆的安全　发生事故或出现紧急情况时，应迅速降低反应性，快速停堆。

反应性控制的关键在于控制堆内中子注量率。向堆内有控制地引入强烈吸收中子的物质(中子吸收剂或中子毒物)如铪、硼、镉、钆等，能达到这一目的。具体方法：

① 在堆芯安装固定的含有中子吸收物质的可燃毒物棒；

② 采用能够快速插入或抽出的含有中子吸收物质的控制棒(这种方法简称棒控)；

③ 向冷却剂添加可溶性中子吸收物质，所谓可溶性中子吸收剂，即强烈吸收中子且易溶于冷却剂的物质。它与控制棒相配合使用，能够对反应堆的反应性进行控制，常称为反应性的化学补偿控制(简称化控)。压水堆使用的可溶性中子吸收剂是易溶于水强烈吸收中子的物质。

这三种方法相辅相成，各有所长。

(2) 化学补偿控制的目的

其目的有：

① 反应堆启动初期补偿过剩反应性；

② 调整和维持反应堆功率水平；

③ 保证反应堆安全、可靠的运行。

(3) 采用可溶性中子吸收剂的必要性

压水堆系统以净化的普通水作为慢化剂兼冷却剂，水的某些性质给压水堆的物理及反应性控制设计带来了一系列特点：

1) 水的膨胀系数大，堆内温度变化范围宽，造成反应性的负温度系数较大；水吸收中子能力较强，故燃料再生能力小。因此，为长期维持功率输出的需要，压水堆后备反应性特别高，亦即堆芯运行初期要求补偿的反应性很大；

2）水对热中子的吸收截面较大，导致控制棒效用相对削弱，因而所需控制棒数量增加；

3）水的慢化能力强，传热性能好，因而堆功率密度高，堆芯体积小，给控制棒留有的空间有限。

上述情况使得控制棒的利用受到不少限制，一方面大量使用控制棒使堆芯及压力壳的设计十分复杂，对安全不利；另一方面，控制棒的排列方式和单位体积中子吸收能力不能随燃耗的增加及时变化，以适应堆芯展平中子注量率的要求，设计者只能选择一种折中的控制棒排列方案，因而使燃耗深度受到限制，有碍于电厂经济性的进一步提高。但是，若采用可溶性中子吸收剂，情况就得到了根本的改善：

1）中子吸收物质溶解在冷却剂中，不需要任何额外的空间就能起到吸收中子的作用，并且能按照需要调节中子吸收物质的浓度。因此，可以省去大量控制棒，简化了堆芯及压力壳设计，既经济又安全；

2）可溶性中子吸收剂在堆芯水容积中均匀分布，大大消除了控制棒局部峰值效应造成的中子注量率的不均匀性，降低了径向功率不均匀系数。带有反应性化学控制的压水堆在运行时，几乎可将控制棒全部提出堆芯，使堆芯功率密度分布均匀且不随燃耗变化；

3）可溶性中子吸收剂的使用对安全有利。例如，停堆换料时，可以很方便地通过提高冷却剂中子吸收剂浓度的办法防止反应堆重返临界；事故时向堆芯注入高浓度中子吸收剂，是安全棒的一个补充保险手段。尤其是发生失水事故时，用较高浓度的中子吸收剂溶液冷却堆芯更是必不可少的。

早期压水堆反应性的控制完全由控制棒和可燃毒物棒来完成，随着压水堆大型化以及堆芯功率密度提高和燃耗加深，可溶性中子吸收剂的使用就势在必行了。总之，可溶性中子吸收剂的使用，促进了压水堆的发展，并且成为第三代压水堆的重要标志。

4.1.2　可溶性中子吸收剂的选择

在核动力发展初期，已经考虑到可溶性中子吸收剂的优点和使用的可能性。良好的中子吸收剂应具备以下条件：

① 中子吸收截面大；

② 在水中有足够的溶解度；

③ 不引进或少引进其他无关元素；

④ 无感生放射性；

⑤ 物理化学稳定性好；

⑥ 与反应堆材料相容；

⑦ 价廉易得。

表 4-1 列出了一些符合上面第一个条件的核素，但若全面衡量，则只有硼是最合适的候选者。

表 4-1 若干天然元素的中子吸收截面

元 素	中子吸收截面(0.025 eV)/b
B	755
Cd	2 450
Gd	46 000
Sm	5 600
Eu	4 300

Cd、Gd、Sm、Eu 等元素水合物的溶解度很低，达不到化控要求的浓度。稀土元素的盐类热稳定性差，且只有在酸性条件下溶解度才较大，如硝酸钆在 pH=2 的高温水中当浓度达到 10 g/L 时，即有沉淀产生，而在非酸性介质中，即使浓度低达 1 g/L，高温下也会出现沉淀。此外，它们的天然同位素大多能被中子活化产生较强的放射性。而且，这些元素，尤其是稀土元素比较稀有，价格也贵。

硼则具有一系列优点，它可以水合物(硼酸)的形式存在，不引进其他核素，且有较高的溶解度。

天然硼同位素中，^{10}B 占 19.8%，其(n，α)反应的中子吸收截面约为 3.8×10^{-25} m^2 (3 837 b)，反应生成物为稳定的 ^7Li，其余 80.2%丰度的 ^{11}B，其中子吸收截面仅为 5.5×10^{-3} b，活化概率很低。此外，硼酸久已在工业上大规模生产，价格也不贵。因此，硼酸就成了得天独厚的可溶性中子吸收剂。

常见的硼酸盐是硼砂($Na_2B_4O_7\cdot10H_2O$)。硼的各种化合物，特别是硼酸和硼砂久已应用于国民经济各部门。

4.1.3 硼酸在 PWR 中的使用

链式裂变反应是反应堆的物理基础，反应堆稳定运行的首要条件是对链式裂变反应能够万无一失地控制，这是通过控制棒实现的。为了更经济、更完美地控制反应堆的链式裂变反应，在采用棒控的同时，还用向压水反应堆冷却剂添加可溶性中子吸收物质硼酸的办法，以达此目的。化学补偿控制虽说是作为辅助控制手段，但在堆芯安装固定的可燃毒物棒、采用能够快速插入或抽出的控制棒和化控三种控制方式中，其对反应性控制的分配中，以化控量最大。现代压水反应堆核电厂周期性负荷变化也靠化控完成。

表 4-2 为一个典型压水堆化控和棒控反应性分配，其中化控占总控制额的 70%。

表 4-2 压水堆反应性控制的分配

反应性控制因素	反应性 ρ/%	
	棒 控	化控(硼酸)
安全停堆	3.0	—
冷态到热态	—	2.0
多普勒效应	2.2	—
钐毒	—	0.8
氙毒	—	2.2
运行控制	0.8	—
燃耗	—	9.0
总计	6.0	14

化控有其弱点。首先，它对反应性的控制是通过向回路注入硼酸或纯水，以增加或减少硼的浓度来实现的。这一过程一般需要几分钟到几十分钟才能完成，因此，对反应性的调节速度较慢。通常所能控制的最大反应性变化速率为 $3\times10^{-5}\Delta\rho/s$ 左右，故仅适宜于控制较慢的反应性变化，如补偿燃耗和堆启动升温过程中的负反应性变化，补偿裂变产物钐和氙积累引起的反应性降低等。而控制快速反应性变化，必须用控制棒，尽可能增加用可溶性中子吸收剂控制的反应性份额是有利的。

其次是引进了正反应性温度系数。非化控压水堆的反应性温度效应是负的，即温度升高会自发地引起反应性降低，从而控制温度的进一步提高，这种自稳调节作用，显然对安全有利。温度升高一度引起的反应性变化称为反应性温度系数。压水堆的负反应性温度系数是多普勒效应和冷却剂温度效应的结果。多普勒效应表现在，燃料元件温度升高时，^{238}U 对中子的共振吸收截面增大，导致反应性下降。慢化剂温度效应表现在，温度升高引起水的密度减少，慢化性能降低，也导致反应性下降。向冷却剂引入硼酸后，情况则相反。温度升高引起冷却剂体积膨胀，硼浓度相应降低，使冷却剂吸收中子能力下降，反应性上升。这就是硼的添加引入了正反应性温度系数的原因所在。显然，硼浓度越高，正反应性温度系数越大。欲使反应堆最终具有负反应性温度系数，务必控制冷却剂的硼浓度，使其引入的正温度系数，小于多普勒效应和慢化剂温度效应所具有的负温度系数之和。

天然硼中，^{10}B 的中子吸收截面很大，其 (n,α) 反应生成 ^{7}Li 和氦，在运行过程中逐渐消耗，即硼的燃耗。如果以堆芯水容积为 50 m^3，冷却剂平均硼浓度为 500 mg/L 计，则一个压水堆每年需要消耗 5 kg ^{10}B，相当于 150 kg 硼酸。由于调节、安全和换料等需要，反应堆各系统硼酸贮备量达数十吨，故其燃耗量每年仅占贮备量的 1% 以下。所以，^{10}B 的消耗在相当长时期内不会对整个一回路的硼酸循环复用产生明显的影响。一回路在运行过程中，难免要更新一部分硼酸，用来抵偿 ^{10}B 的损失。

硼酸浓度调节：

冷却剂硼酸浓度的调节系由化学和容积控制系统完成，该系统备有浓硼酸制备贮存设备。若要提高冷却剂硼酸浓度(加硼)，可将硼酸注入主回路；反之，减硼，可注入纯水，加硼或减硼速度需满足反应性控制要求。堆芯运行后期，因要求硼浓度较低，可用 OH^- 型阴离子交换树脂除硼。

冷却剂系统中硼浓度的控制，由化学和容积控制系统上充泵进行，以配合控制棒组件控制压水堆的反应性。硼浓度控制有自动补给、硼化、稀释和快速稀释等几种程序。利用充排方式来控制冷却剂硼浓度的调硼操作简单可靠，在堆芯寿期的大部分时间内，可以运用。但在堆芯寿期末，冷却剂中的硼浓度已很低时，则可以利用离子交换法除硼，作进一步稀释，让冷却剂通过除硼离子交换器，使冷却剂中硼酸根离子 BO_3^{3-} 与树脂中氢氧根离子 OH^- 发生交换反应，冷却剂中的硼浓度也随之而降低。

压水堆的反应性控制主要是借助调节控制棒在堆芯内的位置或改变一回路冷却剂硼酸浓度完成的。硼酸浓度控制是由反应堆化学和容积控制系统进行的。

4.1.4 用于反应性控制的硼浓度计算

硼酸对热中子堆的反应性影响，主要是改变反应堆的热中子利用系数 f。根据控制棒价值的定义来求化学控制剂硼的价值。

轻水反应堆核电厂，堆芯靠轻水冷却和慢化。慢化剂中含有中子毒物硼，具体应用的化学毒物为硼酸，硼酸在化学上是稳定的，它不易燃烧，不易爆炸，无毒，用于核电厂是安全的。硼酸是一种弱酸，可以溶解于冷却剂，在水中不易分解。它对冷却剂的 pH 值影响很小，因此，不会增加反应堆冷却剂系统的腐蚀速率。

硼酸控制反应性主要根据天然硼中^{10}B的核特性，天然硼是大约由 80.2%的^{11}B和 19.8%的^{10}B组成，^{10}B的丰度与产地有关。^{10}B对热能以上的中子，吸收概率较小。当中子速度 2 200 m/s 时，^{10}B的热中子吸收截面很大，约为 3.8×10^{-25} m^2(3 837 b)；^{11}B吸收截面却很小，仅为 5.5×10^{-3} b，天然硼的吸收截面约为 7.6×10^{-26} m^2(760 b)。其核反应为 $^{10}B(n,\alpha)^7Li$，放出 α 粒子，在有些情况下，^{10}B吸收中子后，放出 2 个 α 粒子形成氚，一回路冷却剂里的氚有 80%来自这种核反应。

硼酸对热中子堆反应性的影响，主要是通过改变热中子利用系数来实现的。令 f_0 及 f 分别为堆内无硼和充硼时的热中子利用系数(中子可利用度)，对要求控制的反应性变化 ρ_w，则有：

$$\rho_w=\frac{f_0-f}{f} \tag{4-1}$$

在均匀堆中，有：

$$f_0=\frac{\sum_{\alpha F}^{T}}{\sum_{\alpha F}^{T}+\sum_{\alpha M}^{T}} \tag{4-2}$$

及

$$f=\frac{\sum_{\alpha F}^{T}}{\sum_{\alpha F}^{T}+\sum_{\alpha M}^{T}+\sum_{\alpha B}^{T}} \tag{4-3}$$

式中 $\sum_{\alpha F}^{T}$、$\sum_{\alpha M}^{T}$ 及 $\sum_{\alpha B}^{T}$ 分别为燃料、慢化剂(包括结构材料等)以及硼的热中子宏观吸收截面。把式(4-2)及式(4-3)代入式(4-1)，简化后即有：

$$\rho_w=\frac{\sum_{\alpha B}^{T}/\sum_{\alpha M}^{T}}{\left(\sum_{\alpha F}^{T}/\sum_{\alpha M}^{T}\right)+1} \tag{4-4}$$

由式(4-2)可得：

$$\frac{\sum_{\alpha F}^{T}}{\sum_{\alpha M}^{T}}=\frac{f_0}{1-f_0} \tag{4-5}$$

代入式(4-4)得：

$$\rho_w=(1-f_0)\frac{\sum_{\alpha B}^{T}}{\sum_{\alpha M}^{T}} \tag{4-6}$$

它可以用硼浓度来表示，硼浓度一般用 mg/L 作单位，即每 kg 水中含 1 mg 硼(1 mgB/kgH_2O)时的浓度。设 C_B 为用 mg/L 作单位的硼浓度，则单位体积中硼的质量 m_B 与单位体积水的质量 m_W 之比为：

$$\frac{m_B}{m_W}=C_B\times10^{-6} \tag{4-7}$$

又因硼的摩尔质量为 10.8 g/mol，水的摩尔质量为 18.0 g/mol，故硼原子密度 N_B(原子/cm^3)与水的分子密度 N_W(分子/cm^3)分别为：

$$N_B=\frac{m_B}{10.8}N_A \qquad N_W=\frac{m_W}{18.0}N_A$$

式中,N_A为阿伏伽德罗常数。故：

$$\frac{N_B}{N_W}=\frac{m_B}{m_W}\times\frac{18.0}{10.8}=\frac{18.0}{10.8}\times C_B\times10^{-6}$$

$\sum_{aF}^{T}$,$\sum_{aM}^{T}$ 及 $\sum_{aB}^{T}$ 可分别由其原子密度乘以燃料、慢化剂(包括结构材料等)以及硼的热中子微观吸收截面而求得。

故式(4-5)中的 $\sum_{aB}^{T}\Big/\sum_{aM}^{T}$ 为：

$$\frac{\sum_{aB}^{T}}{\sum_{aM}^{T}}=\frac{N_B\sigma_{aB}^{T}}{N_W\sigma_{aW}^{T}}=\frac{18.0}{10.8}\times C_B\times10^{-6}\times\frac{759}{0.66}=1.92\times C_B\times10^{-3}$$

f_0从而得：

$$\rho_W=1.92\times10^{-3}(1-f_0)\times C_B \tag{4-8}$$

此即以浓度 C_B表示的硼的控制价值公式。

根据反应性控制要求,加入硼的浓度：

$$C_B=\rho_W\times10^3/1.92(1-f_0) \tag{4-9}$$

式中：

C_B——加入硼的浓度；

ρ_W——要求控制的反应性变化；

f_0——中子可利用度。

例如设某压水堆在冷态无毒时 $f_0=0.930$,若需用水中充硼来控制 12%的反应性,则硼浓度 C_B应为：

$$C_B=\frac{\rho_W\times10^3}{1.92(1-f_0)}=893\ \text{mg/L}$$

化控虽然有优点和独特的地方,但也有缺点。它只能控制慢变化的反应性,特别是,硼浓度对慢化剂温度系数有着重要的影响,在较大硼浓度下,有可能出现正的慢化剂温度系数。这是由于随着水温的升高,水的密度减小,单位体积水中含硼原子核数也相应地减少,因而反应性增加,这是反应堆安全运行所不希望的。并且在慢化剂温度较低的情况下也容易出现正的慢化剂温度系数,这也是不允许反应堆在低温下达到临界的原因之一。

在压水堆核电厂里,为了安全运行,运行中应使慢化剂温度系数保持负值。这样,就给出了在反应堆工作温度下(约 280～310 ℃)硼的浓度应不大于 1 400 × 10^{-6}(亦即 1 400 mg/L)的限制。

随着反应堆运行时间的增长,燃耗不断地加深,堆芯中的反应性不断地减小,所以硼浓度也必须不断地降低才能维持反应堆临界。

临界硼浓度随燃耗的不断加深而逐渐减小,而慢化剂的温度系数不断随燃耗加深而变得更负,慢化剂温度系数随燃耗变化与临界硼浓度的相似。

硼微分价值：

既然硼在压水堆控制中起着重要的作用,因此应该用适当的量来描述。压水堆里常用的是硼微分价值，其定义为每单位硼浓度变化引起的反应性的变化量，即反应性随硼浓度的变化率：

$$硼微分价值=\frac{\Delta\rho}{\Delta C_B}$$

微分价值是负值，其大小(绝对值)随硼浓度的增加、燃耗的加深和慢化剂温度的增加而减小。给出堆芯寿期初(BOL)与寿期末(EOL)的典型的硼微分价值曲线。

随着硼浓度的增加，硼的吸收截面随中子能量的升高而减小(它主要吸收热中子)。因此，硼微分价值大小(绝对值)随硼浓度的增加而减小。

堆内裂变产物随燃耗的加深不断积累，硼微分价值的大小(绝对值)在堆芯寿期末时的比堆芯寿期初时的要小。但是，在运行过程中，硼酸浓度随堆芯寿期不断变小，这可抵消了裂变产物中毒的影响。另外，随着慢化剂水温增加，水密度减小，硼微分价值减小。

4.2 硼酸和硼酸水溶液的性能

4.2.1 硼酸的腐蚀性能

在中性或弱碱性水中具有良好耐腐蚀性能的材料，同样适用于高温硼酸水溶液。在压水堆运行条件下，硼酸水溶液对锆合金、不锈钢、镍基合金等材料的腐蚀无显著不良影响。萨克斯登反应堆化学补偿运行前后冷却剂中裂变产物浓度无甚变化，说明燃料包壳与硼酸水溶液的相容性很好，而且，在硼酸溶液中产生的腐蚀产物组成与基体金属成分较为接近(见表 4-3)，其放射性活度无明显增高，冷却剂中腐蚀产物量也相当稳定，约 50 μg/L，但在停堆或回路水力和热工条件改变时，瞬间可上升到 250 μg/L。此外，沉积量虽然稍大些，但加入碱后，即迅速减少。

表 4-3 萨克斯登反应堆腐蚀产物组成

元素质量比	AISI304 或 316 不锈钢	化学补偿运行前腐蚀产物	化学补偿运行后腐蚀产物
Fe/Cr	4	14	3
Fe/Ni	7	3	5
Fe/Mn	35	130	21
Cr/Ni	2	0.2	2

4.2.2 硼酸和硼酸水溶液的物理化学性能

(1) 概述

硼是第三族元素。如前所述天然硼由^{10}B(19.8%)和^{11}B(80.2%)组成。硼在地壳中占0.005%，它的天然化合物是硼酸盐矿和存在于某些湖泊和温泉中的硼酸。

硼酸(亦称正硼酸)化学式为 H_3BO_3，相对分子质量 61.84。由水中重结晶出来的晶体呈透明鳞片状，[质量]密度为 1.46 g/cm^3，熔点 184 ℃(分解)，沸点 300 ℃。硼酸晶体属三斜晶系的轴面晶类，晶胞彼此由氢键相连，形成近似六角形结构层，层间靠分子作用力联结，

层间距为 3.181×10^{-10} m。

硼酸可溶于水、醇及甘油。将正硼酸加热到 100 ℃以上,它会失去一分子水而生成焦硼酸($H_4B_2O_5$)。硼酸酐暴露在空气中逐渐吸收水分转变成正硼酸。

硼酸与皮肤接触有滑腻感、无臭、味微酸苦后带甜、有毒。中毒的迹象是体重减轻,食欲不振,胃部发胀,有呕吐感,头部沉重和疼痛。硼酸的致死剂量为 4 g。硼酸的规格见表 4-4,硼酸在水中的溶解度见表 4-5。

表 4-4　硼酸规格

含　量/%*	核　级	一　级	二　级
硼酸	>99.95	99.5	99.5
钠	<0.003		
水不溶物	<0.005	0.005	0.01
乙醇溶解度		合格	合格
甲醇盐酸不挥发物		0.05	0.1
氯化物	<0.000 4	0.001	0.002
磷酸盐	<0.003	0.001	0.001
硫酸盐	<0.000 6	0.005	0.01
砷		0.000 2	0.000 5
钙	<0.005	0.005	0.01
重金属		0.000 5	0.001
铁	<0.000 2	0.000 5	0.001
氢氟酸处理后不挥发物		0.015	

注:* 百分含量是过去化学药品规格的一种表示方法。

表 4-5　硼酸在水中的溶解度

温　度/℃	溶解度/(g/100 g H_2O)
压力 $=1.01 \times 10^5$ Pa(1 个大气压)	
0	2.70
5	3.14
10	3.51
15	4.17
20	4.65
25	5.43
30	6.34
35	7.19
40	8.17
45	9.32
50	10.32
55	11.54
60	12.97
65	14.42
70	15.75
75	17.41
80	19.06
85	21.01
90	23.27
95	25.22

续表

温　度/℃	溶解度/(g/100 g H_2O)
压力=1.01×10^5 Pa(1个大气压)	
100	27.53
103.3(沸点)	29.97
饱 和 压 力	
107.8	31.47
117.1	36.69
126.7	42.34
136.3	48.81
143.3	54.79
151.5	62.22
159.4	70.67
171.0	(硼酸与水完全互溶)

(2) 硼酸水溶液的组成

硼酸及其离子：

水溶液中能稳定存在的硼酸及其离子主要有：

1) 正硼酸，H_3BO_3或 $B(OH)_3$；

2) 单硼酸离子，$B(OH)_4^-$。

所有固体多硼酸盐类溶解于水都水解成 $B(OH)_4^-$ 和 H_3BO_3。

3) 三硼酸离子 $B_3O_3(OH)_4^-$：这种含有三个硼原子的单电荷离子是水溶液中多硼酸离子的主要存在形式。

4) 四硼酸离子 $B_4O_5(OH)_4^{2-}$：硼酸在水溶液中的组成比较复杂，而且与硼浓度密切相关。这就势必对硼酸水溶液的物理和化学性质带来一定的影响，尤其是对其缔合性能将带来一系列影响。如硼酸在溶液中的离解常数随其浓度增高而变大；阴离子交换树脂在浓硼酸溶液中对硼的交换容量大大超过稀硼酸溶液中的相应值等。对上述情况，在实际工作中应予以充分注意。

硼酸在水溶液中的电离：

硼酸在水溶液中的电离可以用下列式子表示。

$$B(OH)_3 + 2H_2O \xrightleftharpoons{K_{11}} H_3O^+ + B(OH)_4^- \quad (4\text{-}10)$$

$$3B(OH)_3 \xrightleftharpoons{K_{13}} H_3O^+ + B_3O_3(OH)_4^- + H_2O \quad (4\text{-}11)$$

$$4B(OH)_3 \xrightleftharpoons{K_{24}} 2H_2O^+ + B_4O_5(OH)_4^{2-} + H_2O \quad (4\text{-}12)$$

其中单硼酸根可以和未离解的硼酸生成多硼酸根离子。

$$2B(OH)_3 + B(OH)_4^- \xrightleftharpoons{K'_{13}} B_3O_3(OH)_4^- + 3H_2O \quad (4\text{-}13)$$

$$2B(OH)_3 + 2B(OH)_4^- \xrightleftharpoons{K'_{24}} B_4O_5(OH)_4^{2-} + 5H_2O \quad (4\text{-}14)$$

以上各反应的平衡常数列在表 4-6 中(K_W 为水的电离平衡常数)。在压水堆中因 pH 控制的需要，冷却剂中常有少量碱存在，这必然对硼酸电离平衡发生影响。硼与碱浓度对溶液中硼酸及其各种离子相对含量的影响列在表 4-7 中。

表 4-6　硼酸在水溶液中的平衡常数

pK_W	pK_{11}	pK_{13}	pK_{24}	pK'_{13}	pK'_{24}
14.22±0.02	9.0±0.05	6.84±0.10	15.71±0.20	145	195

注：温度 25 ℃；$[H_3BO_3]$ 0.025～0.60 mol/L；$[NaClO_4]$ 3.0 mol/L。

表 4-7　硼与碱浓度对溶液组成的影响

γ	硼浓度[B]	
	低	高
低	$\underline{H_3BO_3^*}+B(OH)_4^-$	$\underline{H_3BO_3}+B_3O_3(OH)_4^-$
中等	$H_3BO_3+B(OH)_4^-$	$B_3O_3(OH)_4^-+B_4O_5(OH)_4^{2-}$
高	$\underline{B(OH)_4^-}+H_3BO_3$	$\underline{B(OH)_4^-}+B_4O_5(OH)_4^{2-}$

注：* 下面划横线者，表示该组分在数量上占优势。

表 4-7 中 γ 表示溶液的中和程度，可以[Me(I)]/[B]表示。[Me(I)]为氢氧化物形式添加到硼酸溶液中的碱金属浓度；[B]为溶液中硼的总浓度。由表中可以看出，在低硼溶液中仅有单硼酸分子和单硼酸根离子存在，而在高硼浓度及少量碱存在时(低中和程度)，则以单硼酸分子和三硼酸根离子为主。由此可以认为在压水堆冷却剂硼浓度和碱浓度范围内，四硼酸根离子基本上可以忽略。

(3) 硼酸水溶液的物理化学性质

1) 密度　稀硼酸水溶液的密度比纯水略大，其随浓度的变化见表 4-8。

表 4-8　稀硼酸水溶液的密度

浓　度/%(质量分数)	温　度/℃	密　度/(g/cm^3)
1	15	1.004 5
2	15	1.010 3
3	15	1.016 5

硼酸及其盐类在水中的溶解度：

2) 硼酸在水中的溶解度　硼酸在水中的溶解度随温度升高明显增加(见表 4-5)。一回路冷却剂的最高含硼量一般为 0.1%～0.2%，在室温下不会产生沉析，但浓硼酸制备及贮存过程中的硼酸浓度较高(一般为 4%或 12%)，故应设法防止硼酸遇冷结晶而造成管道堵塞等事故。

3) 硼酸盐在水中的溶解度　反应堆含硼冷却剂中往往有碱金属存在，某些碱金属的偏硼酸盐具有负的溶解度温度系数，表 4-9 为偏硼酸锂溶解度随温度变化的情况。人们曾经担心，偏硼酸锂的负溶解度温度系数引起“隐患”，后来证明是完全多余的。钾和钠的偏硼酸盐溶解度较之偏硼酸锂大得多，更无须担忧。

表 4-9　偏硼酸锂的溶解度随温度变化情况

温　度/℃	无水 $LiBO_2$ 的溶解度/%	固　相
125	9.90	$LiBO_2 \cdot H_2O$
150	8.75	$LiBO_2 \cdot H_2O$
180	8.30	$LiBO_2 \cdot H_2O$

续表

温　度/℃	无水 $LiBO_2$ 的溶解度/%	固　相
200	7.90	$LiBO_2 \cdot H_2O$
225	3.20	$LiBO_2 \cdot H_2O$
245	2.85	$LiBO_2$
275	2.60	$LiBO_2$

4）硼酸挥发性　① 硼酸在水溶液中的挥发性：B_2O_3-H_2O 系统气相中存在三种含硼组分，即 $B(OH)_3$，HBO_2，$B_3O_3(OH)_3$。但在较高压力下，气相中仅有一种含硼组分——正硼酸。据此，压水堆一回路气相主要成分应是正硼酸。

伯恩斯等测定了纯硼酸水溶液及碱-硼酸水溶液中硼酸的挥发性。硼酸在水溶液中的挥发性可用分配系数表示，当气相中仅有一种正硼酸组分时，分配系数 D 为气、液两相硼的总浓度之比：

$$D=\frac{C_{\text{气相}}}{C_{\text{液相}}} \tag{4-15}$$

式中，$C_{\text{气相}}$ 和 $C_{\text{液相}}$ 分别表示平衡时硼在气相冷凝液和液相中的浓度。100 ℃以下，硼酸挥发性较小，但随着温度升高而增大（见图 4-1）。

② 硼酸在含碱水溶液中的挥发性：在含碱溶液中，硼酸挥发性较小（见图 4-2）。反应堆一回路存在不少气-液接触部位，如稳压器、容积控制箱等。这些设备的汽（气）空间都会存在硼酸（尤其是稳压器汽空间）。含硼水蒸发处理过程也涉及硼的挥发性问题。常压下，当溶液浓度为 0.033～5.0 mol/L、相应沸腾温度为 100～103 ℃时，硼酸的汽/液分配系数为 0.003 6。

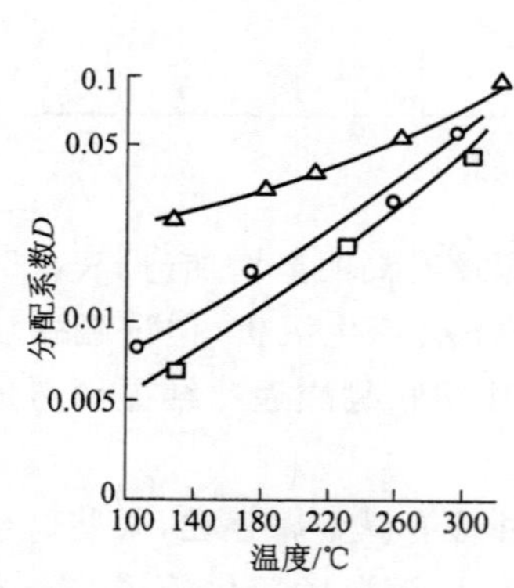

图 4-1　硼酸在水溶液中的挥发性

○—0.5 mol/L；□—1.3 mol/L；

△—0.1 mol/L

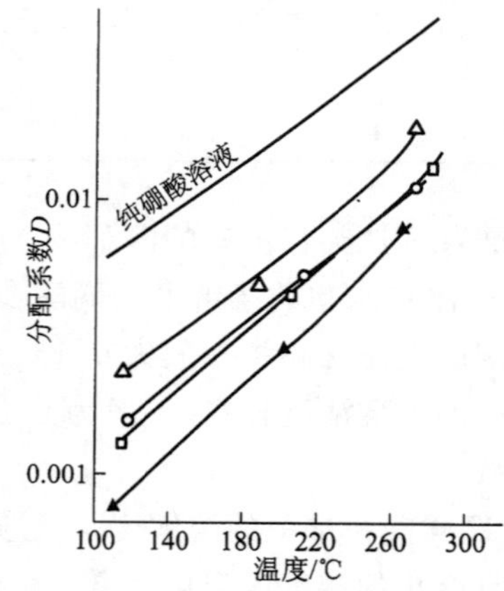

图 4-2　硼酸在含碱水溶液中的挥发性

△—0.5 mol/L 的 Li，0.5 mol/L 的 B；

○—0.4 mol/L 的 Li，0.8 mol/L 的 B；

□—0.4 mol/L 的 K，0.8 mol/L 的 B；

▲—1.1 mol/L 的 K，2.2 mol/L 的 B

5）硼酸水溶液的电导率　纯硼酸溶液的电导率很低，且与浓度有关，浓度增加，电导率随之上升，但在高温下这种差异变小（图 4-3a）。碱能显著增加硼酸溶液的电导率（图 4-3b）。

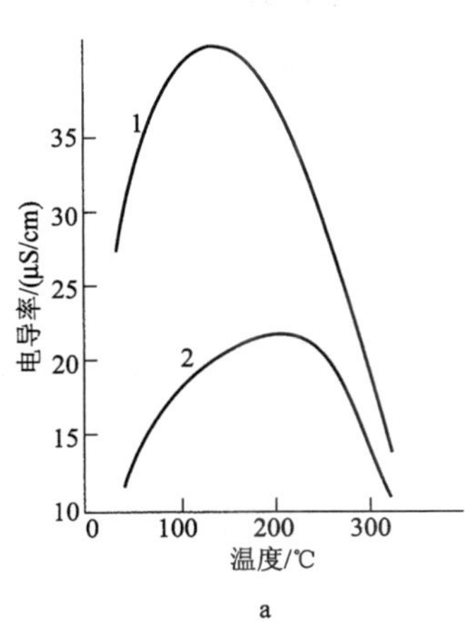

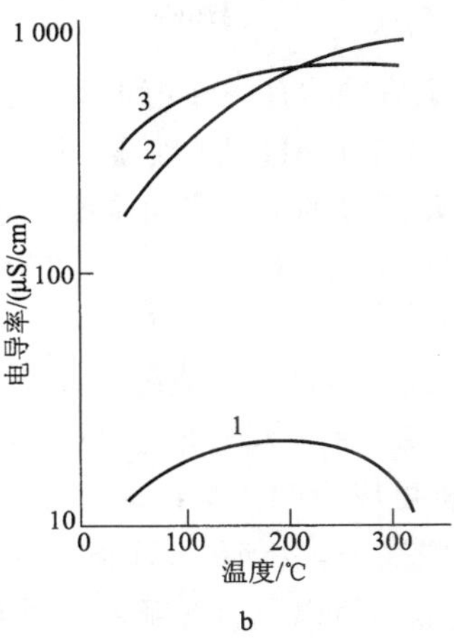

图 4-3　硼酸水溶液的电导率

a. 纯硼酸水溶液

1—0.5 mol/L 的 H_3BO_3；2—0.25 mol/L 的 H_3BO_3

b. 碱—硼酸水溶液

1—0.2 mol/L 的 H_3BO_3；2—0.013 mol/L 的 LiOH；

3—0.25 mol/L 的 H_3BO_3，0.001 4 mol/L 的 LiOH

但是，碱-硼酸溶液的电导率几乎与同样浓度的纯碱水溶液相同，说明硼酸存在与否对碱溶液的电导率影响甚小，这是因为硼酸根离子的迁移率比氢氧根离子小得多的缘故。

6) 硼酸的电离常数　硼酸的电离按照反应式(4-10)和式(4-11)进行，电离常数基本上随温度升高而减少。图 4-4 为电离常数随温度变化的曲线，为比较起见同时给出了水的电离常数 K_W。300 ℃时，溶液中 $B(OH)_4^-$ 和 $B_3O_3(OH)_4^-$ 浓度，较室温下分别减少至原来的 1/10 和 1/100。

7) 硼酸水溶液的 pH 值　根据图 4-4 中的 K_W、K_{11}、K_{13} 的数据及 LiOH、NH_4OH 的电离常数可求得溶液的 pH 值，若绘制成图，则可得图 4-5。

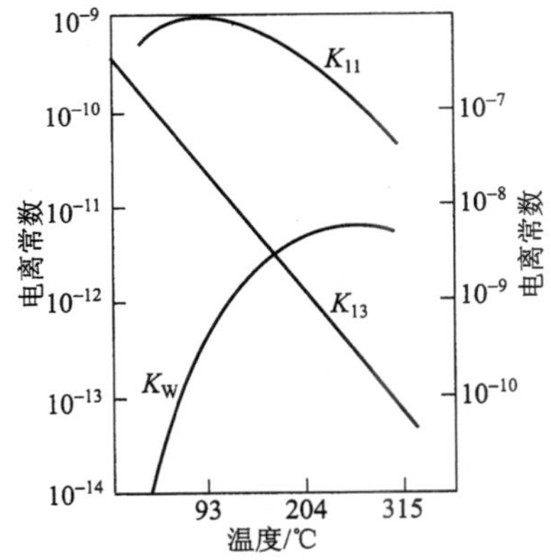

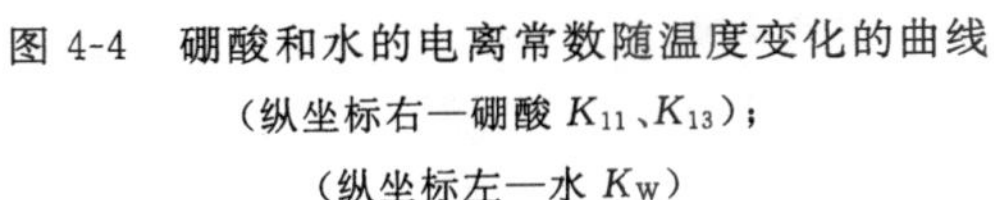
图 4-4　硼酸和水的电离常数随温度变化的曲线

（纵坐标右—硼酸 K_{11}、K_{13}）；

（纵坐标左—水 K_W）

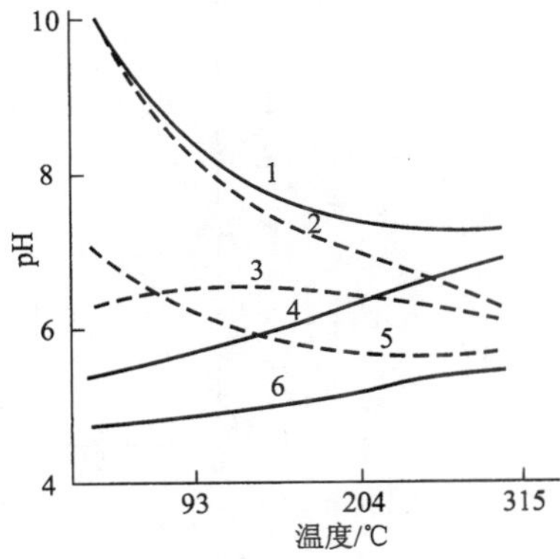

图 4-5　各种溶液的 pH 值

1—10^{-4} mol/L 的强碱；2—11 mg/L 的 NH_3；

3—11 mg/L 的 NH_3＋1.5×10^3 mg/L 的 B；

4—10^{-4} mol/L 的强碱＋1.5×10^3 mg/L 的 B；

5—纯水；6—1.5×10^3 mg/L 的 B

从图中可以看出：

① 随温度上升纯水的 pH 值下降，而硼酸溶液（浓度为 1.5×10^3 mg/L 的硼）的 pH 值却上升，高温下两者的 pH 值非常接近；

② 氨和强碱溶液的 pH 值随温度上升而减少；

③ 氨-硼酸溶液的 pH 值先随温度升高而增加，在 121 ℃左右达到最大值，而后逐渐减少；

④ 强碱-硼酸溶液的 pH 值随温度上升而持续增大，在 302 ℃时，较之相应的氨-硼酸溶液的 pH 值高 0.75，而与同样浓度的纯强碱溶液的 pH 值非常接近。

由以上分析可以得到两个结论：

① 在运行温度下，冷却剂 pH 值主要由碱性添加物决定，与硼浓度关系不大，图 4-6 清楚地说明了这一点，所以运行时随着硼浓度逐渐减少，冷却剂 pH 值变化并不显著，基本上保持恒定；

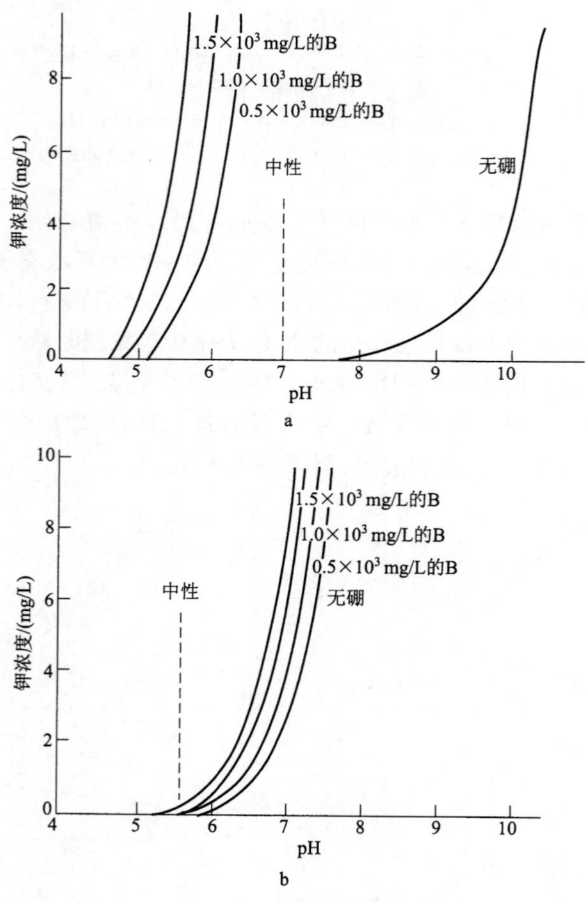

图 4-6 pH 值随碱和硼浓度的变化

a. pH 值的变化(25 ℃)；b. pH 值的变化(320 ℃)

② 停堆换料时因冷却剂温度降低，硼浓度增高，pH 值比高温时低得多，对材料有腐蚀作用，应引起重视。

(4) 硼酸作为可溶性中子吸收剂的“隐患”

1)“隐患”——疑虑　初期，硼酸在回路中的沉积行为令人忧虑和迷惑，人们担心在实际运行过程中硼酸可能由于某种原因沉积到材料表面，而后又因其他原因释放到冷却剂中。这种不可控制的行为，如果发生在回路材料表面将引起冷却剂硼浓度变化，影响反应性。若发生在燃料元件表面，则这种影响将更为直接和显著。如果硼在堆芯的沉积不可逆，则可能导致反应性亏损，缩短堆芯寿期。通常把硼的这种沉积释放可能性称之为“隐患”，它是硼酸能否成功地用作可溶性中子吸收剂的关键所在，对此，曾进行了大量的工作。

2) 疑虑的消除

① 堆外实验：

• 研究不锈钢腐蚀产物与硼酸的作用

当硼浓度为 1 000 mg/L、温度为 300 ℃时，每克腐蚀产物能够吸附 3 mg 硼(见图 4-7)，溶液中添加少量的碱，对吸附容量影响不大。

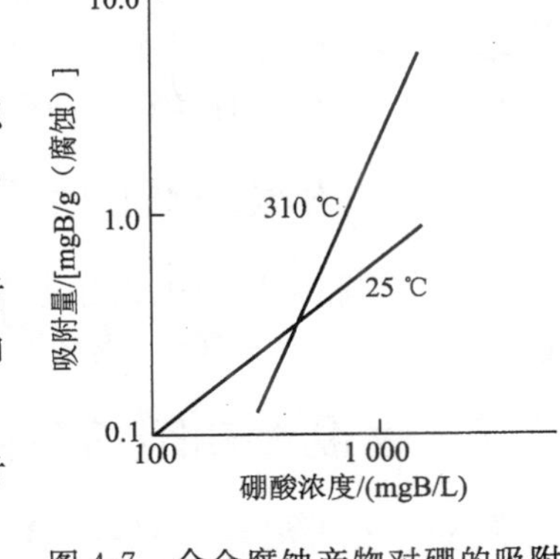

图 4-7　合金腐蚀产物对硼的吸附

当溶液硼浓度为 1.5×10^4 mg/L 时，腐蚀产物中吸附的硼达 5.8×10^3 mg/L，腐蚀产物对硼的吸附是可逆的，即中高浓度溶液中吸附的硼可在低浓溶液中解吸下来。

合成腐蚀产物在硼溶液中放置 142 d 或 1 d，浸泡时间对吸附影响不明显。

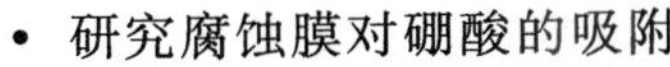

• 研究腐蚀膜对硼酸的吸附

不锈钢表面氧化膜对硼酸的吸附情况如图 4-8 和图 4-9 所示，从图中可以看出：

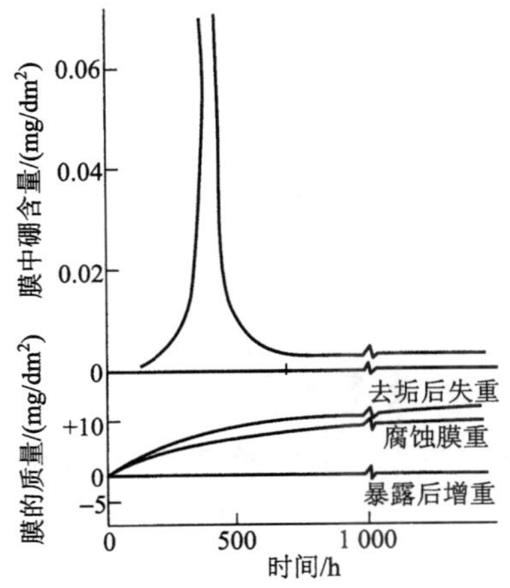

图 4-8　纯硼酸溶液中不锈钢腐蚀膜对硼的吸附

温度：343 ℃；硼浓度：1×10^3 mg/L

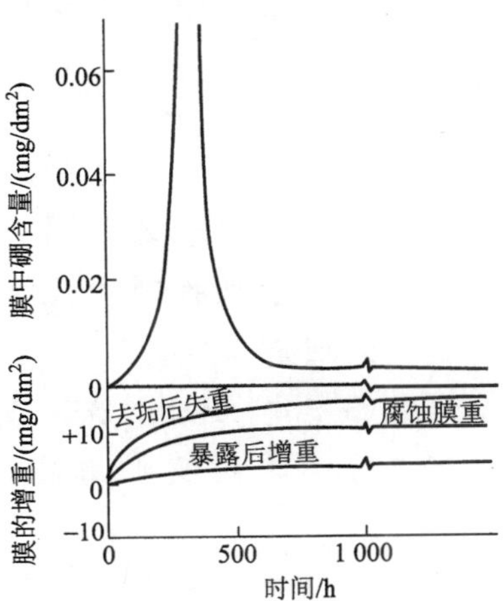

图 4-9　碱-硼酸溶液中不锈钢腐蚀膜对硼的吸附

温度：343 ℃；硼浓度：1×10^3 mg/L；氢氧化钾浓度：1 mg/L

碱对氧化膜的吸附性能影响不大。不会造成显著的硼酸沉积-释放效应，即不会引起“隐患”。

硼酸在燃料元件表面浓集的实验结果：

提高溶液的 pH 值，可使脏元件表面溶质浓集程度大为减少；由于硼酸的挥发性，浓集不严重，且是可逆的；无论在核过冷区或容积沸腾区，干净元件表面均无溶质局部浓集现象。

② 堆内试验：

其结果表明：

• 整个运行期间，包括在泡核沸腾情况下，燃料元件表面未发生硼或偏硼酸锂大量沉积的现象。

• 试验后，对燃料元件的检查表明，每平方米元件包壳表面有 0.059 5 mg 硼，此值为不可逆吸附的硼量。假设突然从元件表面剥落下来并离开堆芯，可能引起的反应性瞬间增值为 0.019%，反应堆控制系统完全能够应付。

综上所述，硼的沉积-释放引起的反应性变化很小，近代化控压水反应堆在长期运行中未见有此种“隐患”，对“隐患”的疑虑可以完全消除。

4.2.3 硼酸水溶液的热工水力性能 f_0

在冷却剂硼浓度范围内（0～2.5×10^3 mg/L），其热工水力特性变化甚小，若采用纯水的参数进行热工水力学计算，误差不超过 2%。

4.2.4 含硼冷却剂的净化和废物处理

在含硼冷却剂中，净化系统的 OH^- 型阴离子交换树脂在运行过程中会转换成硼酸型。硼酸型树脂的净化能力也很强。出于硼酸浓度调节的需要，化学补偿控制使堆排水量大为增加。新型压水堆设有硼回收系统，以处理和复用堆排水，因此，实际废水排放量增加不多。含硼废水与普通废水的处理也大致相同。

复习题

1. 何谓可溶性中子吸收剂？良好的中子吸收剂应具备哪些条件？
2. 硼作为中子吸收剂的优点是什么？硼酸在反应性控制中的作用及硼酸浓度如何调节？
3. 天然硼中由 ^{10}B 和 ^{11}B 组成，它们各占百分比是多少？
4. 硼酸的化学式及水溶液中能稳定存在的硼酸及其离子，写出名称、化学式。
5. 简单说明硼酸水溶液的物理化学性质。
6. 曾经担心硼酸作为可溶性中子吸收剂可能存在的问题是什么？是否有“隐患”存在？

第5章　冷却剂辐射化学

5.1　水的辐射化学

5.1.1　射线与物质的相互作用

一般放射性物质能够放出α、β或γ射线。α射线是氦的原子核，β射线是高速运动的电子，γ射线是波长极短的电磁波。这些射线对物质的作用主要是电离效应。能量相等的不同种类的射线，其电离能力并不相同，以α射线为最大，β射线次之，γ射线最小，三者之间的比值为10^4:10^2:1；它们在物质中的穿透能力则与此相反，γ射线最大，β射线次之，α射线最小。此外，在压水反应堆冷却剂中还存在着其他粒子，如中子、质子、裂变碎片核、氚核等。这些粒子的基本核特性见表5-1。

表5-1　各种粒子的基本核特性

射线种类型	电荷数	静止质量/原子单位
α射线	+2	4.002 675
β射线	−1	0.000 549
γ射线	0	
质子(p)	+1	1.007 271
中子(n)	0	1.008 665
氘(d)	+1	2.014 102
氚(T)	+1	3.016 050
裂变碎片(轻)	约+20	约95
裂变碎片(重)	约+22	约139

5.1.1.1　γ射线与物质的相互作用

(1) 光电效应

入射γ光子与原子中的束缚电子发生作用后，光子把全部能量交给这个电子，使它脱离原子的束缚而发射出去(电离)，同时放出X射线，而光子本身消失，这种过程称为光电效应。光电效应中发射出来的电子叫光电子。光电效应仅当光子与原子中的束缚电子作用时才能发生，光子与自由电子作用时不能发生光电效应。

原子的内壳层失掉一个电子(变成光电子发射出去)以后，原子就处于激发态，这种状态是不稳定的，很快通过去激发方式回到基态。

(2) 康普顿-吴有训散射

对于高能γ光子，核内层电子也可以看做是自由电子，γ光子击射到这样的电子上，发生类似于弹性体碰撞的效应。这时，γ光子将一部分能量传递给电子，使其获得速度，失去了部分能量的入射光子则改变方向使自己的波长变长。

(3) 电子对效应

高能 γ 光子有可能在原子核的库仑场作用下,转换成一对正、负电子,γ 光子本身消失,这种过程叫做电子对效应。这种转化仅在入射光子的能量大于电子对的静止质量时才有可能发生,多余的能量转化为电子的动能。正电子的寿命极短,当正电子的速度接近于零时,很快和附近物质中的负电子发生相互作用,重新转化为两个 γ 光子,这种现象称为电子对的湮没。

5.1.1.2 电子与物质的相互作用

各种射线与物质的作用,最后都归结到电子与物质的相互作用。电子对物质的相互作用,主要表现在电离和激发两个方面。高速电子在穿过物质时,一方面将原子内轨道电子击出,造成原子的电离;另一方面,通过非弹性碰撞使低能态轨道电子跃迁到高能态,造成原子的激发。

通常用通过单位路程时的荷电粒子的能量损失 $\frac{\mathrm{d}E}{\mathrm{d}X}$ 来衡量荷电粒子在特定介质中的电离能力,并称为线性能量转移(国际上通用 LET 表示)或阻止能力。我国现行计量标准规定量的名称为传能线密度或定线限碰撞阻止本领。量的符号:L_{Δ},量的单位符号:J/m,eV/m。

5.1.1.3 重带电粒子与物质的相互作用

α 粒子、质子、氘核、氚核裂变产物等质量比电子大得多的粒子叫做重带电粒子,它们在通过物质时,主要与原子轨道电子作用,造成原子的电离,并逐渐失去自己的能量。

5.1.1.4 中子与物质的作用

中子的电中性可使它不受原子核库仑场的作用,而能达到核力作用场内,同原子核发生各种作用。

(1) 核分裂(n,f)

复合核在此过程中分裂成两个(有时三个)裂片元素,同时放出几个中子,这就是 ^{235}U、^{239}Pu、^{233}U 等重要原子核的裂变。

(2) 中子散射

中子散射可分为弹性散射(n,n)和非弹性散射(n,γn)两种。

(3) 核反应

核反应可分为中子俘获反应,如(n,γ)反应和放出荷电粒子的反应,如(n,p)反应,(n,D)反应,(n,T)反应等。这些反应在反应堆水化学中具有相当重要的意义。它们将产生新的核素并引起感生放射性,如 ^{16}O(n,p)反应生成 ^{16}N,具有很强的 γ 射线(γ 能量达到 7.11 MeV),使冷却剂中的比放射性强度达 3.7 MBq/cm^3,造成 25.8~258 μCi/(kg·h)的剂量率。

各种射线或粒子,程度不同地同冷却剂发生作用。就辐射化学效应而言,重要的是 γ 射线和 β 射线与冷却剂的作用。

5.1.2 水的辐照分解

5.1.2.1 水的辐射分解过程

水的辐射分解过程十分复杂,取决于许多因素。电离辐射引起的水或水溶液的变化过程，从射线轰击水分子开始到建立某种辐射产物的化学平衡为止，大致可分为三个阶段：

(1) 辐射能量传递阶段

它是射线和水作用的开端，作用时间约 10^{-15} s 或更短（10^{-18}～10^{-16} s）。辐射能量直接或间接地引起水分子的电离或激发，产生电子、带正电荷的水离子（H_2O^+）和处于激发状态的水分子（H_2O^*）：

$$H_2O \longrightarrow e^- + H_2O^+ \quad (5\text{-}1)$$

$$H_2O \longrightarrow H_2O^* \quad (5\text{-}2)$$

(2) 建立热平衡阶段

作用约 10^{-11} s 或更短。主要包括以下几个过程：

1) 电离电子速度减慢，并成为“热”电子。电子的电场吸引极性水分子在其四周重新排列（见图 5-1）。它又叫水合电子，这过程可表示为：

$$e^- \longrightarrow e^-_{热} \longrightarrow e^-_{水合} \quad (5\text{-}3)$$

图 5-1　水合电子

2) 带正电的水合离子和相邻水分子发生质子转移反应，生成 H_3O^+ 和 OH，即：

$$H_2O^+ + H_2O \longrightarrow H_3O^+ + OH \quad (5\text{-}4)$$

生成的 H_3O^+ 也随即发生水合作用，水合 H_3O^+ 和水合电子的分布范围不一样。前者在辐射电离径迹近旁，而后者要远些，因为电子具有更大的迁移性。

辐射形成的激发态水分子分解成氢原子和 OH：

$$H_2O^* \longrightarrow H + OH \quad (5\text{-}5)$$

由离子形成 OH 时间在 10^{-12}～10^{-11} s，电离电子失去能量随后俘获 H_3O^+，生成氢原子的时间的数量级也大致相同。

(3) 建立化学平衡阶段

处于自由基的扩散、相互作用及建立化学平衡阶段中，在辐射电离径迹范围内，生成了大量的初级辐解产物 $e^-_{水合}$、H_2O^+、H_2O^*、H_3O^+、H、OH 等，它们之间相互作用生成次级辐解产物。同时，所有这些辐解产物会逐渐向水体扩散。在扩散过程中相互反应，并渐渐达到平衡。表 5-2 列出了水中主要自由基反应及其反应速度常数。

表 5-2　水中主要自由基反应及其反应速度常数

反　应	反应速度常数	pH 值
$e^-_{水合} + e^-_{水合} \xrightarrow{2H_2O} H_2 + 2OH^-$	5.5×10^{9}	10～13
$e^-_{水合} + H \xrightarrow{H_2O} H_2 + OH^-$	2.5×10^{10}	10.5
$e^-_{水合} + OH \longrightarrow OH^-$	3.0×10^{10}	11
$e^-_{水合} + H_3O^+ \longrightarrow H + H_2O$	2.06×10^{10}	2.1～4.3
$e^-_{水合} + H_2O \longrightarrow H + OH^-$	3.5×10^{9}	13
$H + H \longrightarrow H_2$	1.0×10^{10}	2.1
$H + OH \longrightarrow H_2O$	3.2×10^{10}	0.4～3
$OH + OH \longrightarrow H_2O_2$	6×10^{9}	0.4～3
$H + H_2O_2 \longrightarrow H_2O + OH$	1.6×10^{8}	0.4～3

续表

反　应	反应速度常数	pH值
$OH+H_2O_2 \longrightarrow HO_2+H_2O$	4.5×10^7	7
$OH+H_2 \longrightarrow H+H_2O$	6×10^7	7
$H_3O^++OH^- \longrightarrow 2H_2O$	1.43×10^{10}	

综上所述，水辐解的详细过程包括产物与中间产物的一系列反应，随着辐射化学和计算机应用科学结合的发展，已开始用计算机程序来解这些反应方程，将水的辐照分解反应动力学研究用于压水堆或其他水堆的水化学之中。

5.1.2.2　辐解产物产额

为了衡量水辐照分解的程度，引进辐解产物产额的概念，其定义为水每吸收 100 eV 的辐射能，产生(冠以“+”号)或消失(冠以“-”号)的辐解产物数目，常用 G 表示，脚标是相应物质的化学式。如 $G_{-H_2O}=4.1$，表示水每吸收 100 eV 辐射能量，会有 4.1 个水分子分解；$G_{H_2}=0.41$，表示 100 eV 的辐射能量被水吸收后，将有 0.41 个氢分子产生等。净产额附以括号()，无括号则表示初始产额。水的辐解程度常用辐解产物产额(G)作基本定量的表示。基于纯水每吸收 100 eV 裂变产物 γ 射线能量后，将有 3.6～4.6 个水分子分解，此时，通常取 $G_{-H_2O}=4.1\pm0.5$，一般说来，汽相中水的最大净辐解产额 $G_{(-H_2O)_{max}}=12$。

综上所述，可以把水的辐解写成下列综合式：

$$H_2O \longrightarrow H_3O^+_{水合}, OH, e^-_{水合}, H_2, H, H_2O_2\cdots$$

而用 $G_{H_3O}^+, G_{OH}, Ge^-_{水合}, G_H, G_{H_2O_2}, G_{H_2}\cdots$表示这些辐解产物的产额。水的辐照分解以及辐解产物产额受 LET(传能线密度)值、剂量率、辐射时间、温度、pH 值和溶液成分等因素的影响(参见 5.1.3 节)。

5.1.2.3　辐解产物

水的主要辐解产物从化学形态看，可分成自由基产物和分子产物两类。自由基产物极为活泼，很不稳定，难以积聚到易于测量的水平；分子产物则较稳定，所以实际工作中常以易于测量的分子产物的产额和积聚量来判断水的辐解程度和辐解速度。

分子产物主要是 H_2、H_2O 和 O_2、H_2 和 H_2O_2，主要由氢原子和氢氧自由基复合而成。

$$H+H \longrightarrow H_2 \tag{5-6}$$

$$OH+OH \longrightarrow H_2O_2 \tag{5-7}$$

水的直接辐解也能产生一定量的 H_2 和 H_2O_2：

$$H_2O+H_2O^* \longrightarrow H_2+H_2O_2 \tag{5-8}$$

此外，H_2的生成还与水合电子有关：

$$e^-_{水合}+H \xrightarrow{H_2O} H_2+OH^- \tag{5-9}$$

$$e^-_{水合}+e^-_{水合} \xrightarrow{2H_2O} H_2+2OH^- \tag{5-10}$$

无氧水中游离 O_2的生成则与二氧化氢 HO_2和 H_2O_2密切相关：

$$HO_2+HO_2 \longrightarrow H_2O_2+O_2 \tag{5-11}$$

$$HO_2+OH \longrightarrow H_2O+O_2 \tag{5-12}$$

$$H_2O_2 \longrightarrow H_2O+\frac{1}{2}O_2 \tag{5-13}$$

H_2O_2的自氧化还原分解反应式(5-13)随反应温度和 pH 值增加而加快。金属离子的催化作用也会加剧 H_2O_2的分解，HO_2也会与金属离子反应放出 O_2。

根据化学形态，在划分辐解产物为自由基产物和分子产物的同时，也可以将水的辐解产物按照化学性质分成两大类：还原性产物和氧化性产物。前者包括水合电子 $e^-_{水合}$，氢原子 H，氢分子 H_2，后者包括氢氧自由基 OH，二氧化氢 HO_2，过氧化氢 H_2O_2，以及氧分子 O_2。分子产物主要有 H_2，H_2O_2和 O_2，它们由初级产物相互作用而成，具有比较稳定的形态，可在溶液中积聚到易于测量的水平。

氢氧自由基的氧化能力极强。在 H^+ 浓度 1 mol/L 时，OH/OH^- 的氧化电位可达 −2.8 V，这意味着它几乎能将所有低价无机物氧化到高价态，因而氢氧基的形成是水冷反应堆中金属腐蚀的重要因素，当 pH>9 时，氢氧基可以离解：$OH \longrightarrow H^+ + O^-$。

HO_2是强氧化剂，在酸性介质中，其氧化电位为−1.7 V。

它可离解：$HO_2 \longrightarrow H^+ + O_2^-$。在无氧水中，$HO_2$由下列反应生成：

$$H_2O_2+OH \longrightarrow H_2O+HO_2 \tag{5-14}$$

$$2OH \longrightarrow HO_2+H \tag{5-15}$$

但其产额一般很小，多数情况下可以忽略。但水中有氧时，则易于通过反应：

$$H+O_2 \longrightarrow HO_2 \tag{5-16}$$

生成 HO_2，因而使之成为一个非常重要的次级产物。

H_2O_2主要由氢氧基结合产生：

$$OH+OH \longrightarrow H_2O_2 \tag{5-17}$$

如前所述，H_2O_2和 HO_2是无氧水在反应堆辐照条件下生成游离氧的两个重要原因。

5.1.3　影响水辐射分解的因素

(1) 溶液成分和杂质等因素的影响

水中的氧化或还原性杂质，可以和初级还原性或氧化性辐射产物相互作用。杂质浓度增加时，大大减少了初级辐射产物相互作用的机会。杂质对水辐射产物的影响是十分显著的。水中还原剂浓度增高(如加入氢)，会导致 OH 浓度减少，由此引起 H_2O_2 产额的降低。金属离子的催化作用也会加剧 H_2O_2的分解，这是水辐解产生游离氧的另一原因。

(2) pH 值的影响

水辐解产生的自由基能和 H^+和 OH^-发生反应，所以由 H^+和 OH^-离子浓度的变化(pH 变化)引起的自由基浓度的改变，将影响辐射产物的产额，当 pH 值超过 4，其影响可以忽略不计。

(3) LET 传能线密度和辐射剂量的影响

LET 和辐射剂量这两个因素对辐解产额的影响的趋势是一致的。两者数值的增大都会引起自由基产物的增加，使自由基相互作用的概率变大，从而提高分子产物的产额。辐射剂量只有达到较高数值时，才对辐射产物的产额有明显影响。在压水堆冷却剂的辐射水平下，H_2O_2产额 $G_{H_2O_2}$、H_2产额 G_{H_2} 均有明显提高。

(4) 温度和压力的影响

由表 5-3 可见,温度升高将加快初始辐照产物向水体的扩散,从而减少了生成分子产物的机会,压力对辐射分解的影响是微弱的,可以忽略。

表 5-3 温度对辐解产物的影响

辐解产物	G 值 (2 ℃)	G 值 (25 ℃)	G 值 (65 ℃)	温度系数 %℃$^{-1}$
$H+e^-_{水合}$	3.59	3.67	3.82	+0.10±0.03
OH	2.80	2.91	3.13	+0.18±0.04
H_2	0.38	0.37	0.36	−0.06±0.03
H_2O_2	0.78	0.75	0.70	−0.15±0.03
$-H_2O$	4.35	4.41	4.54	+0.07±0.03

5.2 水冷堆中水的辐射化学

5.2.1 纯水在反应堆中的分解和合成

可以将水的辐解过程的诸多反应归结为两大类,一类是水的辐照分解过程,另一类是分解反应的逆过程——复合反应。前者用反应式(5-18)和式(5-5)表示:

$$2H_2O \longrightarrow H_2 + H_2O_2 \tag{5-18}$$

$$H_2O^* \longrightarrow H + OH$$

后者用下列链式反应表示:

$$H_2 + OH \longrightarrow H_2O + H \tag{5-19}$$

$$H_2O_2 + H \longrightarrow H_2O + OH \tag{5-20}$$

反应生成的 H、OH 又会再度和 H_2O_2、H_2反应。如此循环往复,使水的分解产物重新复合成水。上述两种分解反应的份额与射线的 LET 有关(见表 5-4)。

表 5-4 电离辐射类型对水分解方式的影响

辐射类型	反应份额/%	
	$H_2O^* \longrightarrow H+OH$	$2H_2O \longrightarrow H_2+H_2O_2$
$^{60}Co(\gamma)$	80	20
$^{10}B(n,\alpha)^7Li$(0.02 mol/L H_3BO_3)	4	96
$^{10}B(n,\alpha)^7Li$(0.05 mol/L H_3BO_3)	6	94
$^3H(\beta)$	70	30

有氧水中射线对水溶液的辐解作用:

在溶有氧的水中,氧和辐解产生的氢原子反应 $H+O_2 \longrightarrow HO_2$生成 HO_2,HO_2通过本身的相互作用 $HO_2 + HO_2 \longrightarrow H_2O_2 + O_2$以及与辐解产生的氢氧自由基的作用 $HO_2 + OH \longrightarrow H_2O + O_2$,使 H_2O_2和 O_2的产生量大增。例如在剂量率 5×10^{20} eV/(ml · s) 时,去气水中H_2O_2

为 0.5×10^{-6} mol/L，未去气水中的 H_2O_2 则为 9.6×10^{-6} mol/L。H_2O_2 的分解[见式(5-13)]也产生游离氧。显然，辐解产物游离氧的产生反过来又会促进水的辐解和 H_2O_2 的生成，当有氮或空气参与含氧水中的辐射化学反应中，将会形成硝酸：

$$2N_2 + 5O_2 + 2H_2O \longrightarrow 4HNO_3 \tag{5-21}$$

加之水离子的离解[见式(5-4)]和 H_2O_2 的离解：

$$H_2O_2 \longrightarrow HO_2^- + H^+ \tag{5-22}$$

将导致水的 pH 值下降，甚至可酸化到 pH＝3～4，这种既有氧、pH 值又低的条件，使结构材料腐蚀加速，特别是不锈钢和镍基合金的腐蚀率以及金属表面腐蚀产物向冷却剂的释放增加，由此可见，反应堆一回路初装水的除气是必不可少的。

5.2.2 含硼水在反应堆中的辐射分解

压水反应堆中，向冷却剂中加入硼酸作为可溶性中子吸收剂。由 $^{10}B(n,\alpha)^7Li$ 反应生成的反冲氦核（α 粒子）和 ^7Li 核具有很大的 LET 值，使反应 $2H_2O \longrightarrow H_2 + H_2O_2$ 的份额增加（见表 5-4）。

假设 γ 射线的吸收不随硼酸浓度变化，引进硼后，辐解产物的增加归因于硼的中子反应则可以得到表 5-5 的结果。

表 5-5　硼酸水溶液的自由基和分子辐解产物生成率(mmol/min)

反　应	辐射类型	硼酸浓度/(mol/L)		
		0.00	0.02	0.05
$H_2O^* \longrightarrow H + OH$	γ	0.054	0.054	0.054
$H_2O \longrightarrow 1/2H_2 + 1/2H_2O_2$	γ	0.007	0.007	0.007
$H_2O \longrightarrow H + OH$	$^{10}B(n,\alpha)^7Li$	0	0.003	0.012
$H_2O \longrightarrow 1/2H_2 + 1/2H_2O_2$	$^{10}B(n,\alpha)^7Li$	0	0.038	0.099

^{10}B 的(n,α)反应引起水辐解产额（特别是分子产物产额）明显增加，这可从射线的 LET 值对辐射的影响以及表 5-4、表 5-5 得到解释。表 5-6 和图 5-2 给出一系列实验结果。

表 5-6　^{10}B 中子反应引起的辐解产物生成率

硼酸浓度/(mol/L)	生 成 率/[μmol/(L·min)]			
	总气体	H_2O_2	H_2	O_2
0	0	—	0	0
0.010	0	—	0	0
0.020	0	0	0	0
0.031	23±1	18±1	21±2	2±2
0.050	57±2	—	53±2	5±2
0.073	101±4	77±3	93±5	8±5
0.100	160±2	—	147±2	11±1

这些图表说明，当硼酸浓度低于 0.02 mol/L 时，^{10}B 中子反应引起水的辐照分解的增

加并不显著。当硼酸浓度超过此值后，开始观察到^{10}B中子反应引起的辐解氢产生，硼酸浓度越高产生愈快。

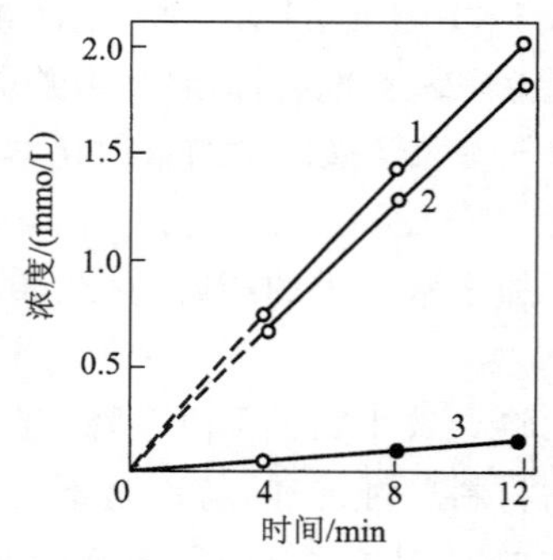

图 5-2 硼酸水溶液(0.1 mol/L)中辐解产物积累
1—H_2；2—H_2O_2；3—O_2

5.2.3 加氢抑制水的辐射分解

与水中溶解氧的情况相反，水中的初始氢可以增加水的复合率，抑制水的辐解，降低辐解产物 O_2 和 H_2O_2 的生成量，而且 H_2和 O_2的复合反应的 G 值随温度升高而增大，只要加入少量氢就能使高温水中 O_2 和 H_2O_2 的浓度降低到难以测出的水平，即使是水中加硼，使 LET 增加时也是如此。

将水的辐照分解和复合反应的化学方程式及反应率常数列于表 5-7。

表 5-7 氢气生成率计算公式(5-24)中各符号的物理意义

反 应	反应率常数
$H_2O^* \rightleftharpoons H+OH$	γ_d
$H_2O \rightleftharpoons 1/2H_2+1/2H_2O_2$	γ_R
$H_2O \rightleftharpoons H+OH$	B_d
$H_2O \rightleftharpoons 1/2H_2+1/2H_2O_2$	B_R
$OH+H_2 \rightleftharpoons H_2O+H$	K_C
$H+H_2O_2 \rightleftharpoons H_2O+OH$	K_D
$OH+H_2O_2 \rightleftharpoons H_2O+HO_2$	K_E
$H+HO_2 \rightleftharpoons H_2O_2$	K_f

用 γ 和 B 分别表示 γ 射线以及硼的中子反应产物(α,^7Li)所引起的分解反应的反应率常数，注脚 d 表示以下式分解：

$$H_2O^* \longrightarrow H+OH$$

注脚 R 表示以下式分解：

$$2H_2O \longrightarrow H_2+H_2O_2 \tag{5-23}$$

K_C、K_D、K_E和 K_f分别表示辐解产物复合反应的反应率常数。可以得到如下式所示的氢气生成率的计算公式：

$$\frac{dH_2}{dt}=\frac{\gamma_R+\gamma_R}{2}-\frac{K_C(\gamma_d-\gamma_d)[H_2]}{K_E[H_2O_2]} \tag{5-24}$$

上式右边第一项为氢的生成率(水的完全分解率)，第二项为氢的消失率(水的复合率)。由该式可见，在一定条件下水的辐照分解率是恒定的，而水的复合率则随溶液中 H_2浓度的提高而增加，随 H_2O_2浓度的提高而减少，亦即当溶液中 H_2浓度增加时，辐解氢的产生率将减少，而当溶液中的 H_2O_2浓度增加时则相反。一般情况下由辐解产生的 H_2和 H_2O_2的浓度大致相等，所以$\frac{dH_2}{dt}$是一个常数。但是，如果溶液中加有氢，则辐解氢的产生率将会减少，也就是说，水的辐照分解将受到抑制。相反，如果向溶液中加入 H_2O_2，则水的分解将加剧，当向硼酸水溶液中分别引入 H_2和 H_2O_2，测定 H_2的产生率，结果如图 5-3 和图 5-4 所示。

从图中可见，随着加入的 H_2 浓度的增高，发生水的辐照分解（亦即辐解氢产生）的阈值越高。实验表明，当加入的氢浓度达到 640 μmol/L 时，相当于每升水中含有 14 ml 的 H_2（标准状况），即使硼酸浓度达到 0.14 mol/L，也没有辐解氢产生，即可抑制含硼水的辐解。为留有余地，防止氢的泄漏损失，通常将加氢的浓度控制在每升水中含有 25～40 ml 的 H_2（标准状况），这相当于室温下氢分压为 1.01×10^5～2.02×10^5 Pa 下水中氢的饱和溶解度。这是在压水堆中采用的使氢保持过压以有效地抑制辐解反应的办法。

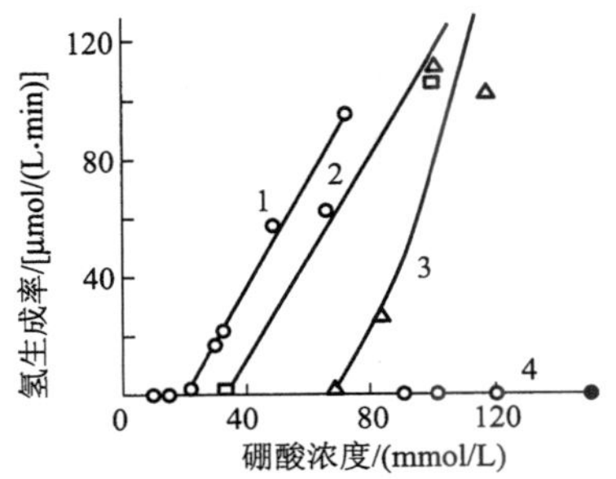

图 5-3　加氢对辐解氢生成的影响

1—不加氢；2—8.1 μmol/L 的 H_2；

3—350 μmol/L 的 H_2；4—640 μmol/L 的 H_2

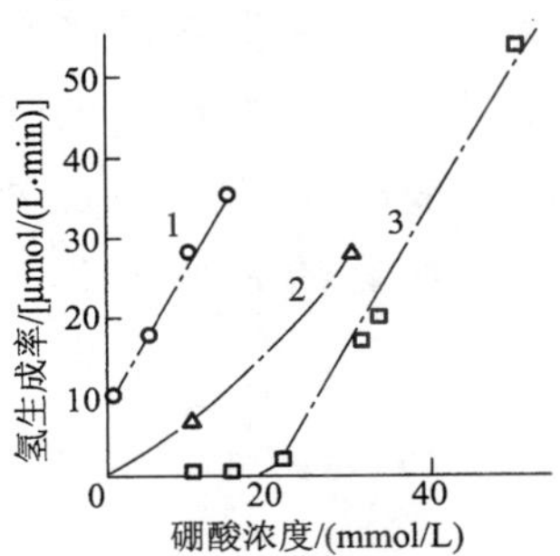

图 5-4　加 H_2O_2 对辐解氢生成的影响

1—0.12 mmol/L 的 H_2O_2；

2—0.1 mmol/L 的 KI；3—H_2O

加氢不仅能抑制水的辐照分解，还能消除水中的游离氧。向冷却剂中同时引入 H_2 和 O_2，它们会很快在辐射作用下合成水。加氢也会使氧化性辐解产物 H_2O_2 重新转化成水。实验表明：在辐照下往含有 H_2O_2 的水中[剂量率为 5.53×10^{17}/eV(g·min)]不断鼓入氢气，并测定 H_2O_2 的浓度变化，10 min 后 H_2O_2 由 650 μmol/L 降到零，见图 5-5。有人测定了在堆辐照条件下含有不同浓度的氢气和氧气的水中 H_2O_2 的变化，并给出了如图 5-6 的结果。显然，溶液中[H_2]/[O_2]比值越大，H_2O_2 所能达到的峰值越低。

综上所述，加氢能有效地抑制水的辐照分解，消除水中游离氧，降低水中氧化性辐解产物浓度，从而大大减少冷却剂对结构材料的腐蚀率。

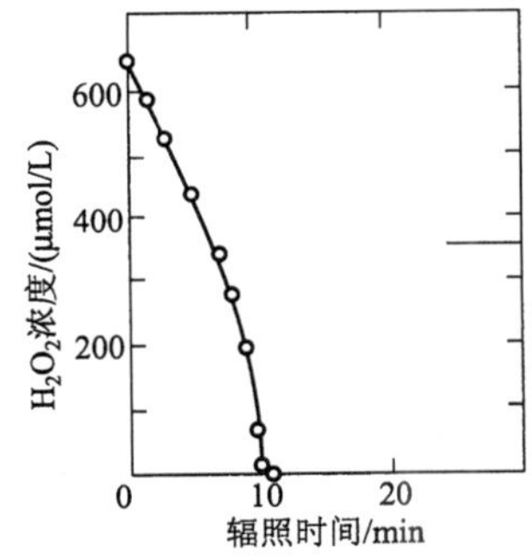

图 5-5　加氢对 H_2O_2 浓度的影响

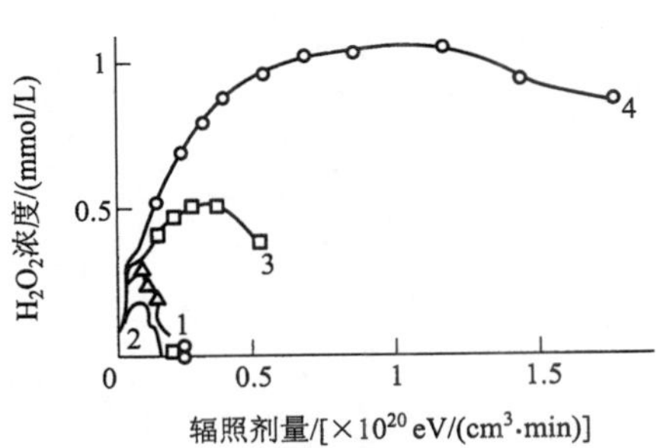

图 5-6　不同氢、氧含量的水中 H_2O_2 浓度随辐照剂量的变化

1—0.135 mmol/L 的 O_2，0.695 mmol/L 的 H_2；

2—0.178 mmol/L 的 O_2，0.674 mmol/L 的 H_2；

3—0.475 mmol/L 的 O_2，0.448 mmol/L 的 H_2；

4—0.728 mmol/L 的 O_2，0.298 mmol/L 的 H_2

复习题

1. 一般放射性物质能够放射出哪几种射线？γ射线与物质作用的3种最重要的效应是什么？
2. 分别根据辐解产物的化学形态、化学性质，将水的辐解产物分类。
3. 试述水的主要辐解产物及其影响因素？
4. 说明水冷反应堆水的两类辐解过程，并写出反应方程式。
5. 简述硼酸水溶液在反应堆条件下的辐射分解及其影响。向压水堆冷却剂中加氢的目的与作用是什么？

第6章　辐射场控制

压水堆辐射场的主要来源是燃料中的裂变产物和活化腐蚀产物。铁、钴、镍氧化型腐蚀产物活化形成放射源，其中长寿命放射源是由^{59}Co俘获中子生成的^{60}Co。对堆芯外辐射场第二大贡献者是^{58}Ni与快中子的(n,p)反应形成的^{58}Co放射源。

6.1　PWR中的裂变产物

6.1.1　裂变产物向冷却剂的转移

许多来自燃料中的裂变产物能够通过锆包壳燃料元件的破损孔隙进入冷却剂。反应堆运行过程中，堆芯是一个巨大的放射性源，一方面产生了大量的裂变产物，并按各自的衰变规律转变成新的核素；另一方面重核的中子吸收反应也形成一系列更重的新核，也会因中子过剩发生一系列的衰变。在定期地换料过程中，大量的放射性物质随燃料由堆芯取出。经过几个换料周期之后，堆芯放射性将程度不同地处于某种平衡状态，见表6-1、表6-2。由于大部分裂变产物的半衰期很短，所以停堆后堆芯放射性强度很快降低。另外，由^{235}U裂变反应生成的稳定核素的量比放射性核素的量大得多，如稳定Kr与放射性^{85}Kr的质量比为4.9/0.3≈16，此现象也是不能忽视的。

表6-1　裂变产物的生成量与特性

核　素	半衰期	放射性/(TBq/MW)(辐照一年)1)		总质量/(g/MW)(辐照一年)		沸　点/℃	释放和转移的可能形式2)	对人体的危害
		停堆时	停堆一年后	核　素	元　素			
高挥发性(Ⅰ组)								
氪(Kr)	稳定	—	—	4.9		−153	元素气体	外照射，轻度影响
−83 m	114 min	111	0					
−85	10.27 a	3.7	3.7	0.3				
−85 m	4.4 h	296	7.4					
−87	78 min	555	0					
−88	2.8 h	851	3.7					
−89	3 min	114.7	0					
−90	33 s	1 406	0		5.2			

续表

核　素	半衰期	放射性/(TBq/MW)（辐照一年）[1]		总质量/(g/MW)（辐照一年）		沸　点/℃	释放和转移的可能形式[2]	对人体的危害
		停堆时	停堆一年后	核　素	元　素			
高挥发性（Ⅰ组）								
氙(Xe)	稳定	—	—	55.4		−108	元素气体	外照射，轻度影响
−131	12 d	11.1	11.1	0.003				
−133 m	2.3 d	37	25.9	0.003				
−133	5.27 d	1 998	1 739	0.3				
−135 m	15.6 min	592	0					
−135	9.2 h	1 258	518	0.01				
−137	3.9 min	1 776	0					
−138	17 min	1 961	0					
−139	41 s	2 257	0		55.7			
溴(Br)	稳定	—	—	0.03		59	元素 Br_2 或 HBr	全身外照射，中度影响
−83	2.3 h	111	0					
−84	32 min	222	0					
−85	3 min	296	0					
−87	56 s	555	0		0.03			
碘(I)	稳定	—	—	0.45		183	元素气体 I_2 或 HI；挥发性有机物吸附了碘的微粒	外照射甲状腺，内照射高放射毒性
−129	1.7×10^{7} a	3.7×10^{-5}	3.7×10^{-5}	1.92				
−131	8 d	925	851	0.20				
−132	2.3 h	1 406	0	0.004				
−133	21 h	2 035	962	0.05				
−134	52 min	2 331	0	0.002				
−135	6.7 h	2 035	162.8	0.01				
−136	86 s	1 961	0	0.000	2.64			
中等挥发性（Ⅱ组）								
铯(Cs)	稳定	—	—	22.7		685	元素 Cs 转化为 CsOH	全身内照射危险
−134	2 a	1.073	10.73	0.03				
−136	13 d	5.44	5.44	0.002				
−137	26.6 a	47.36	48.1	12.2	35.0			
碲(Te)	稳定	—	—	5.1		987	元素 Te 在 1 000 ℃以上转化为 TeO_2	外照射中度影响，^{132}Te 由其子体元素 ^{132}I 造成影响
−125 m	58 d	0.185		0.000 3				
127 m	105 d	15.32	18.5	0.04				
−127	9.4 h	77.7	18.5					
−129 m	34 d	107.3	85.1	0.2				
−131 m	30 h	144.3	81.4	0.000 7				
−131	25 min	962	0	0.1				
−132	77 h	1 380	1 114	0.1				
−133 m	52 min	1 998	0					
−134	44 min	2 109	0					
−135	2 min	1 332	0		5.4			

续表

核　素	半衰期	放射性/(TBq/MW)(辐照一年)[1)]		总质量/(g/MW)(辐照一年)		沸　点/℃	释放和转移的可能形式[2)]	对人体的危害
		停堆时	停堆一年后	核　素	元　素			
强氧化条件下挥发（Ⅲ组）								
钌(Ru)	稳定	—	—	17.4		(4 230)	挥发性氧化物 RuO_4	对肾和呼吸道有内照射危险
—103	41 d	950.9	950.9	0.8				
—106	1 a	56.98	56.98	0.5	18.7			
锝(Tc)							挥发性氧化物 Tc_2O_7	对呼吸道和肺有内照射危险
—99	2.12×10^5 a	0.37	0.37	9.3		(4 600)		
—99 m	6.04 h	203.5	3.7	0.001	9.3			
钼(Mo)	稳定			34.3		(4 800)	挥发性氧化物 MoO_3	对呼吸道和肺有内照射危险
—99	67 h	1 906	1 480	0.1	34.4			
低挥发性（Ⅳ组）								
锶(Sr)	稳定	—	—	6.5		1 366	元素 Sr 转化为 SrO	对骨和肺有内照射危险
—89	54 d	1 443	1 443	1.5				
—90	28 d	44.4	44.4	8.7				
—91	9.7 h	1 887	358.9	0.0	14.6			
钡(Ba)	稳定	—	—	15.4		1 635	元素 Ba 转化为 BaO	对骨有内照射危险
—140	12.8 d	1 961	1 776	0.7	16.1			
锑(Sb)								
—125	2.7 a	1.48	1.52	0.10	0.10	1 640	元素 Sb 或 Sb_2O_3	对呼吸道、肺、全身和骨有内照射危险
难熔性（Ⅴ组）								
钐(Sm)	稳定			5.2		1 602	元素 Sm 转化为 Sm_2O_3	对骨、肺和呼吸道有内照射危险
—151	93 a	0.37	0.37	0.42				
—153	47 h	51.8	37	0.003				
—156	～10 h	3.7	0.74	0.00	5.6			
钷(Pm)							元素 Pm 转化为 Pm_2O_3	对骨、肺和呼吸道有内照射危险
—147	2.6 a	177.6	177.6	5.0	5.0	(2 700)		
—149	54 h	436.6	321.9	0.020				
镨(Pr)	稳定			11.4		(3 020)	元素 Pr 转化为 Pr_2O_3	对呼吸道有内照射危险
—143	13.7 d	1 924	1 665	0.8				
—145	6 h	1 332	86.58	0.01	12.2			
钇(y)	稳定			4.9		2 783	元素 Y 转化为 Y_2O_3	对呼吸道有内照射危险
—90	64.5 h	44.4	33.3	0.002				
—91	58 d	1 961	1 939	2.2				
—92	3.6 h	1 946	18.5	0.006	7.1			
钕(Nd)	稳定			39.9	40.2	3 090	元素 Nd 转化为 Nd_2O_3	对呼吸道、肝和肺有内照射危险
—147	11.3	858.4	740	0.3				

续表

核　素	半衰期	放射性/(TBq/MW)(辐照一年)[1]		总质量/(g/MW)(辐照一年)		沸　点/℃	释放和转移的可能形式[2]	对人体的危害
		停堆时	停堆一年后	核　素	元　素			
难熔性(V)								
镧(La)	稳定			12.9		3 370	元素 La 转化为 La_2O_3	对呼吸道有内照射危险
—140	40 h	1 998	1 332	0.1	13.0			
铈(Ce)	稳定	—	—	23.9		3 470	元素 Ce 转化为 Ce_2O_3	对骨、肝和肺有内照射危险
—141	32 d	2 046	2 046	1.8				
—143	33 h	1998	1221	0.053				
—144	290 d	1110	1110	9.5	35.3			
锆(Zr)	稳定	—	—	43.5	45.9	4 325	元素 Zr 转化为 ZrO_2	对呼吸道、肺和全身有内照射危险
—95	63 d	1 961	1 961	2.4				
铌(Nb)	稳定			0.0		4 930	元素 Nb 转化为 Nb_2O_5	对呼吸道、骨、肺和全身有内照射危险
95 m	90 h	18.5	18.5	0.001				
95	35 a	1 961	1 961	1.3	1.3			

注：1) 热中子注量率 5×10^{12} n/($cm^2\cdot s$)；

2) 系指在典型事故条件下最为可能的形式。

表 6-2 给出了一个 100 万 kW 水冷堆换料前堆芯放射性活度累积量。

表 6-2　堆芯放射性活度累积量

裂变产物		锕系元素	
放射性元素	累积量/EBq	放射性元素	累积量/EBq
^3H	1.11×10^{-2}	U	67.19
Kr	12.02	Pu	1.29
Xe	25.16	Am	4.22×10^{-2}
Cs	22.02	其　他	65.16
Sr	19.46	合　计	133.7
I	37.63	结构材料活化产物	
Zr, Nb, Mo, Tc, Ru, Rb, Pb, Ag, Cd, In, Sn, Sb	69.60	Cr, Mn, Fe, Co, Ni, Zr, Nb, Sb	0.477
稀土元素	153.18	三项总计	596.58
其　他	123.32		
合　计	462.40		

在所有的裂变产物中，只有氚能够在一定温度下穿透燃料包壳进入冷却剂。大多数压

水堆锆包壳燃料元件的破损率在千分之几以下，不锈钢包壳燃料元件的破损率还要低些。通常，氧化物燃料（UO_2、PuO_2）穿过破损孔隙进入冷却剂的量极低，不会造成污染。但是，许多裂变产物能够通过这些孔隙进入冷却剂。此外，在燃料元件的制造过程中，不可避免地会有极少量的铀、钚燃料黏附在包壳的外表，而且堆芯结构材料本身也含有微量的天然铀，它们也参加裂变反应，其裂变产物会直接进入冷却剂。如表 6-3、表 6-4 所示。

表 6-3　裂变产物和活化腐蚀产物进入冷却剂的量*

核　素	放射性量/(GBq/a)	核　素	放射性量/(GBq/a)
^{51}Cr	11.5	^{95}Nb	65.1
^{54}Mn	37.7	^{99}Mo	48.8×10^{4}
^{56}Mn	1 028.6	^{132}Te	27.2×10^{3}
^{59}Fe	61.1	^{131}I	25.8×10^{4}
^{58}Co	1 147	^{132}I	10.9×10^{3}
^{60}Co	135.4	^{133}I	20.0×10^{4}
^{89}Sr	354.1	^{134}I	839.9
^{90}Sr	224.2	^{135}I	10.1×10^{4}
^{91}Sr	96.9	^{134}Cs	23.8×10^{3}
^{90}Y	41.4	^{136}Cs	32.6×10^{2}
^{91}Y	821.4	^{137}Cs	17.8×10^{4}
^{92}Y	199.8	^{140}Ba	88.8
^{95}Zr	65.9	^{140}La	91.4
^{97}Zr	42.2	^{144}Ce	304.5

注：* 元件破损率为 0.25%。

表 6-4　压水堆冷却剂的放射性比活度

（电功率 100 万 kW；冷却温度 303 ℃；燃料破损率 1%）

惰性气体裂变产物		非惰性气体裂变产物	
核　素	kBq/ml	核　素	Bq/ml
^{85}Kr	41.1	^{84}Br	1.11×10^{3}
^{85m}Kr	54.0	^{88}Rb	9.47×10^{4}
^{87}Kr	32.2	^{89}Rb	2.48×10^{3}
^{88}Kr	95.5	^{89}Sr	93.24
^{133}Xe	6 438	^{90}Sr	1.64
^{133m}Xe	72.9	^{90}Y	1.99
^{135m}Xe	5.2	^{91}Y	16.54
^{138}Xe	13.3	^{92}Sr	20.83
合　计	6 752	^{92}Y	20.50
活化腐蚀产物		^{95}Zr	18.65
核　素	hBq/ml	^{95}Nb	17.39
		^{90}Mo	7.81×10^{4}
^{54}Mn	1.55	^{131}I	5.74×10^{4}
^{56}Mn	8.14	^{132}Te	6.29×10^{3}
^{58}Co	3.00	^{132}I	2.29×10^{4}
^{59}Fe	0.67	^{133}I	9.44×10^{4}
^{60}Co	0.52	^{134}Te	8.14×10^{2}
		^{134}I	1.44×10^{4}
		^{134}Cs	2.59×10^{3}
		^{135}I	5.18×10^{4}
		^{136}Cs	1.22×10^{4}
		^{137}Cs	1.59×10^{4}
		^{138}Cs	1.78×10^{4}
		^{144}Cs	8.51
		^{144}Pr	8.51
合　计	13.9	合　计	4.73×10^{5}

燃料中裂变产物的释放，取决于它们的物理化学状态，而后者又受燃料特性和运行条件的影响，但直接鉴定反应堆运行条件下裂变产物的状态是十分困难的。对辐照后燃料的试验结果表明：产额很高的稀土元素能和 UO_2燃料的试验基体生成固溶体；贵金属 Ru；Rh，以及 Pb 等虽不溶于 UO_2，但具有相当高的迁移特性；裂变产物气体和挥发性元素很难被燃料基体包容；Cs、Rb、I 和 Br 在高温下的行为与裂变气体非常相近。这些试验是在燃料冷却后进行的，并不能反映实际运行下的情况。但运用物理化学的基本理论可以对运行条件下燃料中裂变产物的存在形态作出判断。裂变产物的挥发性直接反映了裂变产物的释放性能，裂变产物的生成自由能反映裂变产物在特定条件下的可能存在形式。挥发性不高的裂变产物即使扩散到了燃料锭片的边缘，也难以释放出来，可以根据元素周期表将表中未列出的裂变产物归类；如碱金属 Rb 和 Cs 相似，卤素 Br 与 I(碘)相似等。因此，具有最大挥发性而又不和任何元素化合的惰性气体的释放速度最大；碱金属 Rb 和 Cs 的氧化物在高温下不稳定，在没有多余氧存在时将以元素态出现。元素态碱金属的蒸汽压较高[在 1 000 ℃时为 1.33×10^6 Pa(10^4 mmHg)]从而也具有较高的释放速率。卤素碘、溴与重金属的化合物很不稳定，它们与其他裂变产物生成稳定化合物的概率也很小，故主要以元素态出现。卤素的蒸汽压仅次于惰性气体，故也有很高的释放速率。元素态碱土金属 Sr、Ba 的挥发性较高，但它们的氧化物自由能比燃料金属负得更多，故可能夺取燃料元件中的氧而生成氧化物，因而变得难以挥发。而 Mo、Ru 等元素则相反，其氧化物的挥发性是较高的，但氧化物的自由能负的不多，故在高温下的挥发性取决于它们的氧化态。Te 及其氧化物都具有较高的挥发性，因而释放率较高。稀土元素和 Zr 及它们的氧化物挥发性都很低，所以释放率低。实验测得的数据基本上符合上述规律。应该指出，不应忽视裂变产物衰变的影响，有些核素本身的挥发性很低，但它们的母体却是挥发性的，例如冷却剂中的 Ba、Sr 本身不易挥发，但它们却是由易挥发的 Kr、Xe 衰变而来。

运行结果表明，释放量最大的裂变产物是惰性气体、卤素和碱金属核素，其次是 Mo、Te 等具有高挥发性氧化物的核素，碱土金属 Sr 和 Ba 的释放量也很小，稀土元素和 Zn 的释放量最低。

6.1.2 裂变产物在水溶液中的行为

6.1.2.1 冷却剂中裂变产物放射性活度

冷却剂中裂变产物放射性活度的大小取决于三个因素：裂变产物从燃料中的逃逸率；核素的衰变率；净化系统的净化作用。裂变产物的沉积以及泄漏造成冷却剂中裂变产物的损失。因为这三个因素变化范围很宽，所以裂变产物在冷却剂中的变化范围也随之加大。表 6-4 中列出一个有代表性的百万千瓦级压水堆冷却剂的平衡放射性活度，也列出了活化腐蚀产物的放射性活度。表 6-5 给出了压水堆冷却剂中发生的核反应及产物特性。

表 6-5 压水堆冷却剂中发生的核反应及产物特性

中子反应	反应物在冷却剂中的存在	热中子截面/b	反应生成物		
			放射性类型	半 衰 期	主要 γ 能量/MeV
$^2H(n,\gamma)^3H$	天然 ^2H	0.000 5	β	12.26 a	无 γ

续表

中子反应	反应物在冷却剂中的存在	热中子截面/b	反应生成物		
			放射性类型	半衰期	主要 γ 能量/MeV
$^{6}Li(n,\alpha)^{3}H$	pH 控制剂	940	β	12.26 a	无 γ
$^{10}B(n,\alpha)^{7}Li$	可溶性中子吸收剂	3 837	稳定		
$^{14}N(n,p)^{14}C$	溶解空气，联氨分解物	1.81	β	5 730 a	
$^{18}O(n,p)^{18}F$	溶解空气或腐蚀产物		β⁺，电子俘获	1.87 h	0.551
$^{16}O(n,p)^{16}N$	溶解空气或腐蚀产物	0.019×10⁻³	β，γ	7.14 s	7.11
$^{23}Na(n,\gamma)^{24}Na$	杂质	0.53	β，γ	14.96 h	1.369
$^{36}Ar(n,\gamma)^{37}Ar$	溶解空气	6		35 d	
$^{40}Ar(n,\gamma)^{41}Ar$	溶解空气	0.65	β，γ	1.83 h	1.293
$^{41}K(n,\gamma)^{42}K$	pH 控制剂	1.48	β，γ	12.36 h	1.524
$^{50}Cr(n,\gamma)^{51}Cr$	腐蚀产物	16	电子俘获	27.8 d	0.320
$^{54}Cr(n,\gamma)^{55}Cr$	腐蚀产物	0.38	β	3.52 min	1.528
$^{55}Mn(n,\gamma)^{56}Mn$	腐蚀产物	13.3	β，γ	2.57 h	0.846
$^{54}Fe(n,\gamma)^{55}Fe$	腐蚀产物	2.5	电子俘获	2.6 a	0.23
$^{58}Fe(n,\gamma)^{59}Fe$	腐蚀产物	1.14	β，γ	45.6 d	61.292
$^{59}Co(n,\gamma)^{60m}Co$	腐蚀产物	19.9	β，γ	10.5 min	0.058 5
$^{59}Co(n,\gamma)^{60}Co$	腐蚀产物	37.5	β，γ	5.26 a	1.332
$^{58}Ni(n,\gamma)^{59}Ni$	腐蚀产物	4.4	电子俘获	8×10⁴ a	无 γ
$^{62}Ni(n,\gamma)^{63}Ni$	腐蚀产物	15	β	100 a	无 γ
$^{64}Ni(n,\gamma)^{65}Ni$	腐蚀产物	1.5	β，γ	2.564 h	1.481
$^{94}Zr(n,\gamma)^{95}Zr$	腐蚀产物	0.08	β，γ	63.9 d	0.756
$^{96}Zr(n,\gamma)^{97}Zr$	腐蚀产物	0.05	β，γ	17 h	0.743

图 6-1 是实测的压水堆冷却剂中裂变产物 γ 能谱图。从图 6-1 中可见，冷却剂中的放射性主要由惰性气体(占 90%以上)、碘(占 3%以上)、铷(占 1%)、钼(约占 1%)和铯(小于 1%)提供的。通过对冷却剂放射性组分的分析，可以判断燃料元件破损情况，这正是对燃料元件监测的主要方法之一。

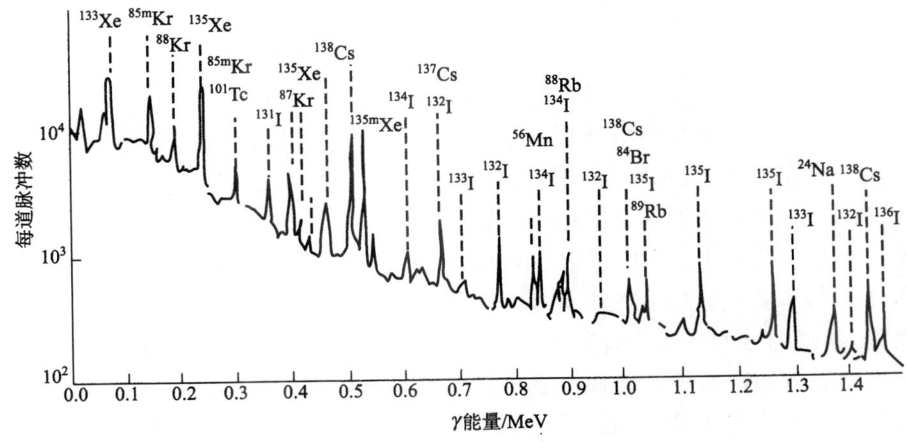

图 6-1　用锗锂探头测得冷却剂的 γ 能谱图(取样 10 min 后测量 100 s)

腐蚀产物常以沉淀形式附着在管壁上。表 6-5 中援引了压水堆冷却剂中所发生的核反应及产物特征，且主要是腐蚀产物的活化。沉积作用因核素和金属表面状况的不同而有很大差异。如裂变产物在不锈钢表面的沉积率比碳钢表面高，见表 6-6。在未氧化表面的沉积率又比在氧化表面高，这些核素尤其易于在镍基合金表面沉积。

表 6-6　裂变产物在不锈钢和碳钢表面的沉积

核　素	沉积量，裂变/(min·cm^2)	
	中碳钢	不锈钢
^{140}Ba	1.6×10^2	2.2×10^3
^{132}Te	1.1×10^3	7.2×10^3
^{144}Ce	1.7×10^3	7.3×10^3

沉积作用与冷却剂温度关系也很密切。一般说来，温度升高、溶解度也随之增加，部分沉积物溶解。^{95}Zr 、^{140}Ba 在较冷表面的沉积量比在较热的表面分别高出 71 倍和 14 倍。温度对 Cs 的沉积几乎没影响。但碘和钼等能以阴离子状态存在的核素的沉积量却随温度升高而增加。

总的说来，裂变产物的沉积对设备内表面的放射性的积累是有限的，大多数沉积裂变产物半衰期也较短。相反，活化腐蚀产物的沉积较严重，半衰期也较长。因此，在回路放空检修时发现设备表面沉积膜中活化腐蚀产物的放射性活度比裂变产物要高得多。

6.1.2.2　冷却剂中的裂变产物

(1) 冷却剂中的放射性碘

放射性碘在冷却剂中的浓度较高，易挥发 I_2，在 0 ℃和 13.6 ℃时的蒸汽压分别为 41.3 Pa(相当 0.31 mmHg)和 1.21×10^4 Pa(相当 90.5 mmHg)，对人体的危害也大。放射防护规定指出，^{131}I 在放射性工作场所的空气中的限制浓度为 0.33 Bq/L，对^{129}I 的要求还要严些。还有^{90}Sr 要求比碘还严，但它在冷却剂中浓度较低，不挥发，易除去。放射性碘在压水堆电厂的安全防护中占有重要地位。

碘是一种具有多价态的元素(由 +7 到 −1)，元素碘易被还原成碘化物或氧化成碘酸。如：

$$I_2+2Na_2S_2O_3 \longrightarrow 2NaI+Na_2S_4O_6$$

$$3I_2+6Ag+3H_2O \longrightarrow 5AgI+AgIO_3+6H^+$$

这些氧化还原反应常被用来测定溶液中的碘浓度，以及固定液体或气体当中的游离碘。通常为避免碘的挥发，应该选择高 pH 值还原条件。部分碘还可能以有机化合物形态存在(主要是 CH_3I)，它们对辐射安全带来一定影响。

在水冷堆化学工艺中，碘在气(或汽)液两相的分配是一个十分重要的研究课题，在进行多种工艺计算和环境分析时都要涉及这方面的数据。由于冷却剂中碘的浓度很低，在这样的低浓度下，求得的分配系数误差很大。一般认为，只有元素态碘的挥发具有实际意义，而其余各种水解态碘的挥发可以忽视。碘核素在气液两相的分配系数(即在平衡状态下，核素在液相与气相中的浓度比，$K_{分}$)随溶液 pH 值的增加和碘浓度的降低而升高。在压水堆水溶液中(pH>5，碘浓度<10^{-10} mol/L)，碘的分配系数 $K_{分}$ 大于 10^4。在发生反应堆失水事

故时，喷淋液中的 NaOH 大大提高了碘的分配系数，硼酸对碘的分配系数影响太大，有机碘的挥发要比元素碘大得多。随着碘浓度的降低以及溶液温度的升高，碘的水解加剧(水解产物主要是 HIO、IO_3^- 等)，当温度高于 100 ℃，碘浓度低于 10^{-5} mol/L 时，水解率达到 100%。这时 HIO 成为碘的主要挥发形态。

当废液蒸发器中压力为 1.2 kg/cm^2，pH 值为 7.5～8.0，碘浓度低于 10^{-4} mol/L 时，分配系数也在 10^4 以上。实际上，蒸发过程中的雾沫夹带也能造成碘向蒸汽中的转移，并且往往成为蒸汽被碘污染的主要原因，所以应同时考虑挥发与雾沫夹带的影响。

(2) 冷却剂中的惰性气体裂变产物

在所有的裂变产物中，惰性气体在冷却剂中浓度最高。在压水反应堆特定的条件下，除了贮存和衰变外，尚无合适的方法固定这些气体，以避免它们进入环境。长半衰期的 ^{85}Kr ($T_{1/2}$ = 10.8 a)和较长半衰期的 ^{133}Xe ($T_{1/2}$ = 5.27 d)就成为压水堆核电厂环境污染的主要来源。另外，放射性惰性气体对人体危害相对来说要小得多，它们在放射性工作场所最大允许浓度为 37 Bq/L，比放射性碘高 100 倍。惰性气体裂变产物在水中的浓度非常低(约 10^{-9} mol/L)，如果没有其他的气体载带或特殊的除气方法，逸出速度是非常缓慢的。尽管如此，在实际工作中当涉及放射性气体在气液两相的分配时，往往认为它们全部转入气相。

(3) 冷却剂中的其他裂变产物

冷却剂中还有长半衰期的核素 ^{137}Cs ($T_{1/2}$ = 30 a)和短半衰期的 ^{139}Ba ($T_{1/2}$ = 85 min)。通常压水堆均设有净化装置，用过滤和离子交换的方法，连续地用分流的办法净化除去。使它们维持到一个允许的水平。有关裂变产物的生成量及特性见表 6-1。

6.1.3　燃料元件的破损监测

6.1.3.1　概述

除高温气冷堆采用涂敷颗粒燃料外，反应堆一般均使用带有金属包壳的核燃料。包壳的主要作用是包覆燃料芯块防止冷却剂对燃料的化学腐蚀；包容放射性裂变产物，防止燃料和裂变产物进入冷却剂中。但是，即使在核燃料元件加工过程中采取严密的检验措施，确保燃料元件出厂的质量。但在运输和安装过程中还可能会发生意外的机械损伤。特别是燃料元件在堆内所处的工作环境十分恶劣，它既受到高温、高压、高辐射的作用，还受到冷却剂冲刷的振动。这一切都有可能引起燃料元件包壳的破损。

核燃料元件包壳破损，将导致核燃料及其裂变产物漏入冷却剂中，给反应堆厂区带来污染，甚至影响周围环境。所以，及时发现元件包壳是否破损，以及破损元件的定位对提高反应堆运行的安全性和经济性，防止发生放射性污染事故就显得十分重要。

6.1.3.2　燃料元件包壳破损监测方法

如上所述，如果核燃料元件包壳破损，冷却剂中裂变产物的浓度就会增加。所以，只要测定冷却剂中裂变产物浓度就能判别元件包壳破损的程度。监测的方法大致有：γ 辐射探测法、缓发中子辐射探测法、裂变气体的固体子代产物沉淀法、离子交换法、自动气体色层谱分析法、过滤器分离裂变产物法等。反应堆类型不同，所采用的监测方法也不完全相同，应按具体情况选择。下面仅对几种常用的方法加以描述。

(1) 缓发中子辐射探测法

^{235}U 裂变时产生的瞬发中子占中子总数的99.3%，另外还有约0.7%的缓发中子。例如，裂变碎片^{87}Br($T_{1/2}=54.3$ s)和^{137}I($T_{1/2}=21.7$ s)衰变时就会发射缓发中子。因此，测定冷却剂样品中^{87}Br和^{137}I所发射的缓发中子数目，可以推定是否有核燃料元件包壳发生破损。

$$^{87}Br \longrightarrow ^{86}Kr + n$$

$$^{137}I \longrightarrow ^{136}Xe + n$$

缓发中子用BF_3正比计数管测量，为提高测量效率，计数管用慢化材料(石蜡或聚乙烯)包覆。BF_3测量装置放入取冷却剂样品流的螺旋形管的中心。这样，当燃料包壳破损后带有裂变产物^{87}Br和^{137}I的冷却剂流入螺旋形管，由碎片发射的缓发中子需经过慢化材料慢化后到达BF_3计数管。

为提高测量的精确度，必须把由裂变产物释放的中子与反应堆中因其他方式产生的中子区分开来。在以水作为冷却剂的反应堆中，水中含的^{17}O受中子照射后发生下列反应：

$$^{17}O + n \longrightarrow ^{17}N + p$$

$$^{17}N \longrightarrow ^{16}N + n \qquad T_{1/2}=4.11 \text{ s}$$

^{17}O释放中子的半衰期为4.11 s。为了消除这类中子的影响，就需要延迟冷却剂样品流的时间，所以一般将监测点布设在冷却剂自反应堆出口流经1～1.5 min的地方。使半衰期为4.11 s的核素^{17}O得到充分的衰减。在以重水作为冷却剂的反应堆中，还必须考虑高能γ射线与重水作用产生的光中子所造成的本底影响，可采用屏蔽办法来解决。

(2) γ辐射探测法

γ辐射探测法就是测量冷却剂中裂变产物衰变时发射的总γ活度，又称总γ法。通常可把G-M计数管或NaI闪烁计数管直接布设在一回路冷却剂管道旁边，测出冷却剂中的γ活度。这种测量方法简单，灵敏度高，但受本底影响严重。为此，测量中必须把裂变产物衰变的γ射线从本底中区分出来。

环境中的γ本底可以通过加强对测量装置屏蔽的办法来解决。冷却剂中存在许多种半衰期不同的先驱核素(母体)，它们衰变的γ辐射对监测装置的灵敏度影响是不相同的。半衰期大于1～2 h的核素的影响可以不考虑。测量中主要应消除短寿命核素的影响。常用的办法是把监测点设置在距反应堆冷却剂出口的适当的位置上，以使冷却剂自堆出口至监测点有足够的流经时间，使那些短寿命核素衰减掉。例如，以水作为冷却剂的反应堆，影响测量精度的主要核素是^{16}N，它的半衰期为7.4 s，如果将监测点设置在冷却剂自堆出口至流经2～2.5 min左右的位置处，那么，^{16}N的影响就被消除。

采用先进的测量方法也可以消除γ本底的影响。例如采用高分辨率的锗(锂)γ谱仪测出低能γ射线，进而判别元件包壳是否破损。它是将冷却剂引入延迟回路，对能量为0.03～0.3 MeV间的γ射线进行扫描。测定裂变碎片^{239}Np的γ射线(0.1 MeV)和^{133}Xe的γ射线(0.08 MeV)。

监测点也可以设置在离子交换器后面。例如，在压水堆中，往往在化容系统的净化离子交换器之后、容积控制箱之前的管路上设置第二个监测点。由于样品水经过离子交换器的净化，大部分腐蚀产物和固态裂变产物已被除去，剩下的放射性物质主要是气态裂变产物Kr、Xe，这样本底影响就很低了。

（3）裂变气体及其子代产物的测量法

燃料元件包壳破损后，有一部分裂变气体 Xe、Kr 经破口进入冷却剂中。所以，只要能从冷却剂中测出 Xe 和 Kr 的浓度，或测出它们的子代产物就能发现元件包壳的破损。这种方法的灵敏度高，是气冷堆和水冷堆常用的方法之一。

反应堆堆型不同，裂变气体贮存的场所也不同。对堆芯具有覆盖气体层的反应堆，裂变气体混入覆盖气中。沸水堆的裂变气体绝大部分贮存在冷凝器中，而气冷堆和压水堆的裂变气体绝大部分保存在一回路冷却剂中。所以，对水冷却反应堆而言，还必须在冷却剂取样回路上加一级用氮气作载体的气水分离装置。一般可用 G-M 计数管或 NaI 闪烁计数管直接测量被收集气体的 β 或 γ 放射性。

裂变气体 Kr 进行 β 衰变，形成固态带正电荷的 Rb 和 Cs，它们进一步 β 衰变将形成 Sr 和 Ba。由于 β 射线的射程很短，所以不能像缓发中子法和总 γ 法那样直接测量冷却剂中的比放射性。因而，有必要采用适当的方法把裂变气体及其子代产物浓集起来，以便与冷却剂的辐射本底区别开来。然后用 G-M 计数管测量子代产物 Rb 和 Cs 的 β 放射性。

上述方法都是在运行中取冷却剂水进行检测的。在实际运行中，由于元件破损率难以定量测定，因此，现在有的反应堆中已不再用破损率概念，而采用一回路水的放射性水平（其中有一部分系腐蚀产物的贡献）作为衡量标准，例如，目前美国限制一回路水放射性小于 7.4×10^{12} Bq/m^3，法国安全委员会规定，当压水堆一回路水达到 1.85×10^{12} Bq/m^3 时，即需停堆。

（4）破损燃料组件的探测

加强对核燃料组件的破损探测，及时发现隐患，是提高燃料利用率的一个重要措施。核电厂设有燃料元件破损监测系统，监督燃料组件的正常运行。

当发现运行中的反应堆发生燃料元件破损现象时，可利用中子注量率密度倾斜法，判断出破损元件在堆芯内的大致位置。它的原理是：在一定功率下运行着的反应堆，若抽出任意的一个控制棒组件，则不仅使抽出部位的中子注量率密度倾斜，而且形成中子注量率密度峰；如果所抽出控制棒组件附近有破损燃料元件的话，由于那里的高中子注量率密度将使核反应加剧。这样，裂变产物的产量以及从包壳破损处放出的裂变产物的量也更多，由此可以确定出破损燃料组件的大致位置。

注量倾斜法存在的问题是：测定时需要降低功率，然后分区抽出控制棒组件，而每一次拔出控制棒组件，观察一回路系统冷却剂水放射性的有无增加约需 30 min 以上的时间。有时甚至要使反应堆先停堆，然后再启动时进行测量。

6.2　PWR 中的辐射场来源

压水堆核电厂的辐射场受多种因素影响，如：

① 核电厂的运行方式；

② 停堆化学规程；

③ 运行时化学控制；

④ 核电厂的结构材料和运行时间等。

压水堆辐射场的主要长寿命放射源是由 ^{59}Co 俘获中子生成的 ^{60}Co。对堆芯外辐射场第两大贡献者是^{58}Ni与快中子的(n,p)反应形成的^{58}Co放射源。一回路冷却剂中镍含量的主要来源是因科镍-600合金蒸汽发生器传热管的腐蚀产物。钴的主要来源是因科镍-600。合金作为杂质存在的钴随腐蚀产物释放于冷却剂中，现在美国、法国和日本等国逐渐以因科镍-690合金替代600合金作为压水堆蒸汽发生器传热管的材料。很重要的一个因素就是为了降低合金中钴含量，从而降低堆芯外辐射场的剂量水平。钴的其他来源是控制棒驱动机构，反应堆冷却剂主泵和阀门等高钴合金材料以及不锈钢和压力容器堆内部件材料中钴杂质，由于其腐蚀释放于冷却剂中。腐蚀过程使释放进入冷却剂中的钴和镍沉积于燃料包壳表面，俘获中子形成的活化产物^{58}Co和^{60}Co又逐渐从燃料包壳表面剥落，进入冷却剂中，并以可溶的、不溶的或胶体的形式随冷却剂循环于回路。虽然一回路化容系统的净化除去部分活化产物，但是仍有相当部分的活化腐蚀产物进入系统表面上的腐蚀膜内，从而导致堆芯外辐射场的积累。^{58}Co是核电厂运行初期时的辐射场主要贡献者。正如图6-2所示，随着核电厂反应堆运行堆年的增加，^{60}Co逐渐成为辐射场的主要贡献者。

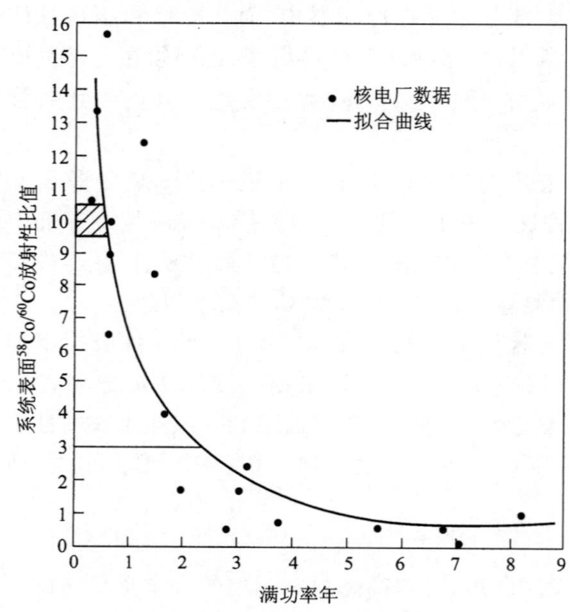

图6-2 蒸汽发生器传热管$^{58}Co/^{60}Co$放射性比值与满功率年的关系

表6-7列出法国典型压水反应堆堆芯外辐射场的主要放射性核素组分和它们对放射性积累的贡献。

表6-7 法国压水堆构成剂量率的主要放射性源

放射性来源	对辐射场贡献
中子+^{16}N	5%
活化的核素	5%
裂变产物	5%
活化腐蚀产物	
^{60}Co	60%
^{58}Co	15%
其他腐蚀产物	10%

以上情况表明，主冷却剂化学和一回路系统设备结构材料是影响辐射场积累的主要因素。另外，从核电厂运行历史看，功率变化及启、停堆次数也影响辐射场的积累。

6.3　辐射场的化学控制

6.3.1　冷却剂化学对辐射场的控制

6.3.1.1　^{58}Co 和 ^{60}Co 的形成

压水堆辐射场主要贡献者是由 ^{59}Co 俘获中子生成的长寿命放射源 ^{60}Co。钴的主要来源是因科镍-600 合金作为杂质存在的钴随腐蚀产物释放于冷却剂中，进入冷却剂中的钴和镍沉积于燃料包壳表面，俘获中子形成的活化产物 ^{58}Co 和 ^{60}Co 又逐渐从燃料包壳表面剥落，进入冷却剂中，并以可溶的、不溶的或胶体的形式随冷却剂循环于回路。相当部分的活化腐蚀产物进入系统表面上的腐蚀膜内，从而导致堆芯外辐射场的积累。随着核电厂单个换料运行周期的不断延长、堆芯内辐射产物的不断累积、设备老化所带来的安全等级下降等问题日益凸现，核电厂辐射防护工作者在新形势下面临更多的挑战，重要的是如何控制和降低核电厂辐射场剂量。在核电厂的压水堆正常运行工况下，裂变产物的产生、腐蚀产物被活化及辐射场的形成是不可避免的，要控制压水堆核电厂辐射场使其降至最低，就要研究活化腐蚀产物和放射性源项在冷却剂中的行为，找出控制辐射场的途径，避免或减少辐射场造成的危害。

6.3.1.2　压水堆堆芯外辐射场积累的影响因素

压水堆结构材料具有良好的耐腐蚀性能，但由于冷却剂对材料的浸润表面非常大，即使腐蚀速率很小，腐蚀产物的总量仍然相当可观。腐蚀产物经过堆芯，或在堆芯沉积还可被中子活化，通过活化腐蚀产物向堆芯外的迁移与沉积，是形成核电厂辐射场主要贡献因素。即活化腐蚀产物是反应堆系统维护和检修的主要辐射威胁。对此要给予足够的重视，尽可能地减少腐蚀产物的生成。

6.3.1.3　压水堆堆芯外辐射场的控制

（1）冷却剂化学可控制的参数

虽然核电厂的许多运行和设计因素对压水堆堆芯外辐射场的积累有重大影响，但对核电厂化学工作者来说仅可控制的就是主冷却剂化学。即使在此领域由于受到堆的反应性和有关技术指标的约束可调节余地也有限。事实上，冷却剂化学中可控制的参数就是锂浓度，其结果就是控制冷却剂的 pH 值。冷却剂化学另外一个可控制的参数就是氢浓度，氢浓度的下限值基于可抑制水辐射分解产生的氧量，氢浓度的上限值基于对燃料包壳一回路水侧应力腐蚀开裂的影响。因此，在运行过程中冷却剂中氢浓度可调范围不大。

（2）控制冷却剂 pH 值的作用

因为调节冷却剂中锂浓度就是控制冷却剂 pH 值。从研究结果和运行经验表明：维持冷却剂较高 pH 值，能降低因科镍-600 合金蒸汽发生器传热管的腐蚀速率。因此，改变冷却剂 pH 值可严重影响腐蚀产物在燃料包壳表面上的沉积量，也就是影响产生放射性的量。因为随后这些沉积物被活化，并释放进入堆芯外系统表面上的腐蚀膜内成为辐射场的主要贡献者。所以选定既能降低堆芯外辐射场剂量，又不危害燃料包壳完整性的冷却剂 pH 值是一个长期深入探索的课题。

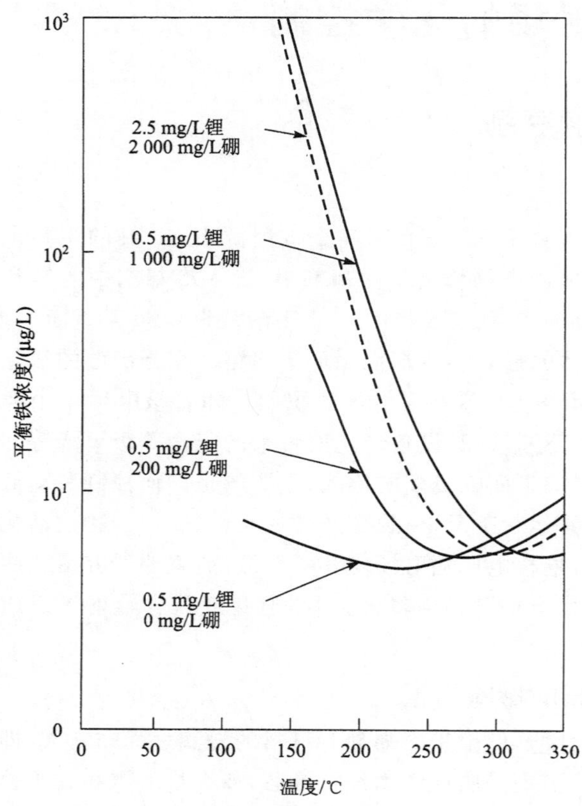

图 6-3 四氧化三铁溶解度随不同冷却剂化学条件和温度的变化关系

如硼浓度一定时提高冷却剂中锂含量，即提高冷却剂 pH 值。首先将会降低结构材料的腐蚀速率如腐蚀产物的释放率，其次，pH 值的变化将会影响以离子、胶体和悬浮物形态存在于冷却剂中的腐蚀产物的转移。虽然冷却剂的 pH 值对胶体和悬浮物转移的影响没有可论证的定量数据，不过冷却剂的 pH 值对胶体形态的腐蚀产物吸着钴有很大影响，如降低冷却剂的 pH 值，则钴将从胶体上解吸。四氧化三铁和含镍或钴的四氧化三铁（有时称之为尖晶石，$Fe_{3-x}Ni_xO_4$ 或 $Fe_{3-x}Co_xO_4$）的溶解度是冷却剂温度和 pH 值的函数，上述种类的腐蚀产物在不同冷却剂化学条件下的溶解度，如图 6-3 所示。

图 6-3 中同时表示在几种不同硼锂配比浓度下与四氧化三铁相平衡下的铁的溶解度。图上表明：每一组硼锂浓度配比下，都有在特定温度下的最小溶解度。在最小溶解度曲线的左边四氧化三铁（Magnetite）的溶解度随冷却剂温度增加而减少，称之为溶解度的负温度系数，在最小溶解度曲线的右边，四氧化三铁的溶解度随冷却剂温度的升高而增加，人们就利用四氧化三铁在冷却剂中溶解度的特性选定适宜的冷却剂 pH 值，使附在一回路系统冷段部分表面的腐蚀产物尽可能少地溶解于冷却剂中，也就减少腐蚀产物向堆芯的转移。另外，堆芯冷却剂温度为 320 ℃，压水堆燃料包壳外表面在正常工况下＜345 ℃，四氧化三铁的溶解度在冷却剂温度 320 ℃下就大为增加，沉积在燃料包壳表面上的腐蚀产物就可较快地剥落于冷却剂中，减少腐蚀产物活化的份额，这不仅可降低堆芯外辐射场的积累，并可改善燃料组件的传热条件。

1）B-Li 图　在根据反应性要求的硼浓度下，选定溶有 25 ml H_2/kgH_2O 的冷却剂，温度为 280 ℃（正常堆芯冷却剂入口温度）时，对应四氧化三铁溶解度最小值的锂浓度，如图 6-4（B-Li 图）所示。如在反应堆运行时，当冷却剂的锂浓度高于图中曲线所限锂量（即与四氧化三铁溶解度相平衡时锂量），沉积于堆芯燃料包壳表面上的铁量可以认为不会构成危害，而且使得堆芯外回路系统的放射性水平是可接受的。

过去，拟定主冷却剂技术规范中锂浓度限值，是基于蒸汽发生器传热管和回路系统的腐蚀产物尽可能少地溶解，堆芯燃料包壳表面上的沉积也希望尽可能地避免。但都是以四氧化三铁（作为腐蚀产物）在不同 pH 值和温度的冷却剂中的溶解度数据为依据的。事实上，腐蚀产物是类似于含钴、镍的四氧化三铁，称之为铁酸镍。四氧化三铁溶解度特性如图 6-3

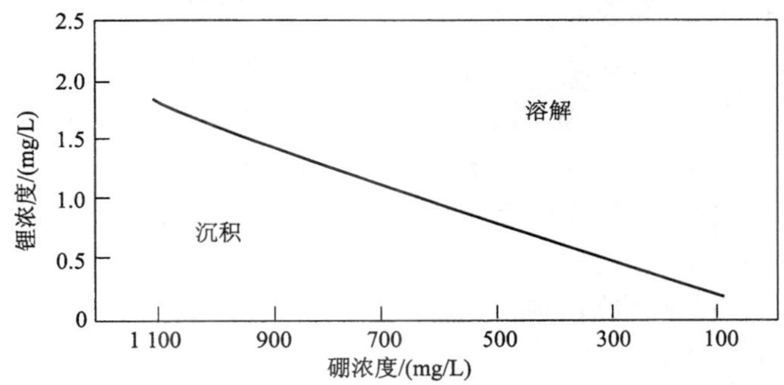

图 6-4　在温度为 285 ℃并溶有 25 ml H_2/kg H_2O 的不同硼浓度冷却剂中，为达到四氧化三铁最小溶解度所要求的锂含量

所示。根据图中所示数据，要防止腐蚀产物在堆芯内的沉积，在一定硼浓度下所要求的锂含量要高于图 6-4 所示的锂浓度。瑞典的 Ringhalls 核电厂和法国的核电厂都进行提高冷却剂 pH 值到 7.1～7.3(300 ℃)的运行试验，结果表明：堆芯外辐射场的剂量率降低，系统表面沉积的 ^{58}Co 和 ^{60}Co 放射性和燃料包壳表面腐蚀产物沉积量都相应的减少。

2) Crudsim 程序和 B-Li 图　国外从理论上探索开发来估算冷却剂 pH 值的变化对堆芯外放射性积累率的影响，如 Crudsim 程序是一个较简单的数学模型，可以确定冷却剂化学对核电厂辐射场积累的影响。该程序是以铁酸镍或铁酸钴的溶解度为依据的，按 Crudsim 程序预计，如将冷却剂的 pH 值提高到 7.5(300 ℃)，则可大为降低堆芯外辐射场的剂量，然而可预料到各个反应堆设计、结构布置和材料的不同，在堆芯燃料包壳上沉积的腐蚀产物量将有很大差异。而该程序还是个比较简单的计算程序，仅假定腐性产物铁酸镍溶解度达到平衡这一因素，而没有考虑胶体颗粒腐蚀产物转移因素、pH 值与材料腐蚀速率的关系和腐蚀产物从堆芯外系统表面释放率的关系等。目前世界上大多数 PWR 核电厂水化学控制是采用冷却剂 pH 值在整个燃料寿期内近似恒定在 6.9(300 ℃)，计算的 B-Li 图如图 6-5 所示。当冷却剂 pH 值取为 7.5 时，势必要使锂浓度增大较多，则人们更为关注在燃料包壳表面沉积的腐蚀产物(尤其是在泡沸石)上的浓集而危害元件的完整性问题。

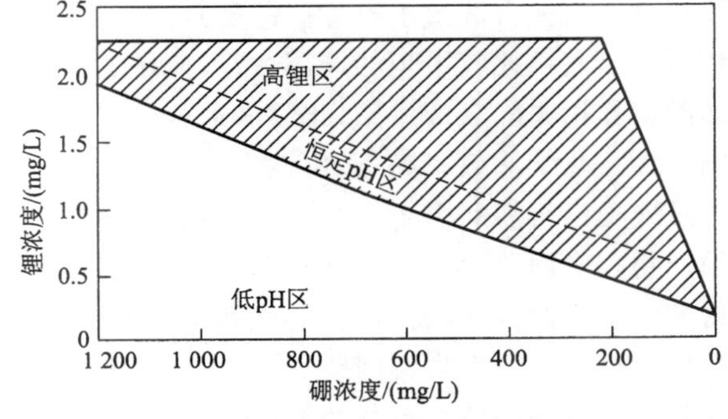

图 6-5　反应堆运行工况下的锂-硼配比(B-Li 图)

6.3.1.4　控制辐射源项的新技术

近年来，在轻水堆核电厂有关辐射源项控制技术所进行的一些创新、应用和发展情况，诸如一回路冷却剂稀有金属化学添加方法、锌注入技术、氧化运行和非化学法的燃料超声波净化技术等的研究和应用简述如下。

从 20 世纪 80 年代开始，开展了轻水堆核电厂源项控制方面的研究。根据取得的成果和研究的时段，可分为三个阶段：

第一阶段，通过提高一回路冷却剂氢浓度水平，来抑制冷却剂对堆内构件的腐蚀。但是该方法有一个明显的负效应，即堆芯内活化产物迁移到堆芯外路相关管道和辅助系统的放射性核素的数量大幅上升。为了抑制这个负面影响，实验电厂普遍采用提高一回路冷却剂的 pH 值和添加稀有金属的方法，来降低氢浓度升高使放射性核素向堆芯外迁移的影响。

第二阶段，从 20 世纪 90 年代中期开始，一些实验的压水堆和沸水堆电厂通过向一回路冷却剂注入浓度为 5～35 μg/L 的 Zn，来置换从堆芯释放到一回路冷却剂中的 ^{60}Co 和 ^{58}Co，从而间接地达到降低辐射场水平和保护堆芯材料的目的。该实验项目在美国、欧洲和南美等国家取得了初步的成功。

第三阶段，近年来，美国几座压水堆电厂在 18 个月换料周期内，尝试采用燃料组件超声波净化技术。需要指出的是这是一项非化学技术，即通过减少燃料组件表面的已腐蚀活化产物和待腐蚀活化产物，来达到控制一回路冷却剂中的源项的目的。该技术在美国几座实验电厂中取得了明显的效果。

6.3.2 系统设备的清洗与去污

6.3.2.1 系统设备的清洗与去污概述

核电厂设备的清洗包括对核反应堆蒸汽供给系统和对蒸汽发生器在内的蒸汽发电系统的清洗。也包括对核电厂中的其他系统、设备以及墙壁、地面、工具、仪表、防护用具的去污清洗。核电厂清洗的特点是它的污染物带有放射性。因此核电厂的清洗重要目的是通过清洗达到降低营运设施和人员受核辐射照射的剂量，保证生产和人员的安全。这里的“去污”是指除去放射性。

去污方法种类很多，可分为机械方法（物理清洗工艺）和化学方法两大类。核反应堆的许多设备有时采用机械方法清洗，如高压水冲洗、打磨、喷砂清洗等。一些设备零件常用超声波清洗。机械方法要求有专门的工具，如常用的是专用去污机、喷枪、刷子、砂轮等。机械方法适用于表面比较平坦的局部去污，应用的局限性大，效率不高。化学方法是利用化学制剂的溶解作用去除表面污染，化学法适合去除设备内表面污染，也可用于对核电厂的整个系统的去污。化学法效率高，适用性广。

反应堆运行期间需要去污，因为随着核电堆数目的增多和运行时间的增长，长寿命活化腐蚀产物在主回路内表面的沉积和裂变产物从燃料包壳破损处释放，使一回路设备周围的辐射剂量增高。活化腐蚀产物对检修工作的影响很大，有效地降低设备周围的剂量率，成了核电厂运行中的一个尖锐问题。一个核电厂运行了一定年限后，要进行整体去污。整体去污就是通过清洗使整个系统的放射性辐射场降低。例如，到一定时间要对整个蒸汽发生器系统进行一次全面的去污清洗，尤其是去除回路中内表面的污垢，使整个系统降低放射性辐射场。在可能的条件下应该建立周期性去污制度，限制辐照剂量的增长，从而限制人员的受照剂量。其中选择合理的去污周期十分重要。整个系统的周期性整体去污只能采用化学方法。

设备检修要去污。蒸汽发生器是核电厂的关键设备之一，其性能直接影响核电厂的运行。蒸汽发生器中有大量的薄壁传热管，常因腐蚀等原因而发生泄漏。由于一、二回路的压差很大，细小的裂口往往会造成相当可观的泄漏量。且随运行时间增长而迅速增大。在蒸汽发生器的外部操作尚可加屏蔽，但在水室内部进行检修（如堵管）时，往往就非去污不可。

去污后，不仅设备表面沾污剂量得以降低，而且由于去污过程中，除去了大量腐蚀产物，减少了它在设备或系统内的聚积，有利于安全运行并提高了传热效率。蒸汽发生器清洗时，按核电装置运行的状态可分为空载低温清洗（温度低于 100 ℃）、空载高温清洗（温度在 100～200 ℃）和载荷连续或间歇清洗等。

6.3.2.2　化学去污

（1）化学去污的基本概念

1）去污因子与腐蚀率　表面去污涉及下述两个评定去污过程的基本参数。

去污因子或去污系数，即去污前后待去污表面的放射性强度（或辐照剂量率）之比；腐蚀率，常用去污前后单位面积上材料质量的增减或与此相当的均匀穿透厚度表示。

不言而喻，理想的去污方法应该是具有最大的去污因子和最小的腐蚀率。但若待去污的表面是准备更换的或废弃不用的，则可不考虑腐蚀的影响。去污效能好的化学制剂往往腐蚀性也强。借助于缓蚀剂的作用可以降低腐蚀率。目前已在应用的去污方法，去污因子相当高，同时又能将腐蚀控制在允许限度内。

2）就地去污与吊装去污　去污的实施方法有就地和吊装两种。对一些难以拆卸的大型设备或装置，只能采用就地去污的方法，即将去污工具和试剂送到现场对设备进行去污。这种方法难度较大，事先需周密计划和安排，最好在反应堆设计时就预先考虑周到。对那些易于拆卸的小型设备或零用专用工具在专用设备中完成。某些高效去污设备，如搅拌加热去污器、喷射去污器、超声波去污器等，已应用于反应堆放射性零部件的去污。吊装去污安全方便，去污效率高，经去污后的零部件一般可以直接检修。

3）化学去污需考虑的因素

① 去污剂的选择：良好的去污剂应具备以下条件：对去污表面浸润性好；对腐蚀产物和放射性物质溶解能力强，有很强的去污能力和合理的去污速度；不引起基体金属材料的显著腐蚀；在温度和辐射场作用下，有较好的稳定性，金属溶解物不生成二次沉淀；易于用水冲洗干净，产生的废液少并且容易处理；价格便宜，使用方法简便。其中去污速度很重要，不仅影响总的去污效果，而且由于反应堆停运的费用相当高，因此整个去污过程应尽可能快地完成。

水对金属的浸润不太理想，添加少量（质量分数为 0.01%～0.04%）的表面活性剂（如去污粉、石油磺酸、肥皂等）即能大大降低水的表面张力，增强其对金属表面的浸润能力。

酸性溶液对腐蚀产物的溶解是有利的，适当加热能提高溶解和溶解速度。无机酸类对氧化物的去除能力很强，但腐蚀性也强。盐酸的氯离子是不锈钢系统中十分忌讳的。因腐蚀产物的硫酸盐溶解度低，致使硫酸的使用也受到了限制。事实上，有机酸（如草酸、柠檬酸）及络合剂（如 EDTA）对某些金属氧化物的溶解能力很强，腐蚀性又小，已经替代了无机酸而成为主要的去污剂。但是这类物质酸性较弱，对压水堆结构材料表面的尖晶石型氧化膜的去污能力有限，因此，往往要预先对表面进行氧化处理，即后面将要谈到的两步去污法。

② 化学去污实施条件：为了达到良好的去污效果，在去污过程中还需控制温度，搅动去污溶液或对去污表面有一定的冲刷速度。在两步去污法中，去污液对去污表面的冲刷速度对去污因子的影响十分显著，例如，在某特定化学去污实施条件下，得到的一组数据见表 6-8。实际操作时，冲刷速度不宜低于 0.3 m/s，温度应接近去污液的沸腾温度，温度过高，将使去污液汽化甚至分解，温度过低，反应速度太慢。在适当温度和流速条件下，单一的

去污操作(碱洗或酸洗)可以在数小时内完成。

表 6-8 表面的冲刷速度对去污因子的影响

表面冲刷速度/(m/s)	0.091	0.64	2.2
去污因子	100	200	1 000

③ 减少去污废水量:去污废水量是衡量去污过程的另一指标。化学去污一次往往要产生数十倍于设备容积的废水,其中大部分是冲洗水。这些废水的组成很复杂、固体含量高,若处置不当往往会使废水处理的费用抵消了去污的效益。

整体去污的费用很高,有时废水处理费用占了全部费用的一半以上。废水量不仅与去污液浓度有关,即去污液越浓,冲洗水量就越大,而且还与去污的工艺有关。若被去污的系统或设备排水量过小,则滞留在缝隙、死角等处去污液,不易被冲洗水冲洗干净,从而大大增加了废水量。用离子交换床循环处理冲洗水,可减少废水量。

进行整个系统和主要设备去污时,更应及早设计好整体去污方案,从方法、工艺、设备以及废水处理等方面切实做好安排,以提高效率,保证安全。

(2) 化学去污方法的强化手段

1) 浸泡搅拌法　将待去污设备浸入或充入去污剂溶液,加热搅拌(机械搅拌、鼓泡搅拌、泵循环搅拌)。

2) 喷射法　使去污液形成一股具有一定压力的流体(借助于泵的压头或蒸汽喷射),喷向去污表面,以强化去污过程。

3) 过热蒸汽载带法　过热蒸汽通过喷射器吸入一定量的去污液,变成饱和或接近饱和的蒸汽,进入待去污的设备或系统中。带有去污剂的蒸汽在器壁冷凝,形成一层去污液膜流向底部。这种方法特别适合大型容器的去污。大大减少了去污液和废液体积。

4) 超声波法　超声波能够大大加快化学反应速度,提高去污效率。超声波不仅引起液体的振动,而且还引起液体的流动,特别是紧贴去污表面液膜的流动,使液膜不断更新,有利于污染物的洗脱。超声去污设备比较复杂,成本较高。

5) 电解(电化学)法　电解法是利用电流和化学药品的协同作用,去除设备表面放射性污染物的方法。将待去污金属物件置入去污液中,通以直流电,电解时的氧化-还原过程能大大加速去污过程,提高去污效率。采用 H_2SO_4 或 H_2SO_4 与 H_3PO_4 的混合电解液,使待去污金属作为阳极,可获得高达 1.6×10^4 的去污因子。电解过程的阳极电流密度不宜超过 50 mA/cm^2,否则不仅不能增加去污效率,反而会造成基体金属溶解或腐蚀量过大。电解法不适于结构形状复杂的物件的去污,因为复杂表面难于建立均匀电场,容易导致突出部位的电解腐蚀量过大。由于受电解装置的限制,通常只用于清洗体积不大的小型设备。

(3) 系统和设备的化学去污方法与原理

早期水冷反应堆的去污大都使用碱性高锰酸钾和草酸-柠檬酸(及其盐类)两步去污法。后来,以前苏联为主发展了高温络合去污法,而以加拿大为主发展了加拿大去污法及循环氧化还原去污法。随核电事业的迅速发展和反应堆运行时间的增长,去污方法的研究和改进越来越受到重视。

1) 两步法　两步法去污是用碱性高锰酸钾对去污表面进行预处理,再用草酸、柠檬酸及其盐类的混合溶液或络合剂,如:乙二胺四乙酸(EDTA)溶解腐蚀产物,从而除去放射性,每一步之后都要用清水将去污剂溶液冲洗干净。

① 碱性高锰酸钾预处理：在反应堆高温高压条件下，不锈钢或因科镍表面会生成一层尖晶石型氧化膜，膜上又沉积了一层较疏松的腐蚀产物，活化腐蚀产物和裂变产物放射性就集中在这两层物质中，所谓去污，实际上就是除去这两层物质。而这些氧化物，尤其是底层氧化膜十分稳定牢固，用机械方法或简单化学溶解方法难以将它们完全除去。试验和去污实践表明，在酸洗前用碱性高锰酸钾溶液（$KMnO_4$-NaOH）预处理对去污表面是有利的。

碱性高锰酸钾溶液对不锈钢和因科镍氧化膜有如下作用：

- 将尖晶石型氧化物中 Cr^{3+}，氧化成 Cr^{6+}，后者能溶解在碱溶液中；
- 将 Fe_3O_4 氧化成溶解度较大的 Fe_2O_3；
- 将基体金属表面层的某些元素（以 Me 表示）转化成氧化物：

$$2Me + 2OH^- - 4e \longrightarrow Me^{2+} + MeO + H_2O$$

这些作用改变了构成氧化膜元素的价态，使膜变得疏松，容易被酸溶解。用碱性高锰酸钾处理能够除去大部分 ^{51}Cr 和少量的其他放射性核素。但 90% 以上的放射性是在下一步酸洗过程中去除的。

碱性高锰酸钾溶液中碱的浓度对整个过程的去污因子影响很大，见表 6-9。一个比较典型的配方为 3% 高锰酸钾加 5%～10% 氢氧化钠，去污温度约 100 ℃，作用时间 1～4 h。

表 6-9　碱浓度对两步法去污因子的影响（$KMnO_4$ 浓度为 3%）

碱浓度/%	2	10	20
去污因子	125	500	1 000

② 有机酸及其盐类对腐蚀产物的溶解：草酸和柠檬酸及其盐类（尤其是铵盐）的混合物能够有效地溶解金属氧化物，且腐蚀性很小。草酸对氧化物的溶解能力很强，但溶解产物易水解，生成不溶性草酸亚铁重新沉淀下来，加入柠檬酸铵后，由于后者对金属离子的络合作用，能够把溶液中铁离子的浓度降低到不产生草酸盐沉淀的程度。其他络合剂，如 EDTA 也能达到同样的目的。在可能条件下应尽量降低去污液浓度，当系统或设备污染严重，而要求的去污因子又较高时，要适当增加酸洗或碱洗次数。

2）加拿大去污法　该法的特点是直接将有机络合剂注入回路冷却剂中，使之成为低浓度去污液，通过主泵循环加热进行整体（包括堆芯）去污。在循环过程中，连续从回路中引入一定量的去污溶液，经过滤器和阳离子交换器处理后，再返回去污回路。使去污液再生复用，去污作业结束后，去污液连续循环通过混合床离子交换器，除去杂质离子，恢复冷却剂要求的水质。本法最大特点是，无需放空冷却剂，显然，这对于重水堆十分重要。去污过程中不产生废水，既缩短了去污时间又降低了去污成本。

3）高温络合剂去污法　前面提到的两步法虽然十分有效，但有两个很大的缺点：一是程序复杂，停堆时间长，对于大功率核电厂极为不利；二是废水量大。用低浓度有机络合剂在高温下对反应堆进行整体去污，这样在反应堆停堆降温过程中甚至在低功率运行时都可进行整体去污，则无疑可以大大缩短停堆时间；而且在高温下化学反应速度快，反应完全，有利于提高去污效率。但是，这种络合剂应具有良好的高温、辐射稳定性，以免降解。研究结果表明：EDTA 与铁形成的络合物溶解度在 220 ℃高温下，不仅没有降低，反而略有提高，这就为此法的实现奠定了基础。别洛雅尔斯克-2 堆用该法进行了整体（包括堆芯）去污，温度为 170 ℃,主泵循环流量为 1 400 cm^3/h,全部过程的持续时间为 30 h,去污废水量仅为两步法的一半。

4) HWRR 化学去污法　我国第一座重水反应堆(HWRR),运行 20 年后,于 1978 年进行大修改建,在改建过程中,第一项任务是去污,HWRR 重水堆重水系统的设备、管道、垫圈等绝大部分是 1Cr18Ni9Ti 不锈钢,少量是 CAB-Ⅱ和 AД 铝。为避免沉积在内壳底部的放射性物质转移到回路中去,重水泵不能启动,去污液不能循环,经过大量的试验研究,最后采用了四步浸泡去污法。见表 6-10。

表 6-10　四步浸泡去污法

分　步	去 污 液	温　度/℃	时　间/h	去污后处理
Ⅰ	磷酸(H_3PO_4)	50	36	水洗
Ⅱ	酸性高锰酸钾 (HNO_3+KMnO_4)		12	水洗
Ⅲ	草酸+柠檬酸二铵 ($H_2C_2O_4+(NH_4)_2HC_6H_5O_7$)		22	水洗
Ⅳ	磷酸+铬酐 $H_3PO_4+CrO_3$		48	水洗

四步去污的第一步是用磷酸溶解表层疏松的沉积物,除去沉积物中大量的^{60}Co、^{51}Cr、^{59}Fe 和 Al 等;第二步用酸性高锰酸钾氧化改变化学元素价态,使之易溶于酸;第三步用草酸和柠檬酸二铵溶解络合,除去致密层中大部分^{95}Zr、^{95}Nb、^{144}Ce 等,第四步进一步除去材料表层中的^{60}Co、^{144}Ce 等,降低辐射水平而不腐蚀或少腐蚀材料的基体,确保留用设备及管道的完整性。

去污结果以主热交换器为最好,主管道次之,重水泵稍差。

四步去污程序对不锈钢材料的基体,经腐蚀估算和检查表明,没有造成明显的腐蚀损伤,设备可继续使用。根据 HWRR 重水堆的去污经验认为:采用多种去污剂交替去污比用单一试剂连续多次去污好,但是,去污步骤多,产生的废液也多(约为去污容积的 20 倍)。建议改建后的 HWRR 去污,采用在役去污法,并定期去污,使反应堆保持在一个“干净”的水平上,以利于检修和运行。

复 习 题

1. 压水堆放射性物质的来源是什么?水溶液中常见的裂变产物有哪些?如何去除?
2. 燃料包壳破损前对堆芯外一回路系统放射性水平主要贡献者是什么核素?燃料包壳破损后在主冷却剂中最主要的裂变产物是什么核素?
3. 给出一回路主要腐蚀产物 Fe_3O_4 在主冷却剂中的溶解度随冷却剂温度和 pH 值变化的特性曲线,并加以说明。
4. 目前 PWR 一回路冷却剂 pH 值选定是多大为适宜?^7Li 最低限值是什

么？为什么随燃耗而改变？

5. 近年来轻水堆核电厂源项控制技术手段的创新有哪几种？
6. 简述堆芯内破损燃料组件的定位方法。
7. 简述燃料元件包壳破损监测方法。
8. 系统和设备去污通常分哪两类？各有什么特点？简述化学去污中两步法的原理、过程及应用。
9. 在化学去污中，去污因子（或叫去污系数）和腐蚀率是如何定义的？就地去污和吊装去污各有什么特点？选用化学去污法应考虑哪些因素？化学去污方法有哪些强化手段？

第 7 章　一、二回路水的 pH 控制

7.1　一、二回路水 pH 控制的意义和作用

碱性水质对结构材料的腐蚀有抑制作用，大量的研究结果及运行经验表明，冷却剂 pH 值稍偏碱性对提高结构材料的耐腐蚀性是有利的，这不仅能降低结构材料（特别是不锈钢和镍基合金）的腐蚀，且还可减少金属表面腐蚀产物向冷却剂的释放量。

碱性水质对结构材料的稳定作用主要是由于不锈钢或镍基合金在高温水或蒸汽长期作用下，表面生成一层具有保护作用的尖晶石型氧化膜，而提高冷却剂的 pH 值可以促使这层膜更加迅速地形成；金属表面对 OH^- 有一定的吸附作用，OH^- 浓度越高，吸附量越大，当 pH 值高达一定数值时，吸附的 OH^- 就能阻止其他物质同金属表面发生作用。例如，当 pH 值由 10 增加到 11 时，铁表面吸附的硫酸根离子减少 90%以上。

(1) pH 值对腐蚀产物运动的控制作用

pH 值不仅对结构材料的腐蚀率有影响，而且对腐蚀产物的运动也有一定的影响。新型压水堆大多采用锆-4 合金作为燃料元件包壳，其腐蚀产物释放速率比不锈钢小得多。如果能减少或防止回路中腐蚀产物向堆芯转移，使其免于活化，则不仅可大大降低停堆后一回路的辐射水平，以便于检修，而且减少腐蚀产物在燃料元件表面的沉积，能维持堆芯良好的传热条件。提高冷却剂 pH 值，有助于达到上述目的。图 7-1 概括了含有氢气的溶液中亚铁离子溶解度与溶液的 pH 值和温度的关系。可见，在酸性和弱碱性溶液中，亚铁离子在 77 ℃具有最高的溶解度，而后随温度上升，溶解度迅速降低。试验表明，酸性或弱碱性溶液中腐蚀产物铁会从冷表面（蒸汽发生器换热管壁）上溶解，于热表面（燃料元件包壳）上沉积。相反，在碱性介质中，Fe^{2+} 的溶解度在某一温度下有最小值，pH 值越高，相应的最小溶解度温度就越低。此后，Fe^{2+} 的溶解度随温度升高而迅速增加。这表明，碱性溶液中（高 pH 值），腐蚀产物将从系统较热表面上溶解，并转移到较冷表面上沉积下来。也就是说，维持冷却剂的高 pH 值，不仅能防止堆芯外回路腐蚀产物向堆芯转移，而且还能使堆芯沉积的腐蚀产物迁移出去。

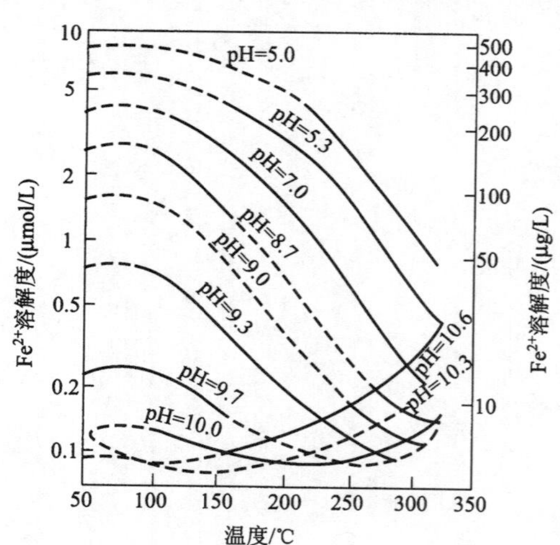

图 7-1　溶液温度和 pH 值对亚铁离子溶解度的影响

总之，碱性水质不仅能减少结构材料腐蚀，而且能够减少腐蚀产物向堆芯的转移以及腐蚀产物的活化。但是，在反应堆实际运行中，冷却剂碱性不宜太高，否则会危及锆合金。如非挥发性强碱浓度超过 10^{-2} mol/L（pH＝12）时，即对锆合金的腐蚀有不利影响。其次，过

高的碱性还会引起不锈钢或镍基合金苛性腐蚀，特别是在泡核沸腾情况下，非挥发性强碱易在堆芯构件缝隙处浓集，更需限制其浓度。非挥发性强碱（通常是指 LiOH）浓度一般不宜超过 3×10^{-4} mol/L，相应的水溶液 pH 值小于 10.50。

(2) pH 值控制的实效

pH 值对腐蚀的抑制作用以及对腐蚀产物转移和沉积的控制作用，在压水反应堆实际运行过程中已充分得到了证实。中性水质下不锈钢腐蚀率较之碱性水质（10^{-4} mol LiOH/L）大 3 倍。杨基反应堆一回路结构材料在含硼冷却剂中的腐蚀试验温度 316 ℃，压力 12.4～12.8 MPa，流速 11～12 m/s，硼浓度 3×10^{3}～1.59×10^{3} mg/L，加入少量 LiOH（Li≈1 mg/L）后，不锈钢和 Zr-2 合金等材料腐蚀速率大为减少。另外，还观察到，pH 值提高到 9.5～10.5 以后，原来中性水质下长期沉积在燃料元件表面的腐蚀产物逐渐消失。加拿大国家试验研究反应堆（NRX 重水堆，UO_2燃料，锆合金包壳，不锈钢管道）在高温中性水质下运行时（冷却剂电导率为 1 μS/cm），冷却剂悬浮固体浓度约为 0.1 mg/L，辐照燃料样品表面腐蚀产物沉积很严重，最厚处达 100 μm。但用 KOH 将 pH 值调节到 10～10.5 后，悬浮固体量减少到 5 μg/L，燃料样品上沉积物很少，冷却剂通过堆芯的压力降亦随之减少。萨克斯登反应堆运行过程中也观察到类似现象。卡罗来纳弗吉尼亚压力管式重水反应堆（CVTR）由于提高了 pH 值，使冷却剂总流量增加 1%。杨基反应堆的实践从反面也证实了 pH 值对控制腐蚀产物迁移的作用，该堆在碱性水质（加氨）下启动时，蒸汽发生器管板处 γ 辐射剂量达到 0.5 Sv/h。后改纯硼酸溶液（低 pH 值水）运行三个月后，同一处 γ 辐射剂量率降低到 5×10^{-2} Sv/h，即高 pH 值条件下沉积在蒸汽发生器中的腐蚀产物，随着 pH 值降低已移向堆芯[可参阅本节(1)]。

7.2　一回路 pH 控制剂

7.2.1　一回路 pH 控制剂的选择

7.2.1.1　良好的 pH 控制剂应具备的条件

具有有效的 pH 控制能力；良好的核性能，即不产生或很少产生感生放射性，对冷却剂的物理特性无不利影响；具有稳定的化学特性，不与结构材料或冷却剂中其他成分发生不利作用；价格便宜，来源充足。

7.2.1.2　可供选择的 pH 控制剂

(1) 钠、钾、铷和铯的氢氧化物

这几种碱金属氢氧化物均系强碱，但由于下述种种原因，目前在压水反应堆中并没有或极少得到应用。

天然钠由 100% 的 ^{23}Na 组成，它的热中子吸收截面为 505 b，和中子反应生成 ^{24}Na。而 ^{24}Na 是一种很强的 γ 辐射体，γ 能量为 2～4 MeV，半衰期 15 h。因此，添加 NaOH 会给冷却剂带来很强的感生放射性。

天然钾的同位素组成为：93.08% ^{39}K，0.01% ^{40}K 和 6.91% ^{41}K。其中 ^{41}K 与中子反应（σ = 0.95 b）生成的 ^{42}K 也是一种强 γ 辐射体（γ 射线能量为 1.51 MeV，半衰期

9.2 h)，因此其核性能也不理想。前苏联、东欧等国家的 VVER 和我国田湾核电厂采用氢氧化钾 pH 控制剂。欧美只有为数不多的早期反应堆曾用它作为 pH 控制剂，现已极少使用。

铷和铯的氢氧化物在压水堆中未应用过，其原因除了感生放射性外，主要还在于它们很稀缺，不宜作为 pH 控制剂这种消耗型材料使用。

目前，只有氢氧化锂和氢氧化铵在压水堆中被广泛用作 pH 控制剂。

(2) 氢氧化锂

天然锂的氢氧化物作为 pH 控制剂是不合适的。在天然锂中含有 7.52%的^{6}Li和 92.48%的^{7}Li，^{6}Li热中子吸收截面很大(950 b)，^{6}Li的中子反应生成大量的氚。氚是β辐射体，其β射线能量虽低(平均约为 5.964 keV)，但半衰期相当长(12.4 a)，在冷却剂中，由于同位素交换作用，几乎 99%以上的氚以氚水(HTO)形式存在，难以用一般方法分离和除去，给堆的运行、维护、三废处理以及环境保护带来不利影响。为减少氚的产生，可以用高纯度^{7}Li氢氧化物作为 pH 控制剂，由于军用^{6}Li需要，有些国家掌握了锂同位素分离技术，并进行工业生产，这就为^{7}Li的使用创造了先决条件。美国希平港压水堆自 1960 年 12 月起，用高纯^{7}Li(99.99%)代替了原来的天然锂作为 pH 控制剂，使冷却剂氚浓度由 10.36×10^{6} Bq/L 减少到 7.4×10^{4} Bq/L。

^{7}Li作为 pH 控制剂主要有以下一些优点：

1) 在用硼酸作为可溶性中子吸收剂的反应堆中，由于^{10}B的(n，α)反应，^{7}Li必然地要在冷却剂中产生，所以 pH 控制剂——LiOH 的添加，恰与堆内自生的^{7}Li相吻合，且不引起额外的核素；

2) ^{7}Li的中子吸收截面很低(0.039 b)，一般不产生感生放射性；

3) pH 控制能力强；

4) 对冷却剂净化有利 使用任何一种碱作为 pH 控制剂，都必须将冷却剂净化回路的阳离子交换树脂转换成该种碱离子的型式。就阳离子树脂比较，冷却剂中各种金属离子在锂型树脂上最易被阻留，即^{7}Li型树脂对冷却剂的净化效果最好；

5) 腐蚀性较小 不锈钢苛性腐蚀断裂的概率依所用碱来排列为：NaOH＞KOH＞LiOH，对于锆合金也有同样的规律。

基于上述种种优点，世界上大多数压水堆，特别是西方国家的压水堆几乎都用高纯^{7}Li的氢氧化物作 pH 控制剂。但是其价格较贵，不易得到。

应该指出，氢氧化锂这种非挥发性碱还有一个缺点：当冷却剂泡核沸腾时的局部浓缩会造成结构材料苛性腐蚀。实验表明，冷却剂 pH 值为 10 时，LiOH 在燃料组件缝隙处的浓缩就可能加速锆-2 合金的腐蚀。

(3) 氢氧化铵

1) 氢氧化铵作为 pH 控制剂的优点 ① 不产生感生放射性；② 作为一种挥发性碱，一般不会在堆芯缝隙处浓缩而造成金属材料的苛性腐蚀。实验表明，在 360 ℃水中，氢氧化铵浓度即使达到 11.5 mol/L，对 Zr-2 合金也无不利影响。氢氧化铵对金属的腐蚀很缓慢，腐蚀深度也较浅，在损伤扩大前可以及早发现并采取补救措施，这是非挥发性强碱难以办到的；③ 氢氧化铵辐射分解产生的氢能抑制水的分解，降低冷却剂中游离氧的浓度，这一特性使得希平港反应堆在使用 NH_4OH 作为 pH 控制剂后，允许直接补进未经除气的去离子水；④ 价格低廉，来源广。

2) 氢氧化铵作为 pH 控制剂的缺点　碱性较弱，所需添加的量较多；在辐射作用下，氢氧化铵会发生分解，生成 N_2 和 H_2，故需不断添加氨水以弥补其损失；同时，要求不断对冷却剂除气，以使气体含量不超过允许数值。因此，其运行比较复杂。

7.2.2　氢氧化锂 pH 控制剂

7.2.2.1　氢氧化锂 pH 控制剂的特点

冷却剂中 ^{7}Li 的产生是在用硼酸作为反应性补偿控制的冷却剂中，由于 ^{10}B 的中子反应一定会产生 ^{7}Li

$$^{10}_{5}B + ^{1}_{0}n \longrightarrow ^{7}_{3}Li + ^{4}_{2}He$$

反应速度正比于单位冷却剂体积中靶核密度（硼浓度）与中子注量率的乘积，中子注量率又与反应堆功率成正比。对萨克斯登反应堆给出如下公式

$$\frac{dc_{Li}}{dt} = 10^{-3} C_B P_t \tag{7-1}$$

式中：

$\frac{dc_{Li}}{dt}$——冷却剂中 Li 浓度增加速率，$\mu g/(L \cdot d^{-1})$；

C_B——冷却剂中硼浓度，mg/L；

P_t——堆的热功率，MW。

当然对于不同反应堆，上式在右面的系数会有差异。但是，现代压水堆的中子注量率相差不大，当冷却剂硼浓度相近时，^{7}Li 的生成量也大致相同。例如，杨基和圣奥诺弗莱反应堆在冷却剂硼浓度 1.6×10^3 mg/L 时，每天的 ^{7}Li 浓度增值为 100 μg/L。计算表明，对于一个热功率为 2 570 MW 的反应堆，冷却剂硼浓度为 1.08×10^3 mg/L 时，其中 ^{7}Li 浓度增值可达 106 $\mu g/(L \cdot d^{-1})$。如冷却剂容积以 25 万 L 计，则每天将产生 25 g ^{7}Li。在堆芯寿期内，冷却剂硼浓度是呈直线减少的，故可取该值的一半（12.5 g）作为 ^{7}Li 的日平均生成量。以一年运行 300 d 计，则一个反应堆每年能产生 3.75 kg ^{7}Li，几乎相当于 ^{7}Li 总消耗量的 1/4～1/3。反应堆运行初期，一个月之内 ^{7}Li 的净浓度增值即能达到 ^{7}Li 的允许浓度。为防止冷却剂中 ^{7}Li 浓度超过允许标准，净化回路备有 H^+ 型阳离子床（简称除 Li 床），必要时使净化流通过，除去多余的 ^{7}Li。

应设法充分利用堆内自生的 ^{7}Li，以减少昂贵的高纯 ^{7}Li 添加量，若运行前，将 H 型阳树脂（而不是 ^{7}Li 型阳树脂）装入冷却剂净化回路的混合离子交换器，则在运行初期，随着 $^{10}B(n,\alpha)^{7}Li$ 反应，树脂将逐渐为 ^{7}Li 所饱和（转化为 ^{7}Li 型树脂）。到运行后期，由于冷却剂硼浓度很低。自生的 ^{7}Li 量不足，当冷却剂通过混合床时，水中其他阳离子杂质就会将树脂上 ^{7}Li 交换下来。这时，进入冷却剂的 ^{7}Li 就起到了 pH 控制作用，从而可以大大减少 ^{7}Li 的添加量。

7.2.2.2　氢氧化锂水溶液的物理化学性质

(1) 氢氧化锂水溶液的摩尔电导率与温度的关系

通过实验测得低浓度氢氧化锂水溶液，浓度为 0.73～1.5 mmol/L，其摩尔电导率与温度的关系如图 7-2。

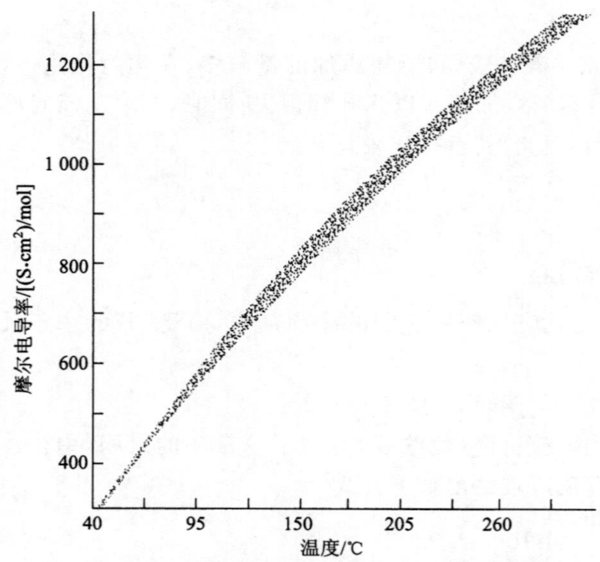

图 7-2 LiOH 水溶液的摩尔电导率与温度的关系

由图 7-2 可见，氢氧化锂水溶液的摩尔电导率，在一定温度范围内，随温度升高而增大。

(2) 氢氧化锂的电离常数与 pH 值

LiOH 的电离程度比 NaOH、KOH 小，室温下其电离常数为 0.12，而 NaOH 则几乎电离，KOH 则完全电离。表 7-1 及图 7-3 显示了 LiOH 水溶液的电离常数随温度变化的情况。

为比较起见，将 NH_4OH 的电离常数也一并列于表 7-1 中，两者的电离常数均随温度的升高而减小。

表 7-1 LiOH 和 NH_4OH 的电离常数

温 度/℃	LiOH 溶液的电离常数 $K_{LiOH}/(\times 10^{-3}\ mol)$	NH_4OH 溶液的电离常数 $K_{NH_4OH}/(\times 10^{-6}\ mol)$
49	128	20.8
71	68.5	17.9
93	74.2	14.9
116	45.6	11.5
138	31.0	9.05
160	43.5	6.41
182	39.6	4.39
204	41.4	2.82
227	25.5	1.75
249	23.4	0.998
271	17.2	0.616
293		0.24

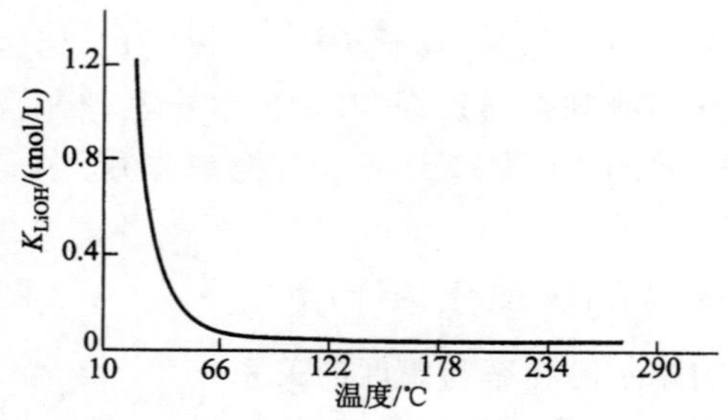

图 7-3 LiOH 水溶液的电离常数随温度变化的关系曲线

用下述方法可以计算出部分电离的碱溶液的pH值。

首先列出水和碱溶液的电离平衡和电荷平衡方程

$$K_{水}=[H^+][OH^-] \tag{7-2}$$

$$K_{碱}=\frac{[M^+][OH^-]}{[MOH]} \tag{7-3}$$

$$[OH^-]=[M^+]+[H^+] \tag{7-4}$$

$$[M^+]=\alpha C \tag{7-5}$$

$$[MOH]=C\,(1-\alpha) \tag{7-6}$$

式中：

$[M^+]$——碱性阳离子浓度；

$[MOH]$——未电离碱的浓度；

C——碱的总浓度；

α——碱的电离度。

由上述关系式可得

$$\alpha=\frac{K_{碱}}{K_{碱}+\dfrac{K_{水}}{[H^+]}} \tag{7-7}$$

$$C=\frac{K_{水}-[H^+]^2}{\alpha[H^+]} \tag{7-8}$$

$$K_{碱}[H^+]^3+(K_{水}+K_{碱}C)[H^+]^2-K_{水}K_{碱}[H^+]=K_{水}^2 \tag{7-9}$$

将不同温度下的$K_{水}$、$K_{碱}$和C值代入上式，即可求得该温度下溶液的pH值。图7-4为用上述方法计算所得的LiOH和NH_4OH溶液的pH值，同时，也显示了温度升高时溶液的pH值的变化。

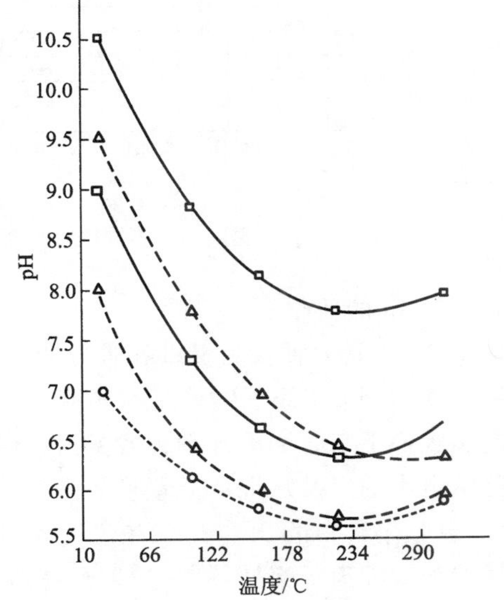

图7-4　LiOH、NH_4OH溶液及水的pH值随温度的变化曲线

○—H_2O；△—NH_4OH；□—LiOH

（上曲线锂为2.50 mg/L，下曲线锂为0.20 mg/L）

由图中可以看出，在通常的冷却剂运行温度和pH添加剂下，LiOH溶液的pH值比纯水的高1.5～2.0，而NH_4OH仅高出0.5，足见前者较后者能更有效地控制冷却剂的pH值。

（3）氢氧化锂的溶解度

LiOH在水中溶解度见图7-5，在116～249 ℃的范围内LiOH出现负温度系数，即随温度上升溶解度减少。总的说来LiOH的溶解度有限，但对于调节冷却剂pH值却绰绰有余，LiOH和硼酸能够生成偏硼酸锂，偏硼酸锂的溶解度很小，且在41.7 ℃以上具有负温度系数。最初担心偏硼酸锂会在燃料表面沉积，引起反应性波动和亏损。

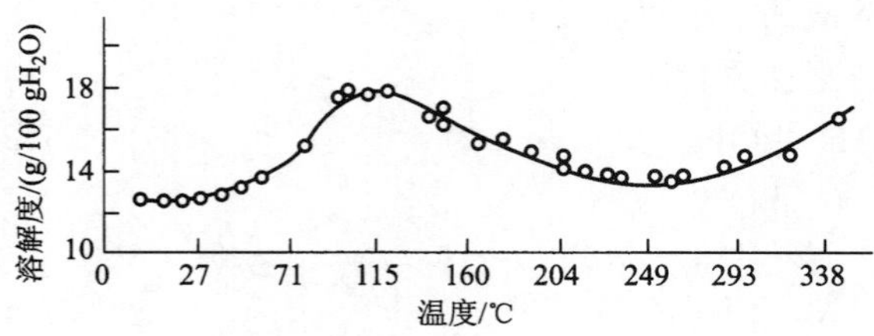

图 7-5 LiOH 在水中的溶解度

后来，实验和运行都表明，只要 LiOH 浓度不超过控制范围（一般为 2 mg/L 的 Li 溶液），绝不会发生偏硼酸锂的沉析。

（4）氢氧化锂-硼酸溶液的 pH 值

不同浓度匹配的锂-硼溶液的 pH 值（25 ℃），见图 7-6。

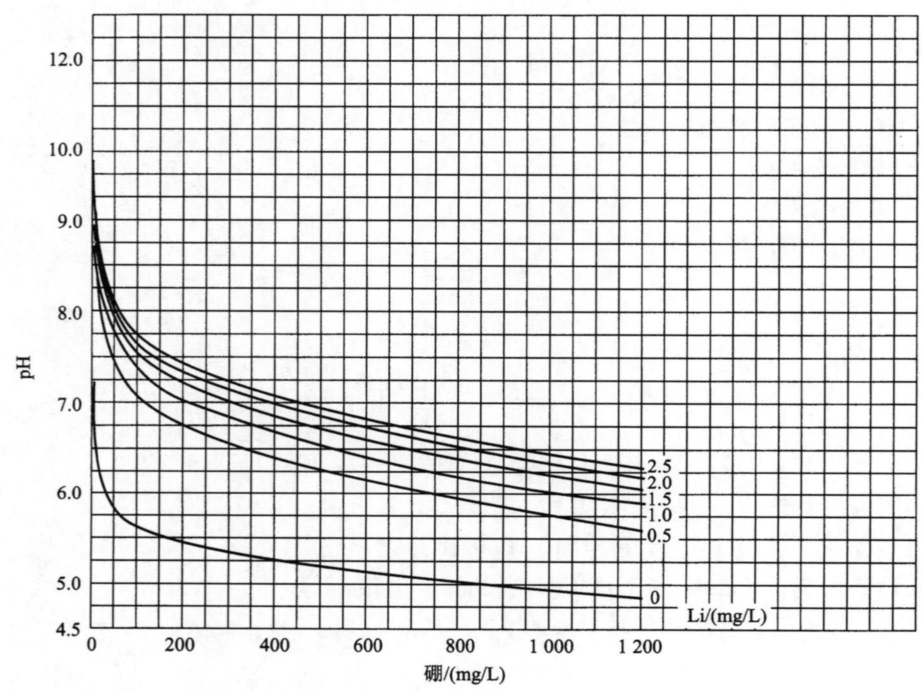

图 7-6 不同浓度匹配的锂-硼酸溶液的 pH 值（25 ℃）

（5）^{7}Li 的回收

高纯^{7}Li 是一种较为贵重和难得的材料。反应堆中大部分^{7}Li 用作锂型树脂转型，小部分用作冷却剂 pH 添加物。^{7}Li 型树脂充入净化回路混合床后，在运行过程中部分^{7}Li 将被杂质离子置换下来。当冷却剂锂含量过高时，用净化回路除锂床除去多余的锂（包括添加的，回路中自生的以及从混床上置换下来的）。在反应堆排水时，可使冷却剂先经混床，再经除锂床，以收集其中的^{7}Li。也就是说进入回路的^{7}Li 最终都集中在两个离子交换器-混合离子交换器和除锂离子交换器中，如果这些吸附的^{7}Li 能够回收使用，则借助堆内自生^{7}Li 的补充，可以做到在最初投入一定数量的^{7}Li 后，无需再另外添加高纯^{7}Li。

离子交换树脂吸附的碱金属，除锂外，还有铯、锶、镍、铬、铁等裂变产物和腐蚀产物。若以适当流速用稀硝酸淋洗已饱和的树脂床，绝大部分 Li 淋洗下来的同时，仅有少量铯随之流出，而 Sr、Ni 等高价金属离子则可以相当完全地被分离。如果使淋洗液再次通过另一阳树脂分离柱。则树脂的色层分离作用又能把 Li 和 Cs 彻底分开。收集上述 $LiNO_3$ 淋洗液，蒸浓并用甲醛脱硝，最后再用电渗析工艺转化成 LiOH。这种方法已由实验证实完全可行，^{7}Li 回收率可达 90%以上，放射性去污系数高达 10^4。实际上反应堆净化回路的混合离子交换器或除锂离子交换器均有备用设备，可作为分离柱使用，无需再增加其他离子交换装置。稀硝酸淋洗液体积不大，浓缩后体积更小，而将 $LiNO_3$ 转化成 LiOH 的电渗析设备体积也不大。此时溶液业已经过分离柱再次去污，放射性大为减弱，操作也比较方便。总之，用上述方法回收 ^{7}Li 较同位素分离法生产高纯 ^{7}Li 便宜，特别当 ^{7}Li 供应短缺时，更为可取。

7.2.3　氢氧化铵 pH 控制剂

7.2.3.1　氢氧化铵 pH 控制剂的特点

（1）冷却剂中铵的辐射合成与分解

氨极易溶解于水，在 20 ℃，1.01×10^5 Pa 压力下，1 体积水能溶解 700 体积的氨。部分溶解的氨和水作用生成氢氧化铵：

$$NH_3+H_2O \rightleftharpoons NH_4OH \tag{7-10}$$

NH_4OH 系弱碱，按照下式电离：

$$NH_4OH \rightleftharpoons NH_4^+ + OH^- \tag{7-11}$$

溶解于冷却剂中的氢气和氮气，在辐射作用下能够合成氨，同时氨也能被辐射分解为氢气和氮气：

$$3H_2+N_2 \rightleftharpoons 2NH_3 \tag{7-12}$$

曾对希平港反应堆冷却剂中氨的辐射合成与分解进行过较为详尽的研究，并得到了如下结果：

1）有过量氢存在时［30～100 ml/kgH_2O（标准状态）］，氨的合成与氮浓度成一次函数关系，与氢浓度无关；

2）当氨浓度很低时（小于 1 mg/L），其分解速率与浓度成一次函数关系；

3）氨的合成与分解均正比于水中吸收的辐射能。而后者又正比于堆功率。当堆功率超过某一限度后，冷却剂中氨浓度与堆功率无关。氨浓度不随功率变化，是它能够作为 pH 控制剂的先决条件之一。

（2）冷却剂无需加氢、补水，且无需除氧

NH_4OH 是一种弱碱，单纯依靠冷却剂中溶解的氮和氢气辐射合成得到的浓度远不能满足 pH 控制的需要。欲达到最佳的 pH 值（约为 10），冷却剂氨浓度应为 10～30 mg/L，甚至更高。为此，需要向冷却剂注入氨水，然而，这将引起反应［式(7-12)］向左移动，加快氨的辐射分解，显然这是不利的，但氨的分解速度相当慢，实际上影响不大。另一方面，氨分解为氮气、氢气，将逐渐在冷却剂中积累，其中 H_2 有抑制水辐射分解以及抑制氧的作用，因此无需另外加氢。希平港反应堆用氨作为 pH 控制剂后，补水亦无需除氧。但是，冷却剂中分解气体的含量过高也会产生一些问题。第一，可能引起泵的空泡效应；第二，可能在压力壳顶部控制棒套管中累积，使控制棒与套管间失去水的润滑；第三，稳压器中积累过多的不凝性气体，会影响稳压效果。因此，冷却剂气体含量应有限制。希平港反应堆规定气体含量不得超过 125 ml/kgH_2O。

7.2.3.2　氢氧化铵的物理化学性质

（1）氢氧化铵的电导率

NH_4OH 溶液浓度为 4.73～93.08 mmol/L，摩尔电导率［$(S\cdot cm^2)/mol$］与温度的关

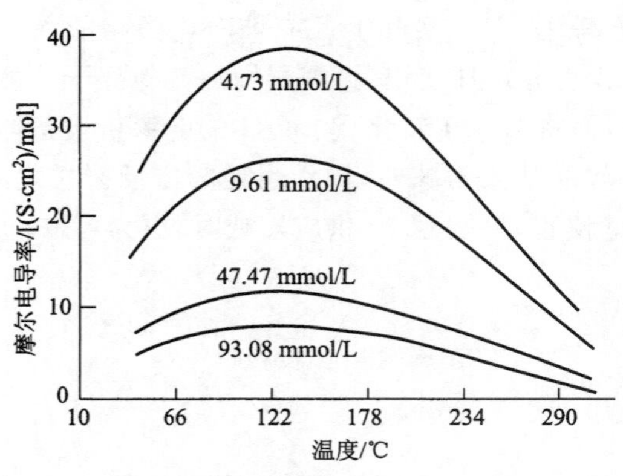

图 7-7 氢氧化铵溶液的摩尔电导率与温度的关系

系如图 7-7 所示。

(2) 氢氧化铵的电离常数与 pH 值

氢氧化铵在溶液中仅能少量电离成 NH_4^+ 和 OH^-，其电离常数随温度的变化而变化，见表 7-1。氢氧化铵溶液的 pH 值见表 7-2 和图 7-4。

(3) 氨在气液两相的分配

氨是一种挥发性物质，当液体上部存在空间时，氨就会挥发出来：

$$NH_{3液相} \rightleftharpoons NH_{3气相}$$

这种情况可以在稳压器、容积控制箱和蒸汽发生器中遇到。但在冷却剂氨浓度范围内，挥发性氨在稳压器空间的累积量不大，不致对稳压效果带来不利影响。

(4) 氨的热稳定性

在反应堆运行温度和压力下，氨的热稳定性很好。

(5) 氨的络合作用

氨是一种络合剂，能与多种离子形成络合物。在冷却剂无氧情况下，氨与纯铁不发生作用。铁离子主要发生水合作用，但若有氧存在，且回路中又没有比铁更强的络合物离子时，氨能与铁形成不稳定络合物。若此种络合物进入堆芯，则它会在高温和强辐射作用下发生分解，致使铁的氧化物在燃料元件表面沉积。因此使用氨作为 pH 控制剂时，必须尽可能地除去冷却剂中的氧，但是氨辐照分解产生的氢有抑制氧的作用，这在一定程度上也抑制了络合物的形成。

(6) 氢氧化铵使用实例

希平港反应堆的第一个堆芯是用 LiOH 作为 pH 控制剂的，在 1954 年 1 月偶然发现冷却剂 pH 值升高，同时发现冷却剂中氮气量也相应增高，推测可能是氢和氮辐射合成了氨。自此以后，对氢氧化铵作为 pH 控制剂的可能性进行了研究，并取得了满意的结果。自 1965 年第二季度起，该堆采用氢氧化铵作为 pH 控制剂，同时将冷却剂净化回路混合离子交换器的 Li 型阳树脂换成铵型，pH 控制在 9.8～10.2，一直运行到 1974 年停堆改装为止。从历次运行报告看，改用氨后，在材料腐蚀速率、冷却剂腐蚀产物浓度、放射性水平以及离子交换树脂净化效率等方面均与使用 LiOH 时类同，是令人满意的。

新沃罗涅什核电厂为前苏联示范压力容器式压水堆核电厂，随后前苏联和东欧各国的同类型电厂在此基础上也发展起来了。新沃罗涅什-1 型反应堆在运行之初就采用 NH_4OH 作为 pH 控制剂。pH 值的保持，由不断加氨(1.5～2 kgNH_3/d)或联氨以及靠 NH_4^+ 型树脂的交换作用实现的。

在英国迪多(DIDO)也曾对重水堆的碳钢实验回路中氢氧化铵进行了考察。回路压力 70 kg/cm^2，冷却剂流量 1.5×10^3 kg/h，在堆本体入口处为液态，出口处有 10%的水沸腾成蒸汽，氨浓度维持在 2～6 mg/L。蒸汽中氧含量和水中硝酸根浓度的变化分别见图 7-8 和图 7-9，其中硝酸根系由水中溶解氮和氧的辐射合成产物。由图中可以看出，氨能够有效地抑制氧和硝酸根的产生。实验表明，在上述条件下若氨浓度超过 4 mg/L，一回路可以采用碳钢作为结构材料。

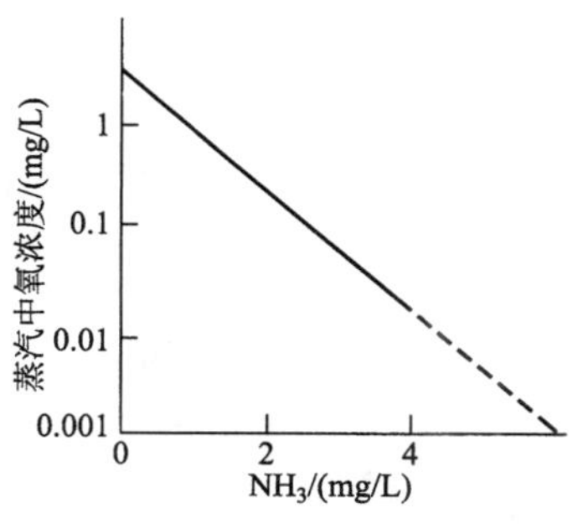

图 7-8　冷却剂中氨浓度对蒸汽中氧含量的影响

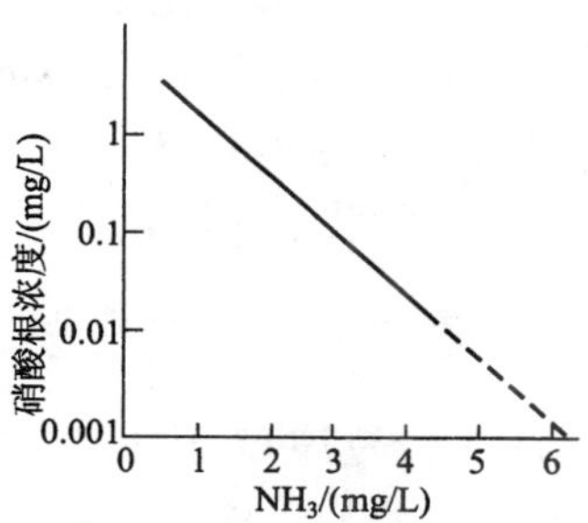

图 7-9　冷却剂中氨浓度对硝酸根浓度的影响

新生产堆(N-Reactor)系生产和发电两用堆，采用石墨作慢化材料。加压水冷却，主回路系统的材料大部分为碳钢，用氢氧化铵将冷却剂 pH 控制在 10.1±0.2。运行结果证明，锆合金和不锈钢的腐蚀率、腐蚀膜的组成以及水中腐蚀产物的浓度，均与原来使用 LiOH 时相同。但使用氢氧化铵时，冷却剂 pH 值不宜偏低，因为当 pH 值为 8.0～9.5 时，水中的燃料元件表面沉积的腐蚀产物均有增加。

综上所述，氢氧化铵作为 pH 控制剂还是满意的，但在运行过程中一定要保证足够的 NH_4OH 添加量(使 pH 值维持在 10 左右的规定范围内)，并应严格控制冷却剂中的气体含量。虽然上述要求会给运行带来一些麻烦，但却避免了使用价格较贵且会局部浓缩的 LiOH。

7.3　二回路 pH 控制剂

7.3.1　二回路 pH 控制剂的选择

良好的 pH 控制剂应具备的条件：

1) 有效的 pH 控制能力；

2) 物理化学稳定性好，不与结构材料发生不利作用；

3) 不生成有害于结构材料完整性的残渣；

4) 价格低廉，来源充足。

7.3.2　磷酸盐 pH 控制剂

二回路蒸汽发生器炉水 pH 值一般控制在 9.5～9.8。1975 年以前，大多数反应堆是用磷酸盐控制炉水 pH 值，并可将炉水中的钙、镁变成松软的渣，经由排污途径释放出去，从而有效地防止结垢。但磷酸盐在运行过程中可能产生游离碱，从而加速材料腐蚀。为防止这种现象发生，最好将钠离子和磷酸根离子浓度的比值保持在 2.6 以下。根据图 7-10 的 pH 值与磷酸根浓度的关系，美国西屋公司给出了推荐的磷酸盐处理法的合适运行范围。可以用所谓协调磷酸盐处理达到预定目的，即除向炉水中添加磷酸钠外，还应添加一定比例的酸式磷酸盐，如 Na_2HPO_4 和 NaH_2PO_4，防止游离碱生成。尽管如此，磷酸盐处理法还是不能完全避免蒸汽发生器传热管发生苛性应力腐蚀开裂的现象，所以后来陆续采用全挥发法处理(见 8.4.3 节)代替了磷酸盐法。

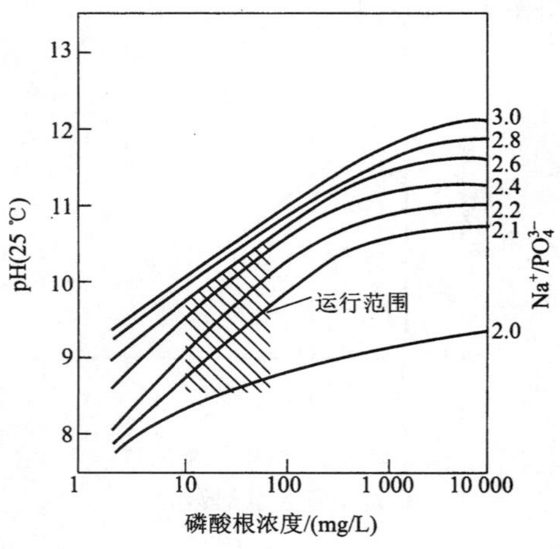

图 7-10 pH 值与磷酸根浓度的关系

7.3.3 氢氧化铵 pH 控制剂

氨(NH_3)极易溶解于水生成 NH_4OH。NH_4OH 是一种弱碱，通常也用作控制炉水 pH 的碱化剂。氨是一种挥发性的物质，欲达到最佳的 pH 值(约为 10)，需要向水中注入氨水。在反应堆运行温度和压力下，氨的热稳定性很好。由于氨是挥发性的，不可能在堆内构件缝隙处浓缩而引起局部腐蚀。

全挥发法处理采用 NH_3 或吗啉(Morpholine，C_4H_9NO)来控制炉水的 pH 值，这种方法不像磷酸盐法那样，能够使结垢的钙、镁等离子生成松软淤渣，因此要求补水中的杂质含量越少越好。图 7-11 表示氨水溶液的 pH 值。

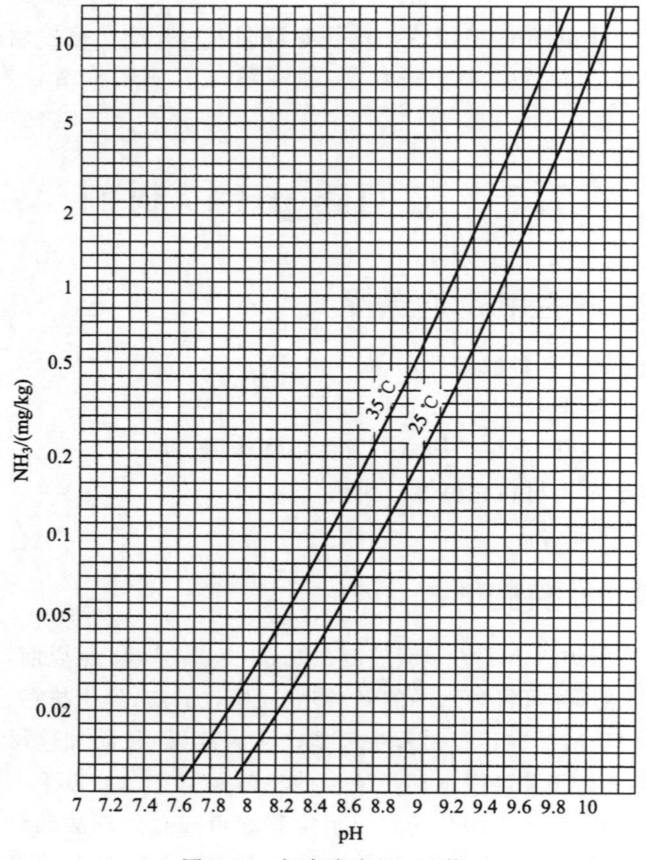

图 7-11 氨水溶液的 pH 值

7.3.4　乙醇胺 pH 控制剂

二回路全挥发法水处理，即采用 NH_3 或吗啉来控制炉水的 pH 值。近些年来高级胺已陆续进入二回路 pH 控制剂的选择之中，如乙醇胺(Ethanolamine)，简称 ETA。还有 5-氨基戊烷醛等。世界上已有 60%的核电厂采用新型碱化剂乙醇胺作为二回路水化学 pH 控制剂。美国有 80%的核电厂采用 ETA。ETA 作为二回路水化学 pH 控制剂，能够显著抑制蒸汽发生器传热管和二回路系统材料的各种类型腐蚀，延长其使用寿命，提高在役核电厂的经济性。试验结果说明 ETA 抑制核电厂二回路材料在核电厂运行工况时的腐蚀是有效的。在 pH ＝ 9.0～9.8 时，用 ETA 作碱化剂(pH 控制剂)抑制核电厂二回路材料的腐蚀较用 NH_3 有效，淤渣生成率和腐蚀率较低。800 合金均无 SCC(应力腐蚀破裂)发生。ETA 抑制核电厂二回路材料在核电厂停堆工况时腐蚀同样是有效的。

复习题

1. 为什么碱性水质对压水堆结构材料的腐蚀有抑制作用？
2. 说明 pH 值对腐蚀产物运动的控制作用。
3. 简述一回路冷却剂 pH 值的控制方法。
4. 一回路良好的 pH 控制剂应具备哪些条件？
5. 氢氧化锂和氢氧化铵作为 pH 控制剂各有什么优、缺点？
6. 氢氧化锂作为 pH 控制剂的特点及其物理化学性质是什么？
7. 氢氧化铵作为 pH 控制剂的特点及其物理化学性质是什么？
8. 二回路 pH 控制的方法是什么？二回路良好的 pH 控制剂应具备哪些条件？

第 8 章　PWR 一、二回路系统的水化学准则

8.1　引　言

核电厂各级管理和运行人员必须懂得一、二回路水化学处于非正常条件下运行，会使燃料包壳、系统设备结构材料（如主管道，蒸汽发生器传热管）的完整性受到损害，从而降低核电厂反应堆运行的安全性和可利用率。为此核电厂应该根据本厂设计特点拟定工作人员必须遵循的化学控制准则和反应堆不同运行模式下的水化学技术指标。准则确定了压水堆一、二回路水化学控制、诊断参数值和行动基准值以及纠正措施。

拟定准则的原则如下：

1）确定一、二回路水中的杂质是在运行中可合理达到的最低值；

2）行动基准和纠正措施均与核电厂的技术指标相一致；

3）行动基准应该以水化学的变化对反应堆系统结构材料（如主管道，蒸汽发生器传热管）、燃料包壳腐蚀行为和一回路系统辐射场放射性积累的影响的定量数据为依据；缺乏定量的数据时，拟定的行动基准应该慎重并要切实可行；

4）化学控制和诊断参数值的确定是利用目前可获得的仪器设备和操作方法应该可以做到的，并且数据的重现性要好。

在运行或启、停堆过程当中水质出现异常情况时，需要采取正确的行动进行纠正，保证水质的正常，不至于造成事故的发生。

当发现在线或离线分析结果异常时，化学分析人员应重复取样复核，以确定结果的正确性，对于在线仪表显示结果异常时，应对仪表进行校对确认；确认结果异常后，应立即报化学管理部门，化学管理人员根据异常情况，决定是否增加分析频度和必要的检测项目，并把信息反馈给化学分析人员；化学管理人员根据跟踪分析的结果判断异常原因，对于一般的异常作出纠正措施建议，运行人员根据化学管理人员的建议采取相应的纠正措施。

核电厂应该根据自身设计特点拟定本厂工作人员必须遵循的化学控制准则和反应堆不同运行模式下的水化学技术指标。本章叙述的是一个有代表性的化学控制准则及水化学技术指标（参考美国电力研究所资料）。

8.2　PWR 一回路系统的水化学准则

8.2.1　控制目标

通过对一回路水化学的控制实现以下目标：

1）使一回路系统和反应堆辅助系统的均匀腐蚀减至最小，尽可能避免发生局部腐蚀开

裂的可能。确保燃料包壳和一回路系统压力边界屏障的完整性；

2）使腐蚀产物的产生、释放和向堆芯转移量减至最小以控制辐射场的剂量率。

8.2.2　控制方法

除硼酸外，大多数压水堆一回路冷却剂的碱化剂是用氢氧化锂。但也有用氢氧化钾的，例如前苏联的 VVERs 型压水堆。我国田湾核电厂就是这种堆型。其目的是使一回路系统的材料均匀腐蚀减至最小和尽可能避免局部腐蚀开裂。还要采取的其他措施减少诸如氯离子、氟离子等侵蚀性元素进入主冷却剂。

对压水反应堆，向主冷却剂中添加一定量的氢气，抑制水的辐射分解而产生的氧，使氧含量降低到允许值，对 VVERs 型压水堆则是靠连续不断地或周期性地向冷却剂加进氨经辐射分解产生的氢来抑制水的辐射分解。

还必须严格控制形成沸石的化学元素如钙、镁、铝、硅等，它们主要来源于补水中。

在反应堆运行期间，可以通过维持一回路冷却剂 pH 值恒定在 6.9(300 ℃)以上以减少类似于 Fe_3O_4 的腐蚀产物在燃料包壳表面上的沉积。

在两个压水堆核电厂比较试验表明，pH 值为 6.9(300 ℃)时，燃料包壳上的积垢要比在较低的 pH 值时少，而且在管道和蒸汽发生器内表面上辐射场的累积也更缓慢。此外，原 pH 值低的核电厂，当第二次和以后的燃料循环周期时，提高 pH 值到 6.9(300 ℃)时，辐射场强度的增加停止了，使新的燃料元件保持清洁，严重积垢的燃料元件表面仅保留其原来残留的沉积物。因此，对于冷却剂 pH 值采用≥6.9(300 ℃)而不是较低的 pH 值则更有说服力。包括最近从卸出的燃料组件进行的除垢分析工作表明铁酸镍的结构是按化学计量规律变化，随后测量表明，在较高的 pH 值条件下溶解度趋向于增加和相应最低溶解度温度降低。这意味着腐蚀产物趋于沉淀在堆芯以外的表面上，而不是沉淀在燃料元件上。这些数据可以预料：pH 值从 6.9 上升到 7.3～7.5 时将减小堆芯外辐射场。许多核电厂正进行这方面的试验，以确定这是否是可行的。总之，当在循环末期提高 pH 值时(例如，保持锂含量最低约为 0.7 mg/L)，已观察到辐射场较低。在增加氢氧化锂浓度之前，必须考虑燃料包壳和材料的相容性。

8.2.3　控制限值、行动准则和纠正措施

(1) 核电厂运行模式

表 8-1 列出一回路水化学准则涉及的三种核电厂运行模式。运行模式的确定是以反应堆冷却剂系统的热工水力条件来划分的。因为它影响水化学环境，另外也与标准技术规范所规定的运行模式相一致。

表 8-1　运行模式

核电厂状态	反应堆工况
冷停堆	≤120 ℃
启动	＞120 ℃，但未达临界
功率运行	反应堆临界

(2) 期望值和限值

凡影响反应堆运行安全的重要化学参数定义为控制参数。首先应该确定每个控制参数

的限值。超出限值就必须采取行动，纠正存在的问题。对于虽不直接影响运行安全，但可能影响反应堆材料、燃料包壳性能和辐射场积累并可帮助化学工作者解释水化学偏离正常值原因的其他化学参数定义为“诊断”参数。这些“诊断”参数虽不具有行动基准，但也应设预定限值。

1）期望值　即为了设备运行工况符合规范，在正常工况下应达到的数值。超出此值可推测为可能有异常，希望得到确认和消除异常，使之尽早达到此值。

2）限值　表示必须遵守的值，并且超出此值时可能产生直接的事故或到了材料承受的极限。

(3) 行动基准

化学限值和行动基准要与保护系统材料，确保燃料包壳的完整性和控制辐射场积累相适应。准则的原则是在核电厂运行过程中冷却剂中的杂质可合理地维持到最低水平。三种行动基准规定，如确认控制参数超过限值，就应采取纠正措施。行动基准不能代替水化学技术指标，但应与技术指标上的要求相联系。

(4) 行动基准 1

行动基准 1 规定的参数值有一个区域。如运行过程中的数据超过此值，从工程经验判断，如果在这种条件下长期运行有害于系统的可靠性，就要采取纠正水化学运行的措施，行动基准 1 规定的值通常是核电厂正常运行的限值。如水化学中的一个参数超过行动基准 1，采取的纠正措施为：

1）采取措施使参数在 7 d 内恢复到技术指标上规定的限值以内。

2）如在 7 d 之内不能使超标参数恢复到正常值，应对此作出技术评审和实施纠正措施。这些纠正措施可能包括要求增加设备或改进现有设备。

(5) 行动基准 2

行动基准 2 规定了参数的限值，如运行中的数据超过此限值，从工程经验判断，如果在短期就能对系统的完整性构成显著的损害，就要迅速采取纠正措施，改变不正常的水化学条件，为此，如水化学中的一个参数超过行动基准 2 的限值，采取的措施为：

1）采取措施使超标参数值在 24 h 内降到行动基准 2 的限值以内。

2）假若超标参数值在规定时间内不能降到行动基准 2 的限值以内，则核电厂应该有秩序地停堆并尽快地使反应堆到达冷停堆条件，如在停堆之前水化学情况恢复到行动基准 2 要求的范围内，则反应堆要提升到满功率运行。

3）超过了行动基准 2 规定的时间限值，实施了反应堆停堆，此时首先应对此事件做技术评审，并且在反应堆重新启动之前采取相应的纠正措施。

(6) 行动基准 3

行动基准 3 规定了参数的限值，如运行过程中，如水化学的参数超过行动基准 3 的限值，从工程经验判断：继续运行将对核电厂极为不利，为此规定如一个参数超过行动基准 3 的限值，则应采取措施为：

1）迅速地有秩序的停堆，并尽可能利用其他手段使冷却剂温度降至≤120 ℃。

2）由于达到行动基准 3 规定的条件迫使反应堆停堆之后，应该对此事件进行技术上的审评，一定要求采取相应的纠正措施后，反应堆才能重新启动。

(7) 纠正措施

在运行过程中当一个参数接近或超过基准值，纠正措施就应该执行。纠正措施的方法取决于各核电厂的设计特点和参数类别，每个核电厂应该根据本厂特别关心的问题预先制定纠正措施程序。以下是对带有普遍性的几点措施的建议：

1）将现有的分析结果与以前分析的数据进行比较判断是否一致，以确认目前水化学所处的状况。

2）确认并切断杂质来源。

3）增加取样和分析频度以观察水化学的短期趋势，并且确认接近或超过基准值的化学参数分析结果的正确性。

4）确认反应堆冷却剂净化系统是否以可达到的最大流量在投入运行，并确认离子交换树脂去除效率是否良好。

（8）水化学参数的限值

表 8-2～表 8-12 中列出了压水堆核电厂三种运行模式下的水化学参数的限值和运行基准值，并确定应分析的化学参数，当然，这些规定或建议可以依据各自核电厂的特定情况加以修改。

表 8-2　反应堆冷却剂系统冷停堆时控制参数(反应堆工况≤120 ℃)

控制参数	取样频度	限　值	行动基准 1	超过 120 ℃前的值
氯化物/(mg/L)	3/周	<0.15	>0.15	≤0.15
氟化物/(mg/L)	3/周	<0.15	>0.15	≤0.15
氧/(mg/L)[1)]		N/A	N/A	≤0.10

注：1) 仅在升温期间适用。在超过 120 ℃之前必须核实。N—正常，A—非正常。

表 8-3　反应堆冷却剂系统冷停堆时诊断参数(反应堆工况≤120 ℃)

诊断参数	取样频度	限　值	超过 120 ℃前的值
电导率/(μS/cm)，25 ℃	1/周	—	—
锂/(mg/L)	—		与核电厂对锂的规定相一致
pH，25 ℃	1/周		—
硼/(mg/L)	根据技术要求而定	与停堆时要求的数值相一致	—
总硫/(mg/L) [以硫酸盐(SO_4^{2-})表示]	1/周	≤0.10	—

表 8-4　表 8-2 和表 8-3 的纠正措施

超限值参数	纠正措施
氯化物/氟化物	1. 隔离补给水源，如果需要改用替代水源； 2. 检查净化系统离子交换床流量和交换效率； 3. 核查补给水纯度； 4. 核查反应堆冷却剂系统中可能引起从树脂中释放氯离子的高含量的氨或电导率
硫	1. 核查从净化系统释放的树脂和硫酸盐； 2. 如果需要，核查离子交换效率和隔离情况； 3. 核查补给水纯度

表 8-5 反应堆(所有模式时)补给水中可形成沸石的元素的诊断参数

诊断参数	取样频度	限 值
硅/(mg/L)	(a)	<0.10
铝/(mg/L)	(a)	<0.08
镁/(mg/L)	(a)	<0.04
总钙和镁/(mg/L)	(a)	<0.08

注:本表仅给出可形成沸石的元素,并不包括补给水的全部参数。(a)与燃料商推荐的一致。

表 8-6 表 8-5 纠正措施指南

超限值参数	纠正措施
二氧化硅、铝、钙、镁	1. 隔离补给水源,如需要,改用替代水源; 2. 核查补给水系统的运行和效率

表 8-7 反应堆冷却剂系统启动控制参数(反应堆次临界工况>120 ℃)

控制参数	取样频度	限 值	行动基准			临界以前值
			1	2	3	
氯化物/(mg/L)	(a)	<0.15	—	>0.15	>1.50	≤0.15
氟化物/(mg/L)	(a)	<0.15	—	>0.15	>1.50	≤0.15
氢/[ml(STP)/kgH_2O]	(a)	—	—	—	—	≥15
溶解氧/(mg/L)	(a)	<0.10	—	>0.10	>1.00	≤0.10

注:(a) 依据核电厂启动程序表确定取样频度。

表 8-8 反应堆冷却剂系统启动诊断参数(反应堆次临界工况>120 ℃)

诊断参数	取样频度	限 值
电导率/(μS/cm),25 ℃	(a)	
锂/(mg/L)	(a)	与核电厂对锂的规定相一致
总硫/(mg/L)[以硫酸盐(SO_4^{2-})表示]	(a)	≤0.10
pH,25 ℃	(a)	
硼/(mg/L)	(a)	按照反应性控制的要求
固体悬浮物/(mg/L)	(a)	≤0.35

注:(a) 化学管理部门必须根据核电厂启动程序表确定取样频度。

表 8-9 表 8-7 和表 8-8 的纠正措施指南

超限值参数	纠正措施
氯化物/氟化物	1. 隔离补给水源。如需要,改用替代水源; 2. 核查补给水纯度; 3. 核查净化系统的离子交换床流量和交换效率; 4. 核查反应堆冷却剂系统中可能引起从树脂中释放氯离子的高含量的氨或电导率

续表

超限值参数	纠正措施
悬浮物	1. 使下泄流量达到最大； 2. 核查补给水氧的浓度
硫	1. 核查从净化系统释放树脂或硫酸盐； 2. 如果必要，核查离子交换器交换效率和隔离情况； 3. 核查补给水纯度
锂	1. 根据需求，调节锂在化学技术指标限值以内； 2. 确保离子交换床中阳树脂转成锂型； 3. 核查以确保反应堆在运行中冷却水不被稀释
氢	1. 确保在化学与容积控制系统(CVCS)中氢适当的超压； 2. 确保适当的下泄流量； 3. 检查泄漏阀的迹象(Indications)
溶解氧	1. 保证所有的反应堆冷却泵已启动； 2. 保证剩余联氨足以与氧反应(在超过 120 ℃以前)

表 8-10　反应堆冷却剂系统功率运行时控制参数(反应堆临界)

控制参数	取样频度	限　值	行动基准		
			1	2	3
氯化物/(mg/L)	1/d	<0.15	—	>0.15	>1.50
氟化物/(mg/L)	1/d	<0.15	—	>0.15	>1.50
锂/(mg/L)	3/周	与核电厂锂的规定相一致	—	—	—
氢/[ml(STP)/kgH_2O]	3/周	25～50	<25 >50	≤15	≤5
溶解氧/(mg/L)	1/d	<0.10[1)]	—	>0.10	>1.00

注：1) 在对氢浓度有重大影响的运行期间，建议增加取样频度(例如给水和排放，稳压器的蒸汽淋洗液)。

表 8-11　反应堆冷却剂系统功率运行时诊断参数(反应堆临界)

诊断参数	取样频度	限　值
电导率/(μS/cm)，25 ℃	1/d	按照反应性控制要求
pH，25 ℃	1/d	
硼/(mg/L)	1/d	
总硫/(mg/L) [以硫酸盐(SO_4^{2-})表示]	1/周	≤0.10
固体悬浮物/(mg/L)	1/周	≤0.35

表 8-12　表 8-10 和表 8-11 的纠正措施指南

超限值参数	纠正行动
氯化物/氟化物	1. 隔离补给水源。如需要，改用替代水源； 2. 核查补给水纯度； 3. 核查净化系统的离子交换床的流量和交换效率； 4. 核查反应堆冷却剂中是否含有高浓度氨或高电导率物质，可能使得从阴树脂中释放出氯离子

续表

超限值参数	纠正行动
固体悬浮物	加大下泄流量
硫	1. 核查净化系统的树脂泄漏进入冷却剂； 2. 如果需要，核查离子交换器的交换效率和隔离情况； 3. 核查补给水纯度
锂	1. 按要求调节锂到限值内； 2. 确认锂型离子交换床在役； 3. 核查确认反应堆在运行中冷却剂不被稀释或硼化
氢	1. 确保在化容系统中的氢适当的超压； 2. 确保适当的下泄流量； 3. 核查泄漏阀的迹象(Indications)
溶解氧	1. 核查补给水箱内不正常的氧浓度； 2. 核查化容系统漏气情况； 3. 核查氢浓度； 4. 调查不正常的高补水率的可能性

8.2.4 确定水化学技术参数的依据

8.2.4.1 影响一回路压力边界结构材料均匀腐蚀和局部腐蚀的主要参数

(1) 溶解氧

从理想状态讲，反应堆主冷却剂中最好是完全没有氧的存在，但这是不可能的，现在是要求既合理又可能地降低冷却剂中氧浓度至最小量以减少反应堆冷却剂系统结构材料的均匀和局部腐蚀。所以当反应堆加热时就用加联氨或排气以控制冷却剂中溶解氧的浓度。

当反应堆功率运行时，以向冷却剂中加氢和减少补水中氧含量来控制冷却剂中的氧浓度。试验表明：典型的压水堆冷却剂中的硼浓度为 1 100 mg/L 时，维持冷却剂中氢气含量在 14～15 ml/kgH_2O(STP)浓度就可抑制由于水的辐射分解产生的氧。有关辐射分解形成氧的计算模式表明：当反应堆功率运行时，氢的浓度维持在 15～20 ml/kgH_2O(STP)时就可抑制形成 H_2O_2、氧化性自由基和具有腐蚀性的 HO_2^-［H_2O_2的离解，见式(5-22)］。由于氧或氧化性物质也可从其他途径进入冷却剂，所以冷却剂中应维持过量的氢。使反应堆功率运行时，冷却剂中的氧浓度低于分析检测限值($<5\ \mu g/L$)。

(2) 氯化物

奥氏体不锈钢暴露于含有氧的高温水中，又有氯离子的存在将会导致材料发生应力腐蚀开裂。准则中确定氯离子浓度限值是基于奥氏体不锈钢应力腐蚀开裂与氧和氯离子浓度之间的相互关系。

(3) 氟化物

文献报道，氟离子也可导致压水反应堆不锈钢结构材料的应力腐蚀开裂。为此在准则中规定氟离子的限值。Whyte 和 Picone's 的研究表明：仅仅是敏化的奥氏体不锈钢才对氟离子导致应力腐蚀开裂是敏感的，试验结果表明：导致不锈钢应力腐蚀开裂的最低氟离子浓度为 10 mg/L。当试验溶液中含有硼酸时，未观察到应力腐蚀开裂现象，或许是有 BF_4^- 离子形成的原因。在水化学技术指标中确定氟离子限值是较低的。

(4) 硫

某压水堆核电厂,蒸汽发生器因科镍-600 合金传热管在一回路侧发生开裂,将这次事件归之于高浓度的硫化物所引起的,并相信这种腐蚀是在冷停堆条件下发生的,为此,建议定期分析冷却剂中的硫化物。为简化分析手续,是将硫化物氧化后作为硫酸盐来分析。

(5) pH 值

一致公认,冷却剂 pH 值对结构材料的均匀腐蚀和应力腐蚀开裂有重大影响。然而,如维持冷却剂 pH 值在正常的技术指标范围内,不会对压水堆系统的完整性构成危害。pH 值对辐射场积累的影响在第 6 章专门进行了讨论。

8.2.4.2 确定与燃料包壳相关的水化学技术参数的依据

Zr-4 合金用作放置燃料芯块的元件包壳,当反应堆运行时,它成为防止放射性裂变产物释放的主要屏障。因此,维持元件包壳的完整性是反应堆运行人员和核安全部门的主要目的。现在从水化学角度讨论影响元件包壳完整性的主要参数:

(1) 溶解氧

降低冷却剂中溶解氧的浓度将会减少 Zr-4 合金均匀腐蚀速率。如前所述,冷却剂中氧浓度当反应堆升温阶段可用向冷却剂中加联氨或排气予以控制。当反应堆功率运行时,用向冷却剂中加氢和减少补给水中的氧含量以控制冷却剂中氧浓度在技术指标范围内。降低氧浓度也可减少堆芯外一回路系统材料的腐蚀速率,从而也减少腐蚀产物在元件包壳表面上的沉积量。

(2) 氟化物

Berry 等人研究了氟化物对 Zr-4 合金腐蚀行为的影响后指出:如冷却剂技术指标中规定氟离子浓度<2 mg/L,将不会对非沸腾系统的元件包壳的完整性构成危害。现在拟定的标准技术指标中的氟离子限值远低于 2 mg/L。

(3) 铝、钙、镁和硅

由于补给水不纯的原因或者硼酸纯度不高,在反应堆冷却剂中可间断地检测到这些杂质。铝、钙和镁的许多硅酸盐和氧化物,其溶解度具有负温度系数的特点。因此,它们将在反应堆冷却剂系统温度最高的部位即元件棒表面上优先沉积。这种沉积可能使堆芯表面的沉积物致密。可能加重 Zr-4 合金的腐蚀,特别是在反应堆有发生显著沸腾的部位。由于上述原因,为此应定期对反应堆补水中的铝、钙、镁和硅进行监测。

(4) 悬浮物

堆芯沉积物的积累率与冷却剂中悬浮物的浓度有关。因此,应该慎重地确定冷却剂中悬浮物浓度的限值。反应堆功率运行初期,冷却剂中悬浮物浓度过高,这是由于反应堆冷却剂系统表面上的保护氧化膜没有完全形成的结果。这可以延长反应堆热态试验时间并用含高浓度锂的冷却剂来运行以减少悬浮物的量。但是如锂浓度过高,以及其他可提高冷却剂 pH 值的物质均能加大 Zr-4 合金的腐蚀速率。另外在运行时冷却剂中氢的浓度偏低也能导致冷却剂中悬浮物浓度的升高。

8.2.5 一回路水质技术规范(限值)

为保护核电厂中压水堆结构材料的完整性以及降低辐射场和辐射活化产物对环境的不

利影响，要求严格控制一回路冷却剂的水化学条件，冷却剂的水质指标必须符合规定的质量标准。压水堆一回路冷却剂，化学和容积控制系统都规定有质量标准，并明确的规定期望值和限定值的指标，同时对它们各自的补给水也有严格要求。

为了保证压水反应堆核电厂能够较长时间安全、稳定地运行，对冷却剂的质量提出了严格的要求。特别是反应堆经过一段时间的运行，冷却剂中物质被活化产生感生放射性，水在屏蔽射线的同时会发生分解，以及反应堆内各种材料发生腐蚀、磨蚀。更重要的是：对冷却剂中添加剂，如中子吸收剂硼酸、pH 调节剂氢氧化锂(或氢氧化铵)、溶解氢的加入量及运行中的配比；对引起材料腐蚀的各类有害元素，如：溶解氧、氯离子、氟离子等都制定了质量标准。

反应堆冷却剂系统(RCP)功率运行时水的质量规范，见表 8-13。

表 8-13 压水堆冷却剂系统(RCP)功率运行时水的质量规范

参数	单位	期望值	限值	分析频率	注
B	mg/kg		0～2 300	每天一次	1
Li^+			0.60～2.20		2
H_2(溶解)	ml/kg	25～35	25～50	每周一次	1～3
Cl^-	mg/kg	<0.05	<0.15		4
F^-		<0.05	<0.15		4
SO_4^{2-}		<0.05	<0.15		
O_2(溶解)			<0.10		4,5
SiO_2			<0.20	每周一次	
Ca^{2+}			<0.10	每月一次	
Mg^{2+}			<0.10		
Al^{3+}			<0.10		
Na^+		<0.1	<0.20		
固体悬浮物			<1.00	需要时	
NH_4^+		<0.5		需要时	

注：1. 在线监测；2. 正常功率运行时；3. 停堆时的氢浓度另有规定；4. 极限条件另有规定；5. 当 H_2<15 ml/kg 时，连续监测。

在正常运行时，压水堆一回路冷却剂水质指标见表 8-14。由于核电厂各自情况不同，与表 8-13 列出的指标不完全一致。表中数值有一定参考价值，但不可作为压水堆运行依据。

表 8-14 压水堆冷却剂水质指标

指标	冷却剂	补水
电导率/(μS/cm)，25 ℃	1～40	<2
pH 值，25 ℃	4.2～10.5	6.0～8.0
二氧化碳含量/(mg/L)	<2.00	<2
氧含量/(mg/L)	<0.10	<0.1
氯含量/(mg/L)	<0.15	<0.15

续表

指　标	冷却剂	补　水
氟含量/(mg/L)	<0.10	<0.1
氢含量/(ml/kgH_2O)	25～35	
总悬浮态固体量/(mg/L)	<1.00	<0.5
锂/(mg/L)	0.22～2.20	
硼　酸/(mg/L)	0～4 000	<5
过滤度　微孔<0.5 μm		悬浮物<0.5 μm

8.3　PWR 二回路系统的水化学准则

8.3.1　控制目标

通过对二回路水化学的控制实现以下目标：

1) 减少二回路系统设备的均匀腐蚀速率和在蒸汽发生器传热管管板和支撑板上淤渣沉积量；

2) 尽可能地减少二回路系统设备，特别是蒸汽发生器传热管的局部腐蚀开裂，以提高核电厂的运行安全性和可利用率。

8.3.2　控制限值、行动基准和纠正措施

(1) 运行模式

表 8-15 列出蒸汽发生器三种运行模式与蒸汽发生器所处的热工状况。

表 8-15　运行模式

蒸汽发生器状态	反应堆一回路工况
冷停堆/湿态保养	≤93 ℃
升温(>93 ℃，反应堆功率≤5%)	>93 ℃，反应堆功率≤5%
反应堆运行(>5%)	反应堆功率>5%

(2) 行动基准

用氨-联氨处理二回路水时，确定行动基准和化学限值保护二回路系统和蒸汽发生器完整性，应考虑以用量最小即可达到实效的要求。以往核电厂的运行经验表明：运行过程中如二回路水中杂质浓度超过限值，将会对二回路系统特别是对蒸汽发生器构成严重危害，因此，要及时采取纠正非正常水化学运行的措施。行动基准的划分是以非正常水化学工况时控制参数的数值大小为依据的。

(3) 行动基准 1

迅速确认和找出水质超标的原因，但不必降低反应堆运行功率，采取的措施为：① 在确认某参数偏离正常值之后，应在一周内，使该参数恢复到正常值以内。② 如确认偏离参数不能在一周内恢复到正常值以内，偏离值继续增大到行动基准 2 的值时，就应采取与行动基

准 2 相适应的措施。

(4) 行动基准 2

当采取纠正措施时，应同时降功率以使系统设备的腐蚀减至最小，降低功率应是达到减少蒸汽发生器过热和在缝隙处的热负荷以减少腐蚀性化学物质在此处的浓集。当纠正杂质来源时，应提供足够系统流量以维持运行。降低功率一般是降到满功率的 30%或更低些。采取的措施为：

1) 在执行行动基准 2 的措施的 4 h 以内，要将功率降到适宜水平(一般是 30%或更低)。

2) 使参数偏离值在 100 h 内恢复到正常范围内，如偏离继续增大到行动基准 3 的值时就应该按行动基准 3 的规定执行。

(5) 行动基准 3

在二回路水化学严重超标情况下，如核电厂继续运行，可能导致蒸汽发生器迅速腐蚀而失效。为了避免杂质继续进入和消除有害杂质进一步浓集，核电厂应停堆。采取的措施为：

确认二回路水化学偏离到行动基准 3 的值时，在 4 h 之内应将反应堆停堆并且以充排方式对系统和蒸汽发生器进行清洗。然后重新充水直到二回路水达到正常值，清洗时，蒸汽发生器是处于热态还是朝冷停堆状态过渡，这取决于二回路水中超标有害杂质对蒸汽发生器腐蚀影响的程度。但最迅速的方法是有效的清洗。

(6) 纠正措施

当二回路水中某一参数达到行动基准值，就应该执行纠正措施。每个核电厂都应根据本厂特点和关注的问题预先制定纠正措施的程序，现提出带有通用性的几点措施建议：

1) 将现有各种分析结果与连续检测仪的读数进行比较，判断是否一致。

2) 确认并切断杂质来源。

3) 加大蒸汽发生器排污量到最大值以去除有害杂质。

4) 增加取样和分析频度以观察水化学在短期内的发展趋势，并且确认化学参数接近或超过基准值的分析结果的正确性。

(7) 水化学参数的限值

以下分别叙述压水堆核电厂三种运行模式下的水化学参数的限值行动基准值。非正常水化学工况下的纠正措施，确定了应分析的化学参数和设置化学参数的理由。当然，上述规定或建议可以依据各自核电厂的特定情况加以修改和补充。

1) 冷停堆/湿态保养(≤93 ℃) 冷停堆/湿态保养蒸汽发生器的水质控制参数和给水控制参数见表 8-16 和表 8-17。

表 8-16 冷停堆/湿态保养蒸汽发生器的水质控制参数

参数	正常取样频度/次	正常值	行动基准值	升温前的值
pH 值(铁体系),25 ℃	3/周	9.8～10.5	<9.8	>9.0
pH 值(铁/含铜体系),25 ℃	3/周	8.5～9.2	<8.5	8.5～9.2
联氨/(mg/L)	3/周	75～200	<75	

续表

参　数	正常取样频度/次	正 常 值	行动基准值	升温前的值
钠/(μg/L)	3/周	≤1 000	>1 000	≤100
氯离子/(μg/L)	3/周	≤1 000	>1 000	≤100
硫酸盐/(μg/L)(SO_4^{2-})	3/周	≤1 000	>1 000	≤100

表 8-17　冷停堆/湿态保养给水控制参数

参　数	正常取样频度/次	正 常 值	行动基准值
溶解 O_2/(μg/L)	3/d	≤100(充水时)	>100(充水时)

2）确定二回路水化学技术参数的依据　见 8.3.3 节内容。

3）冷停堆/湿态保养的纠正措施　其纠正措施见表 8-18 所示。

表 8-18　冷停堆/湿态保养的纠正措施

超标参数	纠正措施
pH 值	1. 用联氨/氨/时，电导率相互校对是否一致； 2. 如果偏低，加氨纠正
联氨	1. 如偏低，加联氨到规定范围； 2. 对铜冷凝器或铜给水系统，如偏高，在升温之前，则须排放和充水以减少联氨浓度
钠/氯离子/硫酸盐	1. 核查补水纯度； 2. 用脱氧的纯水进行充排

4）升温(>93 ℃，≤5%功率)　给水取样和蒸汽发生器排污水样的升温控制参数如表 8-19、表 8-20 所示。

表 8-19　给水取样的升温控制参数

参　数	正常取样频度	正 常 值	行动基准值
溶解 O_2/(μg/L)	每天	≤100	>100
联氨/(μg/L)	每天	≥3×(O_2)	<3×(O_2)

表 8-20　蒸汽发生器排污水样的升温控制参数

参　数	正常取样频度	正 常 值	行动基准值	功率提升到>5%之前值	功率提升到>30%之前值
pH 值(铁体系)	连续	>9.0	<9.0	…	>9.0
pH 值(铁/铜体系)	连续	8.5～9.2	<8.5 >9.2	…	8.5～9.0
阳离子电导率/(μS/cm)	连续	≤2.0	>2.0	≤2.0	≤8.0

续表

参　数	正常取样频度	正 常 值	行动基准值	功率提升到＞5％之前值	功率提升到＞30％之前值
溶解 O_2/(μg/L)	每天	≤5	＞5	…	…
钠/(μg/L)	连续	≤100	＞100	≤100	≤20
氯离子/(μg/L)	每天	≤100	＞100	≤100	≤20
硫酸盐/(μg/L)	每天	≤100	＞100	≤100	≤20
硅/(μg/L)	…	…	…	…	≤300

5）确定二回路水化学技术参数的依据(见 8.3.3 节)

6）纠正措施指南——升温　纠正措施指南——升温见表 8-21。

表 8-21　纠正措施指南——升温

(给水)超标参数	纠正措施
溶解氧	1. 核查联氨剩余量,按要求加入； 2. 检查冷凝水贮罐(或其他水源有否泄漏空气)
联氨	如果剩余量低,则添加到规定量
(蒸发器排污水)超标参数	**纠正措施**
pH 值	1. 如偏低,向给水中加氨； 2. 如偏高,则排污和向系统加去离子水或脱氧的补水
阳离子电导率	最大排污量,加去离子水,脱氧的补水和核查补水纯度
溶解氧	1. 核查联氨剩余量,如偏低则按要求加入； 2. 检查冷凝水贮罐有否泄漏空气
钠/氯离子/硫酸盐	1. 最大排污量,加入去离子水或脱氧的补水； 2. 核查补水/给水纯度； 3. 如采取措施仍未得到缓解,应考虑冷停堆和将蒸汽发生器水排尽再充符合要求的水

7）功率运行(＞5％)　给水水样的功率运行(＞5％)控制参数见表 8-22。

表 8-22　给水水样的功率运行(＞5%)控制参数

参　数	正常取样频度	正 常 值	行动基准		
			1	2	3
pH 值(铁体系)	连续	9.3～9.6		＜9.3	
pH 值(铁/铜体系)	连续	8.8～9.2		＞9.6	
溶解 O_2/(μg/L)	连续	≤5		＞5	
总铁/(μg/L)	每周	≤20		＞20	
总铜/(μg/L)	每周	≤2		＞2	
联氨/(μg/L)	每天	＞20		＜20	

给水水样的功率运行(＞5％)诊断参数见表 8-23。排污水样的功率运行见表 8-24。

表 8-23　诊断参数

参　数	建 议 值
阳离子电导率/(μS/cm)	连续检测≤0.2
钠/(μg/L)	连续检测≤3

表 8-24 排污水样的功率运行(>5%)

参 数	正常取样频度	正 常 值	行动基准		
			1	2	3
pH 值(铁体系)	连续	9.0～9.5	<9.0		
pH 值(铁/铜体系)	连续	8.5～9.0	<8.5		
			>9.0		
阳离子电导率/(μS/cm)	连续	≤0.8	>0.8	>2	>7
钠/(μg/L)	连续	≤20	>20	>100	>500
氯离子/(μg/L)	每天	≤20	>20	>100	
硫酸盐/(μg/L)	每天	≤20	>20		
硅/(μg/L)	每天	≤300	>300		

8) 确定二回路水化学技术参数的依据(见 8.3.3 节)。

9) 纠正措施指南——功率运行

纠正措施指南——功率运行,见表 8-25、表 8-26 和表 8-27。

表 8-25 给水超标参数纠正措施——功率运行

(给水)超标参数	纠正措施
pH 值	1. 核查氨和联氨的添加率,如需要则调整; 2. 如需要,加大排污量; 3. 检验每个冷凝水净化器罐和每个补水离子交换器的出口; 4. 冷凝器排放以后,考虑切断冷凝器空气喷射量
溶解氧	1. 核查剩余联氨量,假若低于正常值,则增加补给速率; 2. 核查冷凝器空气泄漏率; 3. 检查给水系统有可能漏入空气的部位; 4. 如果分析结果可靠,增加联氨的量是水中实测氧含量的 3 倍
铁和铜	1. 核查溶解氧的量,冷凝器空气泄漏,pH 值和氨; 2. 若确认溶解氧浓度高,应进一步减少空气向冷凝器泄漏量; 3. 改变 pH 值控制范围以利于缓解材料的腐蚀
联氨	调整给水速率,核查氨和给水 pH 值

表 8-26 蒸汽发生器排污超标参数纠正措施——功率运行

(蒸汽发生器排污)超标参数	纠正措施
pH 值	1. 核查联氨和氨的添加速率; 2. 检验排污净化床出口流出液中存在的碱和酸性物质; 3. 如果需要,则增大排污量
阳离子电导率(钠、氯离子、硅、硫酸根)	1. 增大排污量; 2. 取冷凝器部位的水样分析; 3. 检验去离子补水罐和排污净化床出口流出液中的杂质含量; 4. 调查内部水源污染的可能性

表 8-27 冷凝水超标参数纠正措施——功率运行

(冷凝水)超标参数	纠正措施
溶解氧	1. 确认并减少空气内漏量； 2. 检验给水系统有可能漏入空气的部位

8.3.3 确定水化学技术参数的依据

8.3.3.1 冷停堆/湿态保养模式

(1) pH 值

用联氨溶液使蒸汽发生器水中的 pH 值维持在 9.8～10.5(25 ℃)以便在蒸汽发生器材料表面形成保护膜可阻止蒸汽发生器的腐蚀。如系统含有铜合金部件在升温之前，则 pH 值降低到 8.5～9.2。

(2) 联氨

联氨是一种除氧剂，而且可抑制铁类金属的均匀和局部腐蚀。在蒸汽发生器水中联氨浓度应维持在 75～200 mg/L，联氨溶液 pH 值大于 9.8，可使金属表面上的保护膜得以增强。

(3) 钠

维持水中钠含量低于 1 000 μg/L，以保证在堆启动之前水中的污染不超过允许水平。如超过 1 000 μg/L，则蒸汽发生器应先排水，然后再充符合要求的水。

(4) 溶解氧

溶解氧增加铁表面的腐蚀速率而且使因科镍-600 和因科镍-690 合金易发生点腐蚀。因此在充水时，氧浓度应低于 100 μg/L，而补水中的氧含量也应在限值以内。

(5) 氯离子

在冷停堆条件下，氯离子可加速因科镍-600 和因科镍-690 合金的点腐蚀，如蒸汽发生器水中氯离子浓度超过 1 000 μg/L，则应将蒸汽发生器中的水排尽，再充符合要求的水。

(6) 硫酸盐

当冷停堆工况下，硫酸盐可加速因科镍-600 和因科镍-690 合金的局部腐蚀，如蒸汽发生器水中硫酸盐的浓度超过 1 000 μg/L，则应将蒸汽发生器中的水排尽，再充符合要求的水。

8.3.3.2 升温(＞93 ℃，反应堆功率在≤5%)模式

(1) 阳离子电导率

阳离子电导率是指示水中溶解的阴离子总量，它的值应与分析所获得的强阴离子总量的结果相适应。

(2) 溶解氧

为了减少碳钢的腐蚀到最低水平，应该控制氧含量，在辅助给水中的氧浓度应低于 100 μg/L，这可用足够的联氨处理即可达到，在热态备用工况下，蒸汽发生器排污水中的氧含量应低于可探测水平(＜5 μg/L，比色法)，控制补水中的氧含量也可达到此目的。

(3) 硫酸盐

酸性和碱性溶液中的硫酸盐可引起因科镍 -600 合金的晶间腐蚀，硫酸盐也可促使因科

镍-600 合金发生点腐蚀，它与氯离子一起能促进缝隙处中非保护性的四氧化三铁的增加。在传热条件下，硫酸盐将会隐藏起来。因此，在提升功率之前应控制水中硫酸盐的含量。

(4) 钠

钠来源于冷凝器的泄漏、补水或凝结水精处理装置的再生剂等化学药品，因氢氧化钠对汽轮机材料和蒸汽发生器传热管有腐蚀作用。为此对水中钠含量甚为关注。

(5) 氯

氯离子可促进缝隙区非保护性的四氧化三铁的生成(凹陷腐蚀)，而且也引起因科镍-600 合金的点腐蚀，因此，当提升功率时要严格控制氯离子含量，以限制它可能在有关部位隐藏起来。

(6) 联氨

为控制辅助给水带进的氧量，应维持水中联氨量是氧量的 3 倍。使排污水中氧含量为 ≤5 μg/L。联氨一般是加到冷凝水贮罐或辅助给水回路，联氨的剂量应根据实测的水中氧含量和水量而定。

8.3.3.3　功率运行(>5%)模式

(1) pH 值

确定给水 pH 值的范围取决于给水系统的材料，氨是挥发性的，通常用作控制给水 pH 的碱化剂，其他胺，如吗啉也可用于调节二回路水化学参数。联氨热分解生成氨将影响水的 pH 值。

采用铁体系的给水系统的核电厂运行时，给水的 pH 值要求维持在 9.3～9.6 范围内，而有铜合金材料的给水系统，给水 pH 值应是 8.8～9.2。给水 pH 值在上述范围内运行，有助于维持给水系统的长期完整性并能使向蒸汽发生器转移的腐蚀产物量达到最小。如果核电厂的给水系统是由单一的铁体系材料所组成，并设置了冷凝净化器，如仅考虑有利于杂质的转移，运行时，给水的 pH 值维持在 9.0～9.6 是允许的。但是要认识到，给水的 pH 值 >9.3，对冷凝水净化系统中的离子交换树脂的交换容量消耗非常大。每个电厂应评估本厂具有腐蚀产物和离子杂质数据，从全局利益考虑来确定给水的 pH 值范围。

蒸汽发生器排污水的 pH 值在没有显著杂质浸入的情况，也没有一回路冷却剂向二回路泄漏的情况可通过在给水的氨和联氨浓度来控制。全挥发处理法对强的离子化杂质不具备缓冲能力。因此可采用以水中氨量计算的 pH 值与该水溶液实测 pH 值相比较，来判断在蒸汽发生器总体水中存在的酸性或碱性杂质浓度。

(2) 阳离子电导率

阳离子电导率可用来检测浸入的可溶性阴离子杂质。它的值应与用分析所取得的强阴离子浓度值相适应，并可确定它们之间差异的原因。

根据核电厂运行经验，排污水的阳离子电导率的值定为≤0.8 μS/cm。冷凝器微量泄漏或其他形式的杂质污染，在蒸汽发生器腐蚀之前，杂质量就可达到行动基准 1 的值。阳离子电导率在 2～7 μS/cm，就应按行动基准 2 采取措施。因为这种杂质水平，在核电厂满功率运行工况下，就会出现凹陷腐蚀。为了使蒸汽发生器的腐蚀降至最小，如排污水的阳离子电导率超过 7 μS/cm，就应按行动基准 3 采取措施。

(3) 钠

根据核电厂运行经验确定钠的限值，如超过行动基准 2 排污水的限值就会增加因科镍-600和因科镍-690合金传热管苛性应力腐蚀开裂的可能性，这也是根据运行经验和实验室研究钠对镍基合金苛性应力腐蚀开裂影响的试验数据而下的判断。

(4) 氯离子

氯离子对处于蒸汽发生器运行工况条件下的钢铁材料是腐蚀性杂质，其他强酸性的为硫酸盐(SO_4^{2-})阴离子也是腐蚀性的；然而，它们对材料的腐蚀性是由腐蚀剂的强度所支配。它们有能力扩散到腐蚀界面而且在缝隙处浓集。

从发生凹陷腐蚀的蒸汽发生器取出的传热管管板和支撑缝隙处样品的分析结果表明：

缝隙处的氯离子浓度超过4 000 mg/L，在缝隙处形成如此高的氯离子浓度是由于局部热工水力条件所致。

氯化物可在缝隙区形成酸性环境，试验表明：处于酸性环境的氯离子是非保护性四氧化三铁增长的主要因素。如水溶液中存在着可还原性物质如氧，二价铜和二价镍能促使在缝隙处形成酸性环境。

(5) 硫酸盐(SO_4^{2-})

在蒸汽发生器运行工况下，硫酸盐可促使因科镍-600合金发生晶间腐蚀。这种腐蚀在酸性或碱性环境均可发生。硫酸盐亦可使因科镍-600合金发生点腐蚀而且加速钢铁材料的腐蚀。硫酸盐在传热条件下可以隐藏起来，运行温度下它的溶解度不大，为此，在化学准则中应对硫酸盐量的限制定得较低。

(6) 硅

硅可在汽轮机内沉积，亦可形成硅酸盐沉积于蒸汽发生器内，所以在准则中规定含量为≤300 μg/L，根据运行经验，此量级的硅不会对材料构成腐蚀问题。

(7) 溶解氧

用控制水中氧含量和pH值使形成的腐蚀产物和转移量达到最小值。要连续监测给水和冷凝水中溶解氧。为此在冷凝水中氧含量超过准则中规定的限值，就应按行动基准2采取措施。

在温度高于100 ℃的水中，如无其他促使材料腐蚀的物质存在，水中溶解的氧可在碳钢表面上形成不透水可自身修复的四氧化三铁保护膜。如水溶液中含有镍、钴、钒和氯化物则形成没有保护膜性能的四氧化三铁。如非保护膜性的四氧化三铁成线性增加最终将会导致蒸汽发生器传热管因凹陷腐蚀而破裂。最近实验室的研究表明，二价铜的氯化物或氧化物均为该腐蚀类型的加速剂。在有氧存在的中性氯化物水溶液中也可形成非保护膜的四氧化三铁。

(8) 铁

监测水中铁的总量可以定量地判断腐蚀产物的转移和蒸汽发生器内淤渣的积累以及给水系统的腐蚀情况。给水技术指标中规定铁的量为≤20 μg/L是基于许多核电厂的经验数据。

(9) 铜

监测水中总铜量可以定量地判断腐蚀产物的转移。蒸汽发生器中淤渣的积累以及给水系统的腐蚀情况，给水技术指标中规定铜含量为≤2 μg/L，是基于许多核电厂的运行经验。

(10) 联氨

依据反应条件，氧与联氨反应可生成水和氮，在给水系统条件下，氧与联氨的反应可以认为是在金属氧化物或氢氧化物的表面上进行的。反应的速率随pH值、过剩联氨量，温度而增加。可能还取决于接触的表面，如杜绝空气向系统的泄漏，又用联氨作为氧的清除剂就可减少材料的腐蚀。材料腐蚀速率降低也就减少向蒸汽发生器转移的腐蚀产物量。在蒸汽发生器运行温度下，联氨分解成氨并与蒸汽一起进入冷凝器，氨就溶于冷凝水中，就有助于冷凝水 pH 值的控制，然而对铜合金系统，必须防止过剩的氨。

8.3.4 WANO 化学指标 CPI

为了不断地改善核电厂的安全可靠性，保证其核电厂安全可靠的运行，在美国核动力运行研究所(INPO)和国际电力生产和配电者协会(UNIPEDE)的大力支持下，由英国中央电力管理局主席马歇尔倡议，于 1989 年 5 月 15 日在莫斯科成立了世界核电运行组织(WANO)这一世界性组织。WANO 组织通过 WANO 成员利用其制定国际上通用的性能指标，进行统一管理和协调，有利于加强核电技术、经验和事故情报的交流，从而不断提高世界核电厂的安全可靠性，为核电厂的安全可靠运行作出了很大的贡献。根据 WANO 指标的实际应用情况和积累的经验反馈，WANO 组织决定更新最初制定的指标体系，从而进一步提高核电厂的安全可靠性。WANO 组织成立后，立即制定了以下几个指标供各成员电厂使用：

1) 机组能力因子(UCF)；

2) 非计划能力损失因子(UCL)；

3) 7 000 h 反应堆临界时非计划自动紧急停堆数(UA7)；

4) 安全系统性能(SPx)，包括高压安全注入系统性能(SP1)、辅助给水系统性能(SP2)和应急交流电系统性能(SP5)；

5) 热性能(TPI)，现已被取消；

6) 燃料可靠性(FRI)；

7) 化学指标(CPI)；

8) 集体辐射照射(CRE)；

9) 放射性固体废物体积(RWV)，现已被取消；

10) 工业安全事故率(ISA)。

化学指标(CPI)是 WANO 组织制定的核电厂运行 10 项性能指标体系之一，对于加强核电厂水化学技术、经验和事故情报的交流十分有利。

8.3.5 二回路水质技术规范(限值)

为保护核电厂中压水堆结构材料的完整性以及对环境的不利影响，要求严格控制二回路的水化学条件，水质指标必须符合规定的质量标准。压水堆二回路蒸汽发生器给水、排污水都规定有质量标准，并明确规定期望值和限定值的指标，同时对它们各自的补给水也有严格要求。即便是对三次冷却水和沉淀后的原水也要求给出常规的控制标准数值。

为了防止表面腐蚀、改善沉积物的性质以及抵消在蒸汽发生器给水系统内浓集的化学杂质的腐蚀作用，二回路给水的质量必须严格控制。

二回路(功率运行)给水质量标准如下：

pH 值(铁系，25 ℃)	9.3～9.6；
pH 值(铁/铜体系，25 ℃)	8.8～9.2；
阳离子电导率(阳离子交换柱后)	≤0.3 μS/cm；
铁	≤15 μg/L；

铜 ≤2 μg/L；
除氧器出口氧含量 ≤10 μg/L；
联氨 ≤40 μg/L

蒸汽发生器排污水质量标准如下：

pH 值(铁系,25 ℃) 9.0～9.5；
pH 值(铁/铜体系,25 ℃) 8.5～9.0；
阳离子电导率(阳离子交换柱后) ≤1 μS/cm；
Na^+ ≤50 μg/L；
Cl^- ≤50 μg/L；
SO_4^{2-} ≤50 μg/L

采用化学的水处理系统和除盐系统对二回路给水进行预处理。经混床后除盐水(作为补给水)的质量应达到如下标准：

硅酸 ≤20 μg/L；
氯离子 ≤50 μg/L；
电导率 ≤0.3 μS/cm；
pH 值 6.0～8.0

为此,必须保证进入离子交换器的原水水质符合一定指标。

压水堆二回路载热剂等的水质指标：

二回路水质指标见表 8-28 和表 8-29。

表 8-28 正常运行二回路水化学技术规范

	给水期望值***	蒸汽发生器二回路侧水期望值***
pH 值(25 ℃)	9.0～9.5*	8.8～9.5*
阳离子电导率/(μS/cm)(25 ℃)	<0.2	<1.0
总电导率/(μS/cm)(25 ℃)	<4*	<3.0
游离 OH/(mg/L)(以 $CaCO_3$ 表示)		<0.15
Na^+/(mg/L)		<0.1
Cl^-/(mg/L)	<0.002 3	<0.15
NH_3/(mg/L)	>0.5*	>0.25
N_2H_4/(μg/L)	>20**	
溶解氧/(mg/L)	<0.005	<0.005
SiO_2/(mg/L)	<0.015	<1.0
悬浮固体/(mg/L)	<0.015	<1.0
铁/(mg/L)	<0.01	
铜/(mg/L)	<0.002	
排污率/%		为维持控制水质指标确定需要量

注：* 当凝汽器不泄漏,不进行凝结水净化处理时,表中给水的部分项目期望值应调整为:pH 值 9.3～9.6,NH_3 0.7～2.0 mg/L,总电导率 5.2～10 μS/cm,蒸汽发生器二回路侧水的 pH 值应为 9.0～9.5；

** 联氨加入量中考虑经热力除氧后的给水残余氧为 7 μg/L；

*** 这些期望的限制值,可能由于不同的运行条件(即启动、停运和泄漏)而超过。

表 8-29 二回路水质指标

	指 标	数 值
给 水[1]	pH 值 25 ℃	8.9～9.3
	溶解氧/(mg/L)	<0.005
	铁含量/(mg/L)	<0.02
	铜含量/(mg/L)	<0.005
	镍含量/(mg/L)	<0.05
	氯离子/(mg/L)	<0.02
凝结水	阳离子电导率[2] μS/cm,25 ℃	<0.3
	电导率[3] /μS/cm	0
炉 水	阳离子电导率/μS/cm,25 ℃	<2
	氯离子/(mg/L)	<0.1
	钠含量/(mg/L)	<0.06
补充水	电导率/(μS/cm),25 ℃	<0.5
	总盐量/(mg/L)	<0.2
	硅含量/(mg/L)	<0.015
	pH 值 25 ℃	6～8

注:1) 高压加热器出口;2) 冷凝器出口;3) 冷凝器除盐装置出口。

深度除盐水常称作去离子水或纯水,其水的质量规范见表 8-30。

表 8-30 除盐水的质量规范

参 数	期望值	限 值	分析频率
λ/(μS/cm),25 ℃		<0.2	连 续
$Cl^- + F^-$/(μg/kg)	<2+2	<100	1 次/月
Na/(μg/kg)	<2	<5	连 续
SiO_2(溶)/(μg/kg)		<20	连续,1 次/月
SiO_2(总)/(μg/kg)	<50		6 次/月
固体悬浮物/(μg/kg)		<50	1 次/月

化学调节的给水质量规范见表 8-31 所示。

表 8-31 给水的质量规范(功率运行)

参 数	期望值	限 值	分析频率
pH 值(25 ℃)	9.3～9.6	9.6～9.8	连 续
O_2(溶)/(μg/kg)		<5	连 续
NH_3/(μg/kg)	2～5		1 次/周
N_2H_4/(μg/kg)	30～200	>20	连 续

凝汽器是水-汽回路中的负压部分,凝结水的质量规范见表 8-32。

表 8-32　凝结水的质量规范(功率运行)

参　数	单　位	期望值	限　值	分析频率	备　注
O_2	μg/kg	<5	<12	连续	$P \geqslant 40\% P_n$时
			<20		$P < 40\% P_n$时
		<100			热停堆或热备用
$\lambda^+(\frac{1}{6}CEX)$	μS/cm	<0.2	<0.5	连续	
$\lambda^+(CEX)$		<0.2	<0.5	连续	
Na	μg/kg	<1	<5	连续	

注:CEX—凝结水系统。$\frac{1}{6}$CEX—凝汽器检漏系统。λ^+—阳离子电导率。

蒸汽发生器排污水的质量规范,见表 8-33。

表 8-33　蒸汽发生器排污水的质量规范(功率运行)

参　数	单　位	期望值	限　值	分析频率
pH 值(25 ℃)		9.0～9.5	9.3～9.8	连续
λ^+(25 ℃)	μS/cm	<0.5	<1.0	连续
Na^+	μg/kg	<5	<20	连续
Cl^-		<5		1 次/周
SO_4^{2-}		<10		1 次/周
SiO_2	mg/kg	<1.0		1 次/周
悬浮物		<1.0		1 次/月
$\Sigma\lambda^+ + D$	μS · d/cm		$\leqslant 0.9\ t$	

注:$\Sigma\lambda + D$ 为年度阳离子电导率,t 为有效满功率(天平均功率 $10\% P_n$ 以上)的天数。

8.4　蒸汽发生器的化学管理

8.4.1　蒸汽发生器的保养

(1) 蒸汽发生器运行期间的保养

蒸汽发生器的管子破损,将严重地影响反应堆的安全运行。解决此问题的关键在于加强水化学管理,即严格控制蒸汽发生器二次侧的水质指标,及时采取纠正措施,设立诊断中心,对蒸汽发生器实行水化学综合评价。否则,任何先进的设计和耐腐蚀的管材,也难于保证蒸汽发生器的安全运行。

蒸汽发生器二回路侧炉水的 pH 值一般应维持在碱性范围内(pH 值为 9.3～9.6),为此需添加磷酸盐或挥发性碱氨等,后者通称为挥发性处理。目前这两种方法均在应用,也都出现过一些问题。

(2) 蒸汽发生器停用期间的保养

蒸汽发生器停用期间的保养,分湿保养和干保养。

1) 湿保养　向蒸汽发生器充注经化学处理的除氧水，严格控制溶解氧含量小于 0.1 mg/L，以防止局部腐蚀，并将系统置于氮气保护下。

2) 干保养　将蒸汽发生器在氮气保护下疏水。当干保养时，氮气的压力不得低于 1.2×10^5 Pa。在冷停堆状态(约为 60 ℃)下也能进行干保养，先将蒸汽发生器的空气抽尽，然后使设备处于氮气保护下。如果正值蒸汽发生器维修期间，则不必置于氮气保护下。排水后，用热的干燥空气将蒸汽发生器吹干，然后隔离。

8.4.2　蒸汽发生器传热管的腐蚀损伤

压水堆中蒸汽发生器似乎特别容易发生选择性腐蚀。因科镍-合金虽有抗氯离子应力腐蚀能力，却不能防止苛性碱的晶间应力苛性腐蚀。蒸汽发生器的管子常因局部腐蚀而变薄，直至出现渗漏。应力和游离碱往往是蒸汽发生器的破损原因，而问题主要出在二回路侧。因此要提高金属的稳定性，需添加磷酸盐或氢氧化氨和联氨之类的挥发性碱，后者通称为挥发性处理。目前这两种方法均在应用，也都出现过一些问题，如奥布里希海姆和贝茨瑙核电厂采用挥发性处理时，发现蒸汽发生器管子的应力腐蚀裂纹。贝茨瑙核电厂将挥发性处理改为磷酸盐处理的短期内，发生了严重的蒸汽发生器管子晶间穿透现象，后来还发现了较严重的均匀腐蚀(管壁变薄)和点腐蚀，所有这些穿透部位均起始于二回路侧，而且大多由应力加速的晶间腐蚀所致。所破损的管子剖面的显微照片表明，在两种不同的水处理情况下，裂纹的裂状却很相似。

1975 年，有人调查了 37 个反应堆中蒸汽发生器的运行情况，其中 17 个反应堆采用挥发性处理，其他 20 个反应堆用磷酸钠处理。调查后认为，挥发性处理较磷酸钠处理好，一些主要的压水堆蒸汽发生器制造厂也倾向于采用挥发性处理。

用磷酸盐进行水处理时，管子破坏原因可能是：

(1) 磷酸盐对蒸汽发生器管子有直接侵蚀作用

即在运行温度下，循环蒸发过程中磷酸盐的浓缩可使因科镍-600 钝化膜破坏，在死角和汽水两相交界处尤为严重。而因科洛依则具有再钝化的能力，故能较好地抵抗这种侵蚀。

(2) 磷酸盐的浓缩析出 Na_3PO_4

在蒸汽发生器运行过程中，由于管段的干湿交替变化，可使磷酸盐浓缩 10^3 倍以上，有时甚至可达 10^5 倍，在这种盐分高度浓缩的区域，由于发生一系列的物理化学反应而导致腐蚀。Na_3PO_4 在水中溶解度先随水温升高而增加，但超过 200 ℃后，溶解度急剧下降，350 ℃时，溶解度几乎为零(见图 8-1)。不同 Na^+/PO_4^{3-} 比例的磷酸钠溶液，当其浓度超过其溶解度时，固体则按图 8-2 所示曲线的比例析出。温度为 300 ℃时，固相的 Na^+/PO_4^{3-} 比恰与液相相同，约为 2.85。由此可见，若液相该比值小于 2.85，则固相的 Na^+/PO_4^{3-} 将大于液相中相应的比值，于是液相中产生了游离的 NaOH(这里所提到的游离碱不包括磷酸钠水解所生成的 NaOH。$Na_3PO_4+H_2O=NaOH+Na_2HPO_4$，该反应是可逆的，当炉水发生浓缩时，水中碱度能自动降低，通常称这种由水解生成的 NaOH 为束缚碱)，对材料的抗腐蚀性不利。所以实际运行时，为防止产生游离碱度，一般以 Na^+/PO_4^{3-} 为 2.6 作为炉水控制的上限。其下限一般不应低于 2.3，否则，在析出固体时，水的 pH 值降低，甚至偏向酸性，会加速材料的腐蚀。

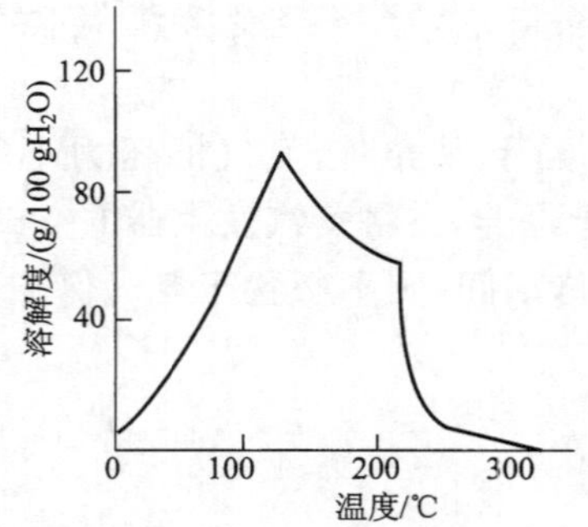

图 8-1 磷酸钠的溶解度

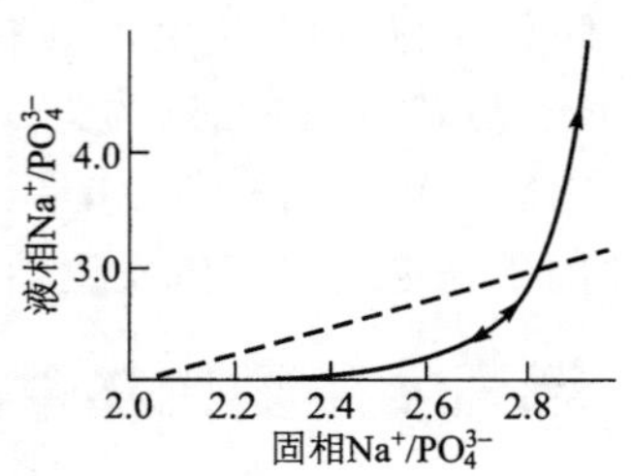

图 8-2 磷酸钠平衡体系(300 ℃)中固、液相的组成（箭头所示方向表示溶液中析出固体时，其组成的变动）

(3) 二回路化学反应

贝茨瑙核电厂的蒸汽发生器运行经验和实验室的试验结果都证实，当二回路冷凝器泄漏时，磷酸钠不仅能与沉积的酸式碳酸盐起反应：

$$3Ca(HCO_3)_2 + 2Na_3PO_4 \rightleftharpoons 6NaOH + 6CO_2\uparrow + Ca_3(PO_4)_2\downarrow \tag{8-1}$$

而且还能与沉积的 Fe_3O_4 发生反应生成碱：

$$3Fe_3O_4 + 8Na_3PO_4 + 12H_2O \rightleftharpoons Fe_3(PO_4)_2 + 6FePO_4 + 24NaOH \tag{8-2}$$

由此产生的碱性脆化很可能是管子损坏的原因。此外，冷凝器的泄漏引入的氯离子的局部浓集往往也是腐蚀的附加因素。用挥发性碱调节 pH 值时，管子损坏的原因至今尚未搞清，但已发现，它对于因冷凝器泄漏等原因进入蒸汽发生器的游离碱没有缓冲作用。

(4) 热工水力学条件的影响

除了上述原因外，尚受热工水力学条件的影响。贝茨瑙核电厂管子缺陷大多出现在水流不充分区域。此外，腐蚀产物淤渣大量沉积，埋在淤渣层中管段经常发生干湿交替变化，使该管段的热应力也呈周期性变化，因淤渣中有很多气孔，气孔中充满了化学浓集物，加速了管子腐蚀。尤其在管子热端承受较大的拉伸应力处，是晶间应力腐蚀的敏感区。因此，为减少和防止蒸汽发生器管子的晶间应力腐蚀，除了严格控制二回路水质外，还应从蒸汽发生器内部结构着手，尽量避免在传热表面留下炉水滞留区和缝隙，特别不能在管板处形成淤渣沉积区，以最大限度地限制苛性碱或其他化学物质的局部浓集。

(5) 二回路系统腐蚀产物积累发生应力腐蚀开裂的影响

压水堆核电厂蒸汽发生器管材因二回路系统腐蚀产物积累发生应力腐蚀开裂。这是蒸汽发生器传热管破损的主要原因之一。维修和更换蒸汽发生器使压水堆核电厂停运期间，所需要的替用电力对发电站造成很大的财政负担。同时，二回路系统的腐蚀产物沉积在蒸汽发生器内，降低蒸汽发生器热交换能力。

8.4.3 蒸汽发生器二次侧的水化学

由于磷酸钠水解所生成 NaOH，当 NaOH 发生局部浓缩时，会导致蒸汽发生器传热管腐蚀。因为因科镍合金虽有抗氯离子应力腐蚀能力，却不能防止苛性碱的晶间应力腐蚀。为防止产生局部浓缩游离碱，二回路系统由采用磷酸钠处理转而采用挥发性处理。

全挥发法的 pH 值控制：

全挥发法的水处理，即采用 NH_3 或吗啉溶液来控制炉水的 pH 值，这种方法不像磷酸盐法那样，能够使结垢的钙、镁等离子生成松软淤渣，因此要求补水中的杂质含量越少越好。因此，采用全挥发处理的系统，大都设置了对凝水进行全流量净化装置，使进入蒸汽发生器的补给水的悬浮固体量小于 1 mg/L。图 8-3 和图 8-4 分别表示吗啉溶液和氨-吗啉混合溶液的 pH 值。

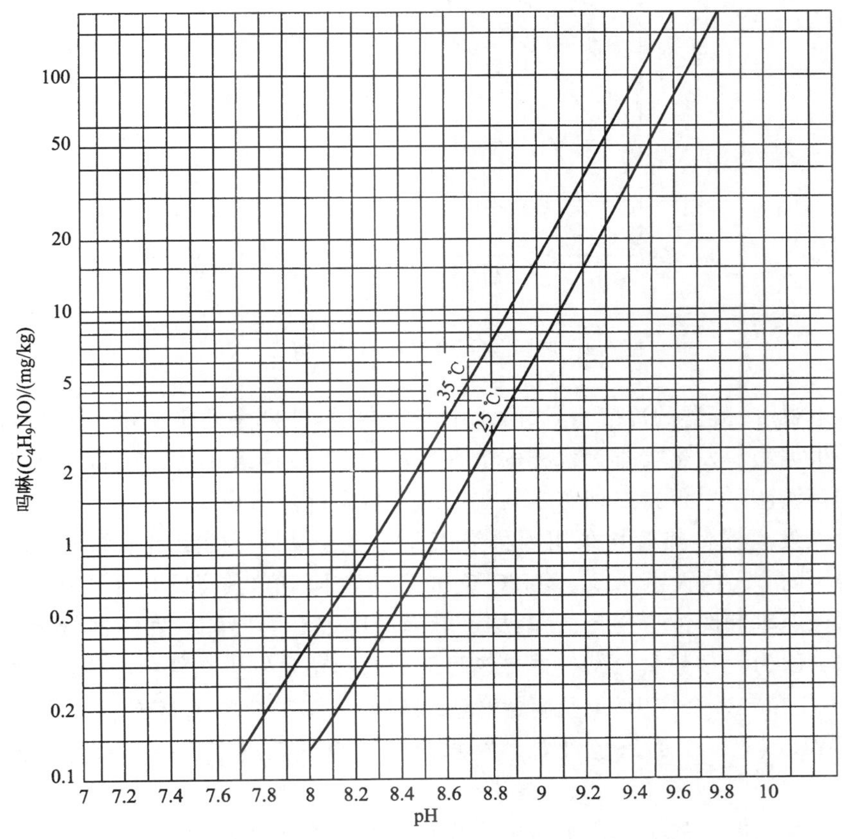

图 8-3 吗啉溶液的 pH 值

世界上压水堆核电厂由于蒸汽发生器传热管的损坏造成电能损失严重，导致蒸汽发生器传热管开裂主要是腐蚀引起。目前世界上绝大多数压水堆核电厂二回路水处理均采用全挥发法(All volatile treatment)。即向水-汽回路中加入挥发性碱性物质，如氢氧化铵 (NH_4OH)，用来调节 pH 值，但由于 NH_4OH 具挥发性，易分解为 NH_3 和 H_2O，其中一部分在凝汽器以 NH_3 的气态形式被除掉。为了保持蒸汽发生器给水的 pH 值(9.6～9.8)，在凝结水泵出口处经常注入适当的氨水。另外加入吗啉也可调节 pH 值。但由于蒸汽发生器传热管材料的不同以及认识上的差异，美、德、法全挥发法也不完全相同，现分别予以介绍。

美国蒸汽发生器传热管大都采用因科镍-600 合金材料，新建核电厂改用因科镍-690 合金。全挥发法是以联氨为除氧剂和以氢氧化铵作为调节二回路水 pH 值的碱化剂，以维持水中的氧含量在技术规范所要求的限值以内。采用离子交换树脂全流量净化来自蒸汽发生

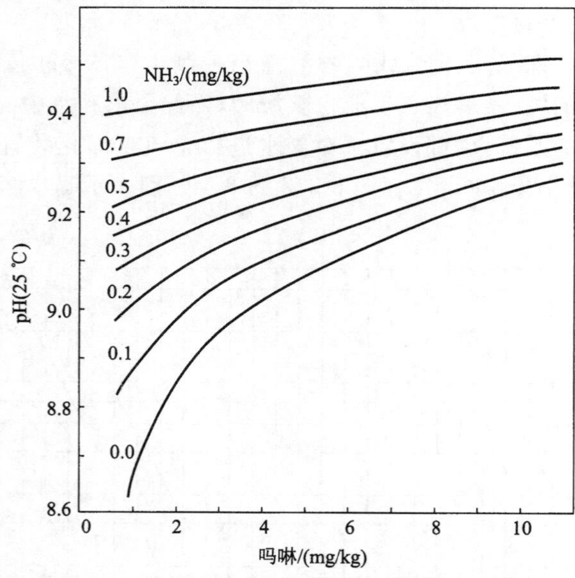

图 8-4 吗啉-氨混合溶液的 pH 值(25 ℃)

器经汽轮发电机、冷凝器的冷凝水，去除水中有害杂质，特别是要维持水中的氯离子在限值以内。另外根据蒸汽发生器排污水样的数据，蒸汽发生器连续排污以降低水中氯离子含量和腐蚀产物等淤渣。以保持二回路水在规定的技术指标限值内。

德国蒸汽发生器传热管均采用因科洛依 800 合金材料。确定给水的 pH 值大于 9.8。蒸汽发生器水的 pH 值大于 9.5。均高于美国 EPRI 推荐值，其意图是为了减少给水系统结构材料的腐蚀速率和腐蚀产物释放率，尽可能降低腐蚀产物向蒸汽发生器管板和管支撑板上转移沉积。因为大多数蒸汽发生器传热管破损的部位是发生在管板与传热管联结的缝隙处，该地方不仅存有残余应力，也是腐蚀产物堆积处。有害杂质氯离子最容易在此处浓集。另外德国 PWR 核电厂二回路也设置了凝水全流量净化系统以进一步去除冷凝水中有害杂质。

法国压水堆核电厂的蒸汽发生器传热管起初绝大多数是采用因科镍-600 合金材料，多年来，投入商业运行的压水堆核电厂蒸汽发生器传热管已改用因科镍-690 合金材料。二回路水处理法也采用联氨/吗啉或氨的全挥发法，所不同的是大多数压水堆核电厂未设置凝水全流量精净化设备，仅设置了机械过滤器以过滤凝水中大于或等于 0.2 mm 腐蚀产物淤渣。但是采用了冷凝水的全流量脱氧，使凝水中氧含量低至 5×10^{-3} mg/L 以缓解氯离子对结构材料的有害作用，与此同时，加大蒸汽发生器水的排污量。如 90 万 kW 核电厂每台蒸汽发生器的排污量高达 35 t/h。

复习题

1. 拟定一、二回路系统的水化学准则和控制水化学的主要目的是什么？
2. 拟定一、二回路运行化学控制准则的主要内容是什么？

3. 阐明一、二回路水化学控制参数和诊断参数，并了解不同运行模式下它们所包括的内容和需采取措施的限值。
4. 为什么当水化学控制参数指标超过"行动基准 2"时就应该降低功率运行和停堆？
5. 简述一回路化学控制手段有哪几种？
6. 简述二回路化学控制手段有哪几种？
7. 蒸汽发生器的补给水、凝结水、排污水中的杂质有哪些？水质中重要的控制项目有哪些？控制杂质的水质指标是什么？蒸汽发生器如何保养？

第 9 章　PWR 水处理工艺和系统

9.1　PWR 水处理工艺(概述)

9.1.1　水处理工艺的目的

水在压水堆一回路是作为冷却剂和慢化剂,在二回路是作为载热剂。水作为冷却剂在主回路的高温高压和强辐射场中以很快的速度循环。它除具有传热和慢化中子等基本的功能外,还能发生其他一些反应。例如,水和其中的杂质或添加物的中子活化反应,水的辐射分解反应。水在压水堆中受到来自几个方面的因素影响,会产生许多有害杂质,并引起腐蚀产物的活化、转移和沉积。裂变产物由燃料元件包壳的破损处释放后,进入冷却剂中。这些过程将引起水质恶化、结构材料损坏、回路放射性强度增高等不良后果。

冷却剂在完成传热功能的同时,把堆芯形成的放射性,特别是活化的腐蚀产物载带到了回路各个部位,形成了堆芯外的辐射场,水在慢化中子的同时,又经受辐照分解生成 H_2 和 O_2。一、二回路水中的杂质又引起燃料包壳和结构材料的腐蚀,为此,必须对核电厂各系统的水进行连续或间断地处理,达到水质指标的限值以内,保证各系统设备和结构的完整性,使冷却剂最大限度地重复使用。

9.1.2　PWR 水质净化的重要性

1）在压水反应堆中,燃料元件是在高温、高热通量密度的条件下工作,必须保证在燃料元件表面上没有污垢沉淀。据估计,在热负荷为 10^6 kcal/(m^2 · h)情况下,如果因冷却剂水含有杂质而在燃料元件包壳表面上形成 0.2 mm 厚的污垢,将会使燃料元件表面温度增加 100 ℃。

2）由于冷却剂水是在放射性辐射条件下工作,水中杂质会被活化而生成放射性同位素,给操作和维修带来困难;同时,在中子与 γ 辐照情况下,冷却剂水会分解,又加剧了对材料的腐蚀。因此,控制水中所含杂质以减少腐蚀,比常规火力电厂有更重要的意义。

3）压水堆及一回路的系统和设备大量使用了不锈钢材料及锆材。在这种情况下,如果忽视了对水中氯离子、氟离子和溶解氧的控制,就有可能使某些重要设备发生严重的应力腐蚀裂纹而损坏,甚至报废。

4）水质对压水堆的蒸汽发生器的完整性有重大影响。二回路水质的控制不善而引起的耗蚀、点蚀、凹陷和晶间腐蚀等问题会导致蒸汽发生器失效。

5）在上述这些过程中,腐蚀带来的问题尤其具有重要和现实意义。腐蚀除了引起结构材料破坏、燃料包壳破损外,同时也是裂变产物释放,以及腐蚀产物活化、转移和沉积的来源，而裂变产物和活化腐蚀产物则是冷却剂放射性增加的决定性因素。防腐蚀是冷却剂化学的中心任务。

6）为减少腐蚀到可以允许乃至最低程度，必须对压水堆的水质进行净化处理和管理。一、二回路水中的许多杂质会引起燃料包壳结构和材料的腐蚀。大型压水堆主回路系统由于回路结构材料的腐蚀，每天产生数十克腐蚀产物，腐蚀产物的积累不仅会恶化传热条件，提高冷却剂以及设备表面的辐射剂量，甚至有可能造成堆芯燃料组件局部流道阻塞；裂变产物一旦从元件中逸出，使冷却剂的放射性水平大大提高，对核电厂的运行维护以及环境保护都十分不利；还有中子反应的影响，例如，$^{10}B(n,\alpha)$反应可生成^{7}Li，^{7}Li能逐渐改变冷却剂的 pH 值。设立水质净化处理（水处理）包括冷却剂循环净化系统的主要目的，在于不断地除去冷却剂中的腐蚀产物和裂变产物，维持合适的冷却剂水质。上述系统除在反应堆正常运行时净化冷却剂外，在停堆换料时还有循环净化换料水池的使命。此时，虽然反应堆已停止运行，但部分裂变产物仍有可能由燃料的破损处释放出来，并且达到可观的程度。在大量使用镍基合金的压水堆中，曾发现停堆后大量^{58}Co（^{58}Ni的中子活化产物）进入换料水。为此，必须对核电厂各系统的水进行管理即通过压水堆的水处理系统进行连续或间断地处理，达到并维持在水质指标允许的限度以内，保证各系统设备和结构的完整性。

7）从二回路水化学工况来看，世界上压水堆核电厂由于蒸汽发生器传热管的损坏造成电能损失严重，导致蒸汽发生器传热管开裂主要是腐蚀引起。目前世界上绝大多数压水堆核电厂二回路水处理均采用全挥发法（All volatile treatment）。即向水-汽回路中加入挥发性碱性物质，如氢氧化铵（NH_4OH），用来调节 pH 值，但由于 NH_4OH 具挥发性，易分解为 NH_3 和 H_2O，其中一部分在凝汽器以 NH_3 的气态形式被除掉。为了保持蒸汽发生器给水的 pH 值（9.6～9.8），在凝结水泵出口处经常注入适当的氨水。另外加入吗啉（Morpholine）也可调节 pH 值。但由于蒸汽发生器传热管材料的不同以及认识上的差异，美、德、法（见 8.4.3 节）和我国全挥发法也不完全相同。

8）排污水的净化和处理　蒸汽发生器的排污系统设有离子交换树脂床和机械过滤器组成的净化系统，可除去排污水中腐蚀产物和淤渣，使二回路排污水得到净化和处理，限制了排向环境的污物。

① 排污水的处理过程：排污水经过冷却和减压后，如果需要回收，将排污水引向处理回路，经过前过滤器，进入并列的除盐器管线一条或两条，其中每一条除盐器管线设有两个离子交换床，后过滤器用来滤去除盐过程中树脂碎片。除盐器通过分接管与固体废物处理系统和核岛除盐水分配系统相连，废树脂将送去固化处理。

② 除盐处理过的水的排放：正常运行时，经采样分析水质合格后，送往机组的凝汽器（凝结水系统）继续使用。在某些情况下，处理后的排污水排放至废液排放系统。排污水的另一种排放方式是不经过除盐处理，直接排放到废液排放系统。排污水处理系统可用电导率连续测量装置监督除盐效果，也可定期取样分析。

我国自己设计和建造的秦山核电厂，蒸汽发生器传热管的材料为因科洛依 800 合金，二回路水采用全挥发处理法，设置了冷凝水全流量净化装置，与此同时，还具备了对冷凝水进行全流量脱氧的能力和连续对蒸汽发生器排污以保证二回路水质在正常工况下维持在拟定的技术指标限值内。

目前，压水堆的水质净化广泛采用机械过滤和离子交换技术。冷却剂净化系统设前过滤器，除去大于 5 μm 的悬浮物；设后过滤器，截留离子交换床出水中大于 5 μm 的小颗粒物和破碎树脂。离子交换技术是利用离子交换树脂去除溶解在水中的离子态杂质，达到净化和提高水质的目的。

除上述机械过滤、离子交换技术外，在纯水制备系统中还采用膜分离技术，以提高净化能力；在放射性废水处理系统中还采用蒸发技术，以提高净化效率和增大浓缩倍数。

在核电厂中，有多个水处理系统，各系统的工艺流程和设备组成各有其特点，各系统根据本系统待处理水质特点和产出水的水质要求，采用不同的工艺组合，构成各自的水处理系统，以承担各系统水处理任务。

9.2 离子交换

除去水中有害的离子杂质最有效的技术当数离子交换技术，其所采用的关键材料就是离子交换树脂。

9.2.1 离子交换树脂及其物理性能、化学性能和工艺性能

9.2.1.1 离子交换树脂

离子交换树脂是一种带有能交换离子的交换基团（又称官能团）的高分子聚合物，具有网状结构。离子交换树脂的本体（聚合体，又称骨架）系由苯乙烯与二乙烯基苯聚合而成的高分子化合物。在骨架上有许多可以电离的能发生交换作用的基团，例如，经磺化的苯乙烯和二乙烯苯共聚的高分子树脂，具有下列结构：

$CH_2{=}CH$ $CH_2{=}CH$ —CH_2—CH—CH_2—CH— —CH_2—CH—CH_2—CH—

\+ 悬浮聚合 / 引发剂（致孔剂） 磺化

SO_3H SO_3H

$CH_2{=}CH$ (DVB) —CH_2—CH— —CH_2—CH—

交换剂本体是高分子化合物与交联剂组成的高分子共聚物。交联剂主要是使高分子化合物形成网状微观结构，并使其成为固体。

离子交换树脂的交换剂本体有机合成是通过向本体中加入适量表面活性剂，并连续搅拌使其发生聚合反应，得到一定颗粒度的聚合体小球，通常称为白球。这种高分子化合物是具有三维网状微观结构的聚合体，向聚合体骨架上引进阴、阳离子交换基团，就可以得到不同性能的离子交换树脂，可分别简称为阳树脂和阴树脂。

强酸性阳离子交换树脂（R－SO_3·H）的交换基团是磺酸基（－SO_3·H），只有[H^+]是参与交换的游离的阳离子。

强碱性阴离子交换树脂则是季铵型（R≡NOH）的，其中只有[OH^-]离子参与交换。

常用离子交换树脂按型态分类，有凝胶型和大孔型，各型又分为强酸性和弱酸性，强碱性和弱碱性。在纯水生产和水净化中多采用强酸性和强碱性离子交换树脂。在水冷堆的纯水生产中多采用凝胶型强酸性和强碱性树脂。国产离子交换树脂的种类见表 9-1。

表9-1 国产离子交换树脂的种类

分类	凝胶型树脂				大孔型树脂			
分性	阳树脂		阴树脂		阳树脂		阴树脂	
分项	强酸性	弱酸性	强碱性	弱碱性	强酸性	弱酸性	强碱性	弱碱性
官能团	$-SO_3H$	$-COOH$	$\equiv N-$ $\equiv N=$	$-NH_2=HN$	$-SO_3H$	$-COOH$	$\equiv N-$ $\equiv N=$	$\equiv N$
常用型号	001×7	725	201×7	701	D001	D113	D201	D301

阳树脂

$$R-SO_3\cdot H+NaCl \rightleftharpoons R-SO_3\cdot Na+HCl \tag{9-1}$$

阴树脂

$$R\equiv N\cdot OH+NaCl \rightleftharpoons R\equiv N\cdot Cl+NaOH \tag{9-2}$$

9.2.1.2 离子交换树脂的性质

(1) 树脂的物理特性

离子交换树脂是一种半透明的球状物质，颜色有白、黄、黑和赤褐色数种。一般说来，树脂的颜色与性能关系不大。在使用过程中，随着树脂渐趋饱和，颜色往往逐渐加深。树脂颗粒大小对树脂的交换能力、净化效率、水流通过树脂层的压力降以及水流分布的均匀程度都有一定影响。树脂颗粒越小，离子在其内的扩散路程越短，交换过程就越迅速，越充分。但颗粒过小将引起树脂床压降急剧增加，逆洗时容易流失。常用树脂的粒度一般在16～50目之间，相应的颗粒直径为1.2～0.3 mm。

(2) 树脂的干真与湿真密度

树脂在干燥状态下的真实密度称为干真密度，其值在1.6 g/cm^{3}左右。干真密度的实用意义不大。树脂在水中充分膨胀后的密度称为湿真密度，其值为1.04～1.3 g/cm^3。阳离子交换树脂的密度较阴离子交换树脂大，因而混合离子交换床再生时，阳、阴树脂能得以分开。湿真密度决定了逆洗时树脂层为达到一定的松散程度所需的水流速度。实际操作时经常使用视密度这个概念，即已在水中充分膨胀的树脂在交换柱中的装填密实程度：

$$视密度=\frac{湿树脂质量}{树脂层体积}$$

此值一般在0.6～0.85，常用来计算充填一定容积交换柱所需的湿树脂量。

(3) 树脂的溶胀

树脂一经浸入水中，水即扩散到树脂网状结构的空隙中，这时交换基团发生离解，形成水合离子，使树脂交联网孔增大，这种现象称为树脂的溶胀，常用树脂的溶胀率(树脂层体积变化的百分比)来量度树脂的溶胀。若将干燥树脂直接浸入水中，溶胀过程的应力往往会使树脂崩裂。为此，通常树脂总要保持一定水分，一般在50%左右。包装破坏或贮藏条件改变都能使树脂含水率发生变化，因此含水率也是鉴定树脂性能的指标之一。树脂溶胀率和含水率均与交联度有关，交联度越大，溶胀性越小，含水率越低。树脂的溶胀性还与交换基团和交换离子的特性有关。交换基团的电离度越大，或交换离子的水合度以及水合离子的半径越大，树脂的溶胀率也越高。按树脂上参与交换阳离子的不同，强酸性阳离子交换树脂在进行离子交换时溶胀率的大小顺序为：

$$H^+ > Li^+ > Na^+ > NH_4^+ > K^+$$

而树脂上参与交换的阴离子不同时，强碱性阴离子交换树脂在进行离子交换时溶胀率的顺序为：

$$OH^- > HCO_3^- \approx CO_3^{2-} > SO_4^{2-} > Cl^- > NO_3^-$$

强碱性树脂在转型或离子交换过程中体积的变化可达5%～20%，树脂的溶胀和收缩在树脂预处理时有利于其内部杂质的洗脱。

(4) 离子交换树脂的交换容量

离子交换树脂的交换容量系指单位体积或重(质)量树脂能够交换的离子量。在树脂网状结构中，交换基团的密度越高，交换容量就越大，而交换容量又受交联度影响，交联度大的树脂交换容量偏低。交换容量可用下面三种方法表示：

1) 总交换容量　总交换容量是指交换剂本身可被交换的活性基团的数量。此值仅与交换剂本身的组成有关，与外界溶液等条件无关。

2) 平衡交换容量　平衡交换容量指在一定的外界溶液条件下，达到交换平衡时，交换剂所交换的离子的数量。

3) 工作交换容量　工作交换容量，又叫穿透容量，指离子交换柱在工作过程中，当流出液中开始出现被交换的离子时，交换剂所达到的交换容量。这是实际运行中所可利用的交换容量。

4) 交换容量的测定　对于强酸性和强碱性离子交换树脂可用定量化学分析中的容量法测定，也就是酸碱滴定法，它可以简便、迅速地给出测试结果。弱酸弱碱性树脂交换容量另有测定方法。

关于交换容量，通常树脂出厂时均给出其规格和各项技术参数，在使用前一般都要复检，如果转型过程处理得好，出水水质很高。工作交换容量除了与交换过程的物理化学条件有关外，还取决于出水的水质要求。出水水质越高，工作交换容量越低。但离子交换树脂的穿透曲线一般都较陡，降低出水要求并不能显著提高工作交换容量。工作交换容量与总交换容量之比称为离子交换树脂的利用率。

5) 交换容量的表示法　在现行的法定计量单位颁布之前，过去有两种规定：

① 重(质)量表示法：是指单位重(质)量干离子交换树脂所能交换的离子的“毫克当量数”，通常写作毫克当量/克，符号为meq/g。(注：“重”量是过去的习惯用法，现行的法定计量单位已改用“质”量。)

② 体(容)积表示法：是指单位体(容)积湿离子交换树脂充分溶胀后所能交换的离子的“毫克当量数”，通常写作毫克当量/毫升(或升)，符号为meq/ml(或L)。

可见按以前的规定，不论是哪种交换容量用哪种单位表示，总离不开用毫克当量数来表示所能交换的离子的数量，从离子交换剂的种类和交换过程可知，不论是哪种性质，哪种型号的交换剂，在进行交换时，可交换的离子数量都相当于或换算成1价离子的毫摩尔数，例如：

$$R-SO_3H + NaCl \rightleftharpoons R-SO_3Na + HCl\ (\text{交换除 } Na^+) \tag{9-3}$$

$$R-SO_3Na + Ca(HCO_3)_2 \rightleftharpoons R-(SO_3)_2Ca + 2NaHCO_3\ (\text{交换除 } Ca^{2+}, Mg^{2+}) \tag{9-4}$$

$$R\equiv NHOH + HCl \rightleftharpoons R\equiv NHCl + H_2O\ (\text{交换除 } Cl^-) \tag{9-5}$$

$$R\equiv NHOH + NaF \rightleftharpoons R\equiv NHF + NaOH\ (\text{交换除 } F^-) \tag{9-6}$$

因此，所交换的离子的当量都是以化学式量除以价数来计算的。按我国现行的法定计量单位已不再使用当量这一量的概念，则交换树脂的交换容量 Q 完全可以定义为：交换树脂所能交换的离子的量 n_B 除以交换剂的质量 m 或体积 V，即：

$$Q=n_B/m \qquad 或 \qquad Q=n_B/V \tag{9-7}$$

式中：

B——可交换离子的基本单元，等于离子式除以价数，即一律以具有单位电荷粒子为基本单元。

按现行的法定计量单位和分析工作的习惯，交换容量的单位质（重）量交换容量和体（容）积交换容量单位分别为毫摩（尔）每克（干树脂），写作 mmol/g 和毫摩（尔）每升（或每毫升）（湿树脂），写作 mmol/L（或 ml）。

（5）树脂的热稳定性

树脂在使用过程中，对温度有一定的要求。温度对树脂机械强度和交换容量有很大影响，温度过高易使交换基团分解，温度过低，树脂的强度降低。当存放树脂的水温达到零度时，其树脂球内部水分的冻结能将树脂胀裂，因此不可将树脂存放在冰点温度以下环境中。一般阳离子交换树脂耐热性较阴离子交换树脂好，而盐型树脂又较游离酸（或碱）型树脂耐热性为好。国产 001X7 强酸性阳离子交换树脂的使用温度可达 110 ℃，而 201X7 强碱阴离子交换树脂不宜超过 60 ℃。

树脂的机械强度与交联度有关，交联度越大，机械强度越好。树脂的机械强度用破碎程度表示，在实际操作条件下树脂会磨损破碎，年损耗率一般为 3%～7%。为防止破碎树脂颗粒随冷却剂流进堆芯，在压水堆一回路冷却剂净化树脂床后，设有高效率过滤器以避免破碎树脂颗粒从净化树脂床流失。

（6）树脂的辐照稳定性

不同类型的树脂，耐辐照性能不同。H^+ 型和 OH^- 型的阳、阴树脂，经 1×10^5 Gy 的吸收剂量后，其物理、化学性质变化很小。在 5×10^5 Gy 时，阴树脂交换容量的损失在 5% 以下，在 4×10^6 Gy 时，达到 30%～40%。对阳树脂来说，在 4×10^6 Gy 时，交换容量损失值小于 5%，说明阳离子交换树脂有较高的耐辐照稳定性。

（7）离子交换性质

离子交换过程可以看作溶解化合物和不溶解树脂两者之间的化学置换反应，归纳起来，可以得到如下一些规律。

1）离子电荷　在低浓度水溶液中，交换离子的电荷越大，越易被树脂吸附，对阳离子有下列顺序：

$$Th^{4+} > Al^{3+} > Ca^{2+} > Na^+$$

对阴离子则有：

$$PO_4^{3-} > SO_4^{2-} > NO_3^-$$

但在高浓度水溶液中，选择性差别缩小。高浓度的低价离子往往具有较高的交换"势"，这就是树脂的再生原理。

2）离子半径与水合作用　低浓度水溶液中，相同电荷的离子，水合半径越小，或离子的水合能越小，就越容易被交换吸附。通常，原子序数越大，水合能越小，因此有如下选择性吸附顺序：

$$Cs^{+} > Rb^{+} > K^{+} > Na^{+} > Li^{+}$$

$$Ra^{2+} > Ba^{2+} > Sr^{2+} > Ca^{2+} > Mg^{2+} > Be^{2+}$$

$$I^{-} > Br^{-} > Cl^{-} > F^{-}$$

但随着温度或浓度增高，同价离子交换"势"的差别逐渐缩小，甚至出现反常。因此，欲分离的溶液浓度不宜太高，但树脂再生溶液的浓度却应稍高些。各种离子的相对交换"势"可以用其活度系数衡量，活度系数越高，交换"势"也越大。

9.2.2 离子交换机制

若将含有 $B^{\pm}$ 离子的溶液在一定的温度下、以一定的速度通过结构为 $R-A^{\pm}$ 型树脂床，并测量进、出口溶液浓度的变化，$B^{\pm}$ 离子能被相当彻底地去除，以后树脂逐渐饱和，交换能力下降，直至完全失效。这一离子交换过程可用下面方程表示：

$$R-A^{\pm} + B^{\pm} \rightleftharpoons R-B^{\pm} + A^{\pm} \tag{9-8}$$

离子交换过程大致包括以下几个阶段(见图 9-1)。

离子交换过程分为下列步骤：

1) 离子 $B^{\pm}$ 从溶液中扩散到树脂表面；

2) 透过树脂表面的液膜；

3) 离子 $B^{\pm}$ 向树脂颗粒内部扩散到交换点；

4) 到达交换基团近旁的 $B^{\pm}$ 离子与 $A^{\pm}$ 离子进行离子交换反应；

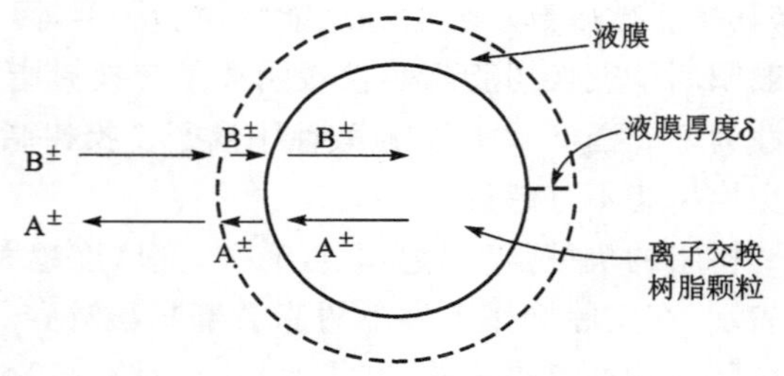

图 9-1 离子交换过程

5) 交换后被置换下来的离子 $A^{\pm}$ 在树脂内扩散到颗粒表面；

6) 透过树脂表面液膜；

7) 交换后的离子 $A^{\pm}$ 向溶液中扩散。

离子交换树脂与溶液中某些离子发生交换反应而使不同离子分离的方法叫离子交换分离。

离子交换过程的速度受上述各步中最慢一步制约。步骤 4 为化学反应，速度很快，1 和 6 由于溶液呈流动状态，离子在溶液中的扩散速度也是快的，所以离子交换过程的速度主要取决于离子在液膜或树脂颗粒内的扩散速度。其中离子在树脂颗粒内部的扩散速度随树脂温度增加而提高，而离子在液膜中扩散速度则随膜内 $B^{\pm}$ 离子的浓度梯度和扩散面积的增大而变大，$B^{\pm}$ 离子通过液膜在树脂表面的扩散速度则随树脂颗粒的孔隙度及表面积的增加而提高。

9.2.3 核级离子交换树脂

9.2.3.1 树脂预处理

普通商品树脂含有少量有机或无机杂质，如磺酸、铵、铜、铁、铅等。当树脂与水接触时，这些杂质可能释出影响水质。核级树脂结构上与普通工业树脂基本相同，但其杂质含量，特别是可溶解的有机物含量较低，颗粒均匀度和转型率稍高。

压水堆冷却剂水质要求很高,普通商品离子交换树脂不宜于直接应用,必须先进行一些预处理,使其符合表 9-2 中推荐的核级树脂规格。

表 9-2　核级树脂规格

树　脂	总交换容量/[mmol/g(干)]	转 换 率/%	杂质含量/(mg/L)	粒　度	树脂的溶解度
阳树脂	>4.5	H^+>95	Fe<200 Cu<100 Pb<100 Na<100	1 240～300 μm (16～50 目), 300 μm 以下的细粒小于 0.5%	干树脂在热水中溶解度不大于 0.1%
阴树脂	>3	OH^->80 Cl^-<5 CO_3^{2-}<15	Fe<200 Cu<100 Pb<100	1 240 ～300 μm, 300 μm 以下的细粒小于 0.5%	干树脂在热水中溶解度不大于 0.1%

阴离子交换树脂的残余含氯量是一个重要的质量指标,曾经发现在核电厂冷却与停堆期间,净化系统离子交换树脂中的残余氯被洗涤下来的情况。如巴布科克·威尔科克斯公司所属的一个电厂,在一回路冷却时,为控制游离氧,向含硼冷却剂中加入大量联氨,引起了树脂中残余氯的明显释放,从而判定离子交换树脂中的残余氯过高,以致必须重新更换树脂。图 9-2 表示树脂含氯量(以干树脂计)与氯离子释放率的关系,流入液组成为 3×10^3 mg/L B(硼),2 mg/L Li(锂)。为防止上述现象发生,并使强碱性树脂具备一定的去除氯离子能力,目前国外核级树脂的含氯量在 7.0×10～7.2×10^3 mg/L 的范围内。

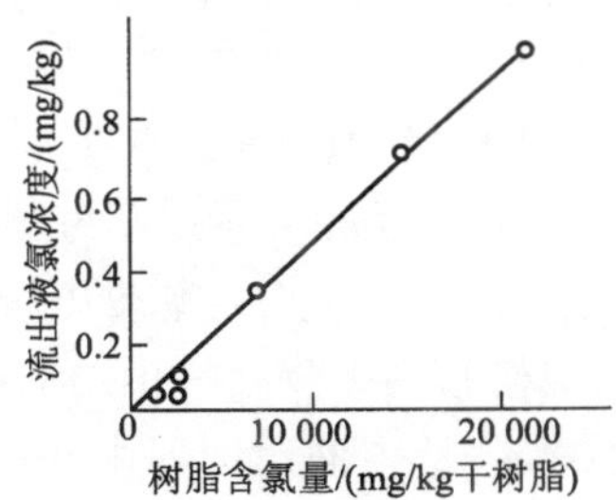

图 9-2　树脂含氯量与氯离子释放率的关系

树脂在入堆使用之前,须先经过一系列的预处理,先将商品树脂过筛,并在氯化钠溶液中浸泡一定时间后,移入离子交换柱,再分别用酸、碱溶液淋洗。氯化钠溶液有助于去除树脂中机械杂质,而且对以后酸、碱处理过程中树脂的膨胀起缓冲作用。碱洗的目的在于去除树脂中有机杂质,酸洗可以去除树脂中高价重金属(如 Fe、Pb 等)。在酸碱交替淋洗过程中,树脂体积的胀缩有助于杂质的释出。酸、碱淋洗液浓度一般为 1 mol/L。每次经酸或碱处理后均需要用去离子水将树脂洗涤干净。

简单地说,即过筛→在 NaCl 溶液中浸泡→装入离子交换床→分别用酸、碱溶液淋洗→水洗至检查合格。

9.2.3.2　树脂转型

市售商用阳树脂一般为钠(Na)型,阴树脂一般为氯(Cl)型,不能直接用作冷却剂净化之用,通常将阳树脂动态转型为氢(H)型,阴树脂动态转型为氢氧(OH)型,进行质量鉴定后,再装入离子交换床投入运行。但当冷却剂含有 pH 控制剂时,则应转为相应的控制剂型式,如用^{7}LiOH 作为 pH 控制剂,应转为$^7Li^+$ 型;用 NH_4OH 时,则应转为 NH_4^+ 型等。这样,当冷却剂通过时,其中 pH 控制剂就不会被截留,而且树脂在去除杂质离子的同时会放出相应的 pH 控制剂型的碱离子。同样,阴离子交换树脂则应由氯型转为 OH 型,运行过程中阴树脂能够吸附冷却剂中的硼酸,逐渐转变成硼酸型。

(1) H^+ 型与 OH^- 型树脂的动态转型

经上述预处理的阳、阴树脂,可分别用酸或碱转化为 H^+ 型或 OH^- 型。所用试剂应为分析纯。为使树脂含氯量尽可能低,阳树脂宜用 1 mol/L HNO_3 作为转型试剂。阴树脂若直接用氢氧化钠转型,转型率较低。最好先用 0.5 mol/L 的碳酸钠或碳酸氢钠处理,然后再通以氢氧化钠,转型率可达 80%以上,见表 9-3,其中以 0.5 mol/L $NaHCO_3$ 和 1 mol/L NaOH 转型的树脂含氯量最低。在用 NaOH 溶液转型后期,应当适当降低其浓度(0.1 mol/L),以利于硅酸、碳酸等弱酸性离子的交换,使之获得较高的转型率。转型流速不宜太快,一般为 1～2 个床体积/h 或 1～3 m/h。

表 9-3 201X7 强碱性阴树脂转型率

转型试剂	CO_3^{2-}/%	OH^-/%	Cl^-/%
1 mol/L NaOH	4.5	60.8	34.7
0.5 mol/L Na_2CO_3 和 1 mol/L NaOH	7.5	88.2	4.3
0.5 mol/L $NaHCO_3$ 和 1 mol/L NaOH	9.5	88.0	2.5

转型后需用电导率小于 10 μS/cm 的去离子水充分洗涤。直至流出液的 pH 值小于 9.0。按上述方法预处理和转型完毕的国产树脂完全可以达到表 9-2 的核级树脂规格。其中 Cu、Fe、Pb、Al、Zn 等杂质含量可降至几毫克/升或几十毫克/升,远低于表中的数值。OH^- 型树脂易吸收空气中二氧化碳。例如,将刚转型完毕的 OH^- 型树脂在空气中放置数天后,OH^- 所占的比例即由 93%下降至 50%左右,CO_3^{2-} 由 6%上升到 50%。所以这类树脂转型完毕,若不立即使用,应置于惰性气氛下保存,或使用前再用 NaOH 溶液处理一下。

(2) 阳树脂静态转型

上述转为氢(H^+)型的阳树脂,直接用 0.1～0.2 mol/L 的氢氧化锂进行静态转型,即可转成锂型,实际上这是两相间的中和反应,反应速度快且转型交换完全,转型率可达 99%,所以不必采用动态转型工艺。为减少堆内氚的产生量,转型用 LiOH 试剂中的 ^7Li,丰度应在 99%以上。转型后用去离子水漂洗至洗出液 Li 浓度小于 50 mg/L。铵型树脂的转型方法与此类似。

国外核级树脂也已商品化,备有各种品种,如 H^+ 型、Li^+ 型、NH_4^+ 型、OH^- 型等。这些树脂出厂时,杂质含量已符合核级要求,使用前仅需作简单处理。

9.2.4 离子交换技术在 PWR 中的应用

离子交换树脂在压水堆的各种水处理系统被广泛应用。用于放射性水处理的离子交换树脂通常都是强酸或强碱性树脂,压水堆一回路的水处理也同样如此,这是因为:

(1) 水质要求高

无论从补给水的纯度,或废水处理的放射性去除程度考虑,都必须采用强酸(碱)性树脂。因为这类树脂交换速度快,交换能力强,对选择性的离子,如硅酸根,铯离子等也有去除效果,而弱酸(碱)性树脂则难以做到这一点。

(2) 对pH值的变化不敏感

在压水堆运行过程中，冷却剂中硼酸浓度变化很大，因此pH值也随之变化。而弱酸(碱)性树脂电离度小，对pH值的变化很敏感，特别在中性溶液中交换容量很低，所以不够理想；相反，强酸(碱)性树脂在很宽的pH值范围内都具有良好的离子交换作用。

(3) 稳定性好

强酸(碱)性树脂的耐热性、耐辐照性，都较弱酸(碱)性树脂为佳。

然而，强酸(碱)性树脂交换容量较弱酸(碱)性树脂稍低，也不如后者容易再生，是其不足之处。但是，因为放射性树脂再生废液处理十分困难、很不经济，又因为核电厂一回路水的化学纯度很高，进入树脂床前一般都经过过滤或蒸发等预处理，另外树脂的运行周期相当长，所以树脂失效后即将其作废物处理。这就在一定程度上弥补强酸(碱)性树脂的缺陷。

为衡量离子交换树脂床(以下简称树脂床)的功效，引进净化效率和去污因子的概念。

1) 净化效率η　净化效率η定义为：流经树脂床后溶液中核素被去除的份额。常用百分数表示：

$$\eta = \frac{C_1 - C_2}{C_1} \times 100\% \tag{9-9}$$

式中，C_1和C_2分别为树脂床进出口溶液核素浓度，或进出口料液的比放射性。

2) 离子交换的去污因子　去污因子又叫去污系数，DF定义为树脂床进出口料液中特定核素的浓度或放射性强度之比：

$$\mathrm{DF} = \frac{C_1}{C_2} \tag{9-10}$$

实际上，离子交换过程是一个非稳态过程，因而上述定义又可分为瞬时值和平均值。瞬时DF，即任一时刻料液进出口浓度的变化关系，可以衡量树脂的饱和程度。若将原始料液浓度C_1与树脂床出口料液的平均浓度C_2进行比较，即可得到平均去污因子$\overline{\mathrm{DF}}$：

$$\overline{\mathrm{DF}} = \frac{C_1}{C_2} \tag{9-11}$$

显然，用瞬时去污因子确定树脂床的工作期限比较方便，而平均去污因子则是对离子交换系统去污效果总的评价。虽然人们常用DF表示离子交换系统的性能，但在核电厂中，它不是决定树脂更换的主要因素，而决定因素往往是树脂床的辐射水平或压降。为操作方便，常安排在电厂换料或检修期间进行树脂的更换。

9.3 过　滤

9.3.1 微孔过滤

目前压水反应堆的水处理系统广泛采用的机械过滤是高温过滤器和低温过滤器两种。高温过滤器用于高温过滤的设备，它是由抗腐蚀的惰性陶瓷材料所组成的，可以有效地除去不小于0.5 μm的悬浮物质。

低温(小于60 ℃)过滤器一般是由不锈钢环、不锈钢网或高分子聚合物有孔纤维板所组成，化容系统净化床后的过滤器就属此类，其主要的功能是可除去交换床出水中悬浮的固体小颗粒和胶体形式存在于水中的腐蚀产物以及破碎的离子交换树脂微粒。

相比较而言，低温过滤器在压水堆中应用更广泛些。

9.3.2 磁过滤

现正在研究的高温磁性过滤器，其特点是利用反应堆一和二回路系统冷却剂中的腐蚀产物 85%以上的磁性的 Fe_3O_4 或含有 Co、Ni、Cr 的 $Fe_{3-x}Co_xO_4$ 固态悬浮物。磁性过滤器可以采用永久性磁铁或者是电磁性过滤器。永久性磁铁的磁性会随着温度的升高不断下降。

9.4 蒸　发

伴随着核能作为能源技术的利用和研究，放射性废水的处理一直是各国研究的热点。其中蒸发法由于具有净化系数高、浓缩倍数大、灵活性大等特点被广泛应用。放射性废水蒸发处理时，采用负压操作这有利于放射性污染的控制，即使设备元件出现密封失效的问题，也能确保放射性气、废液不外泄。

放射性废液是核电厂运行和维修过程中不可避免的产物，正常情况下核电厂的每台机组每年产生的各种放射性废液大约为几千立方米，这些废液主要包括一回路冷却剂排水及泄漏水、地板冲洗水、工艺疏排水、去污液和化学实验室排水等。根据相关规定，这些废液需要按照其不同化学成分以及放射性浓度等进行分类收集，并采取不同的方法分别进行处理，使处理后的废液达标排放。一般核电厂每台机组各设置有一套完整的废液处理系统，该系统承担着废液的接收、预处理和浓缩净化等任务。

9.4.1 蒸发工艺

用蒸发法处理含有难挥发性放射性核素的废水可以获得很高而稳定的去污系数和浓缩系数。此法需要耗用大量蒸发热能。所以主要用于处理一些高、中水平放射性废液。新型高效蒸汽发生器的研发对于蒸发法的推广利用具有重大意义，为此，许多国家进行了大量工作，如压缩蒸汽蒸汽发生器、薄膜蒸汽发生器、脉冲空气蒸汽发生器等，都具有良好的节能降耗效果。另外，对废液的预处理、抗泡和结垢等问题也进行了不少研究。用的蒸汽发生器有标准型、水平管型、强制循环型、升膜型、降膜型、盘管型等。蒸发过程中产生的雾沫随同蒸汽进入冷凝液，使其中的放射性增强，因此需设置雾沫分离装置，如旋风分离器、玻璃纤维填充塔、线网分离器、筛板塔、泡罩塔等。此外还要考虑起沫、腐蚀、结垢、爆炸等潜在危险和辐射防护问题。

9.4.2 PWR 废水的蒸发

除氚、碘等极少数元素之外，废水中的大多数放射性元素都不具有挥发性，因此用蒸发浓缩法处理。蒸发浓缩法处理放射性废水能够使这些元素大都留在残余液中而得到浓缩。蒸发法的最大优点之一是去污倍数高。使用单效蒸汽发生器处理只含有不挥发性放射性污染物的废水时，可达到大于 10^4 的去污倍数，而使用多效蒸汽发生器和带有除污膜装置的蒸汽发生器更可高达 10^6～10^8 的去污倍数。此外，蒸发法基本不需要使用其他物质，不会像其他方法因为污染物的转移而产生其他形式的污染物。

核电厂在反应堆厂房、安全厂房、辅助厂房和服务厂房都设置有专门的废液收集系统，分别收集各厂房所产生的废液。

核电厂的放射性废液处理系统由废液预处理、废液蒸发浓缩和二次蒸汽冷凝液净化和监测三部分组成。废液流经漩流器后，其中的较重的固体杂质被留在漩流器底部，被定期排到水泥固化系统进行固化；而液体部分则由从漩流器上部流出，经溢流槽进入废液贮槽，尽可能长时间贮存，使短寿命核素充分衰变，并通过添加化学试剂将废液的化学状态调节到规定范围内。

经预处理后的废液被送入自然循环式蒸汽发生器中，被加热至沸腾状态后，一部分水变成了水蒸气，蒸汽经冷凝后和冷却后，进入冷凝液槽；绝大部分的放射性核素则以盐的形式被浓缩留在蒸残液中，当废液被浓缩到一定浓度时，进入补充蒸汽发生器中被进一步蒸发浓缩，从补充蒸汽发生器中出来的二次蒸汽可能含有较高的放射性，所以在被冷凝和冷却后单独返回了溢流水槽；当蒸残液中盐含量被浓缩，打开补充蒸汽发生器底部的排放阀，将蒸残液排入专门的贮槽。冷凝液槽中的二次蒸汽冷凝液被再次冷却，经过一套阳、阴离子交换树脂过滤器进一步净化后排入监测槽。从监测槽中定期取样，分析各项指标，若发现水中放射性浓度超标，则将槽中水返回废液贮槽；若满足复用水的使用要求则复用，余下的水则通过两个串联的阳离子交换树脂过滤器，除去机械杂质后排入环境。

尽管蒸发法效率较高，但动力消耗大、费用高。此外，还存在着腐蚀、泡沫、结垢和爆炸的危险。因此，蒸发法仅适用于处理总固体浓度大、化学成分变化大、需要高的去污倍数且流量较小的中高放射性水平废水。

9.5　冷却剂的除气

冷却剂除气的目的在于溶解氧的存在将加速氯离子对不锈钢材料设备的应力腐蚀作用。由于水中游离 O_2 和 CO_2 的存在，造成对设备的腐蚀，因此水中游离 O_2 和 CO_2 的去除就显得比较重要。

O_2 的除去在不同回路的水中有不同的方法，如化学除氧和热力除氧。在一回路中，主要采用化学除氧法。热力除氧法不仅能除去水中溶解氧，还能除去水中的 CO_2。

9.5.1　化学除氧

将化学药剂加入水中与水中氧气反应，而除去氧气，常用的是用亚硫酸钠、联氨等，一回路系统一般采用联氨除氧法，联氨与冷却剂水中的氧发生下述化学反应：

$$N_2H_4+O_2 \longrightarrow 2H_2O+N_2\uparrow$$

联氨（N_2H_4）和氧（O_2）反应生成氮气（N_2）和水（H_2O），此反应的速率随温度升高而上升。这个化学反应当冷却剂温度在 90～120 ℃范围内反应速率最快，除氧效果最好。因此，压水堆启动时冷却剂温度至 90～120 ℃时应停止升温数小时，加联氨除氧，直至取样分析表明冷却剂氧含量达到规定水质指标时为止。

辐照分解氧的控制：

冷却剂水在反应堆内，受射线的辐照分解生成 OH^- 和 H^+，OH^- 进一步又分解成水和氧，它们的反应是：

$$H_2O \longrightarrow H^+ + OH^-$$

$$OH^- + OH^- \longrightarrow H_2O_2$$

$$2H_2O_2 \longrightarrow 2H_2O + O_2$$

为了抑制水的电离分解，向系统内加入过量的氢气，让可逆反应朝着复合的方向进行：

$$2H_2 + O_2 \longrightarrow 2H_2O$$

为此，在核电厂启动，一回路系统升温过程中，必须打开氢气供应管系，使容积控制箱上部空间充以1.0～1.5 MPa(g)的氢气。

9.5.2 物理除气

为了避免应力腐蚀，二回路水的含氧量及氯离子量需要有严格的控制，二回路水中溶解氧的含量应该控制在小于5 μg/L，因为溶解氧的存在将加速氯离子对不锈钢材料设备的应力腐蚀作用。

采取的除氧措施有：

1）造水车间除盐水脱氧装置对二回路补水进行初步除氧；

2）凝汽中进行真空除氧；

3）除氧器对凝结水进行热力除氧；

4）用联氨对给水除氧。

二回路中氧气的去除可采用热力除氧的方法，其原理同样是依据气体溶解定律，在敞口设备中将水温升高，使水界面上的水蒸气分压较大和其他气体的分压降低，各种气体在水中的溶解度就会下降，当水温达沸点时，水汽界上的水蒸气压力和外界压力相等，其他气体分压均为零而均不能溶于水，所以被分离出来(包括 O_2)。同样也可除去氮气。O_2 的除去在不同回路的水中有不同的方法，二回路中氧气的去除，除采用热力除氧外，也采用化学除氧。

CO_2的去除一般采用除碳器，常用的是鼓风式除碳器。其基本原理是，经氢离子交换后，原水中的阳离子几乎都转变成 H^+ 离子，pH 值明显降低，H^+ 离子与 HCO_3^- 反应，则使下列平衡将向右方移动：

$$H^+ + HCO_3^- \rightleftharpoons CO_2\uparrow + H_2O$$

而产生大量游离 CO_2。当溶解于水中的 CO_2与空气接触时，由于空气中 CO_2的含量很小，水中的 CO_2就很容易扩散到空气中去。当水逐渐往下流动时，鼓风机不断吹来新鲜空气，更有利于 CO_2扩散出来。

热力除氧法不仅能除去水中溶解氧，还能除去水中的 CO_2，因加热时，HCO_3^- 发生分解反应：

$$2HCO_3^- \rightleftharpoons CO_3^{2-} + CO_2\uparrow + H_2O$$

而除去 CO_2。

二回路水中溶解氧的含量应该控制在小于5 μg/L，联氨除氧也是对物理除氧(凝汽器的真空除氧和除氧器的热力除氧)的一个补充。为了有利于溶解氧的还原反应，减少回路水中的溶解氧，在蒸汽发生器入口的给水中要维持过量的联氨。

一回路的喷雾除气参见 9.7.1 节，适用于不凝性气体。

9.6 膜分离方法

所谓膜，这里的含义是指在一种流体相内或是在两种流体相之间有一层薄的凝聚相物质，用天然或人工合成的高分子薄膜，它把流体相分隔为互不相通的两部分，并能使这两部分之间产生传质作用。膜具有两个明显的特性。其一，不管膜有多薄它必须有两个界面。通过两个界面分别与两侧的流体相接触；其二，膜应有选择透过性，膜可以使流体相中的一种或几种物质透过，而不允许其他物质透过。

以外界能量或化学位差为推动力，对双组分或多组分的溶质溶剂进行分离、分级、提纯和富集的方法，统称为膜分离法。对于只能使溶剂或溶质透过的膜称为半透膜。如果半透膜只能使某些溶质或溶剂通过，而不能使另一些溶质或溶剂通过，这种特性称为膜的选择透过性。在一容器中，如果用膜把它隔成两部分，膜的一侧是溶液，另一侧是水，或者膜的两侧是浓度不同的溶液，膜能使溶剂（如常见的水）透过的现象，我们通常称之为渗透，膜能使溶质透过的现象，通常称之为渗析。利用隔膜使溶剂同溶质或微粒的选择透过性进行分离或浓缩的方法就叫膜法分离技术。膜法分离技术（包括超滤膜、微孔滤膜、半透膜、反渗透膜等）选择范围广、适用性强。

要实现膜法分离物质必须要有能量作为推动力，根据所给予能量的不同形式，膜法分离也就有了不同的名称。根据溶质或溶剂透过膜的推动力不同，膜分离法可分为 3 类：

1）以电动势为推动力的方法有：电渗析和电渗透；

2）以压力差为推动力的方法有：压渗析和反渗透、超滤、微孔过滤；

3）以浓度差为推动力的方法有：扩散渗析和自然渗透。

最常用的技术是电渗析，反渗透和超过滤，其次是扩散渗析、微孔过滤和自然渗析。

9.6.1 反渗透

主要是指利用外界的压力，将水分子通过具有选择的半透膜（溶质被截留）渗透，其功能是截留离子物质而仅透过溶剂。施加的压力越大，透过速度越快，反渗透淡化海水、净化废水就是依据这种原理实现的。良好的反渗透膜应具备以下一些特性：

1）反渗透性能好，即脱盐率高，透水量大；

2）机械强度好，且不易压实；

3）化学稳定性好；

4）耐氧化、耐酸、耐碱和耐微生物的侵袭；

5）耐高温；耐污染、不易受污染；

6）寿命长且价格便宜。

由于反渗透所截留的无机离子尺寸比超过滤所截留有机分子小得多，因此反渗透膜上的孔径比超过滤膜更小，操作压力更高。反渗透膜上的微孔径约为 2 nm，操作压力差一般为 3～10 MPa。

反渗透膜组件有板式、管式、卷（绕）式和中空纤维式膜组件。

反渗透可用于锅炉给水和纯水制备。反渗透用于锅炉给水可分为两种情况，当供水的原水水质很好，且经处理后供低压锅炉使用时，则经反渗透脱盐后即可达到低压锅炉供水水质要求，直接供锅炉使用；当供水的水质差，或作为高压锅炉供水时，反渗透起预脱盐的作用，减轻后面离子交换树脂的负荷，延长再生周期，保证供水水质。

9.6.2 电渗析

在膜分离技术中，渗析法是最古老的方法。渗析是溶质分子在浓度差推动下扩散透过半透膜的过程。在渗析的同时，还伴有渗透，这是溶剂透过膜的迁移，渗透也是浓度差推动下的过程，与渗析相反。渗析常常在普通操作中被渗透所覆盖，这样就降低了原始溶液的浓度，因此整个渗析过程的推动力就降低了，这是一个很大的缺点。

电渗析技术是指以电动势为推动力的膜分离技术方法，这里专指使用具有选择透过性能的离子交换膜的渗析过程。

离子交换膜是由有专门特性的高分子物质（功能高分子材料）构成的薄膜。离子交换膜是在离子交换树脂的基础上发展起来的，可以把离子交换膜理解为薄膜状的离子交换树脂。离子交换膜按解离离子的电荷性质，可分阳离子交换膜（简称阳膜）和阴离子交换膜（简称阴膜）两种。在电解质溶液中，阳膜允许阳离子透过而排斥阻挡阴离子，而阴膜则相反，允许阴离子透过而排斥阻挡阳离子，这就是离子交换膜的选择透过性。在电渗析过程中，膜的作用并不像离子交树脂那样对溶液中的某种离子起交换作用，而是对不同电性的离子起选择透过作用，因而离子交换膜实际上应称为离子选择性透过膜。

离子交换膜的选择透过性是电渗析淡化与浓缩过程的关键。离子交换膜的选择透过性能是由膜的结构决定的。

9.7 PWR 水处理系统

核电厂有多个水处理系统，本节仅选一回路水处理系统有关部分介绍。

9.7.1 冷却剂循环净化系统的流程、系统组成及其功能

为了充分发挥水在压水堆中的冷却和载热作用而限制其危害，尤其是放射性危害，对各种放射性水进行净化处理，是压水堆化工工艺的首要任务。一回路水处理系统包括以下三个方面的内容：

1）循环净化冷却剂，保持规定的水质；

2）处理堆排放的冷却剂并加以回收利用；

3）处理放射性废液。

（1）冷却剂循环水净化处理系统流程

图 9-3 表示一个有代表性的压水堆核电厂冷却剂循环水净化处理系统原理流程，由图 9-3 可见，在冷却剂循环净化系统中，由反应堆高压回路引出的一股下泄流，经再生和下泄热交换器冷却（图中未画出）并降压后，顺次通过前置过滤器、混合床离子交换器和后置过滤器，经喷嘴雾化后喷入容积控制箱，而后再经泵加压通过再生热交换器的被加热侧升温补入主回路。前置过滤器除去冷却剂中悬浮腐蚀产物颗粒；离子交换器去除可溶性裂变产物和腐蚀产物；后置过滤器的作用在于防止细碎树脂漏入主回路；而在容积控制箱中净化流雾化的目的在于除去部分裂变气体。通常，净化流量选择主回路流量的 0.1%，对一座百万千瓦级的压水堆来说，在 10～20 t/h 左右，以使所有的冷却剂能在一

天内得到 1～2 次净化。

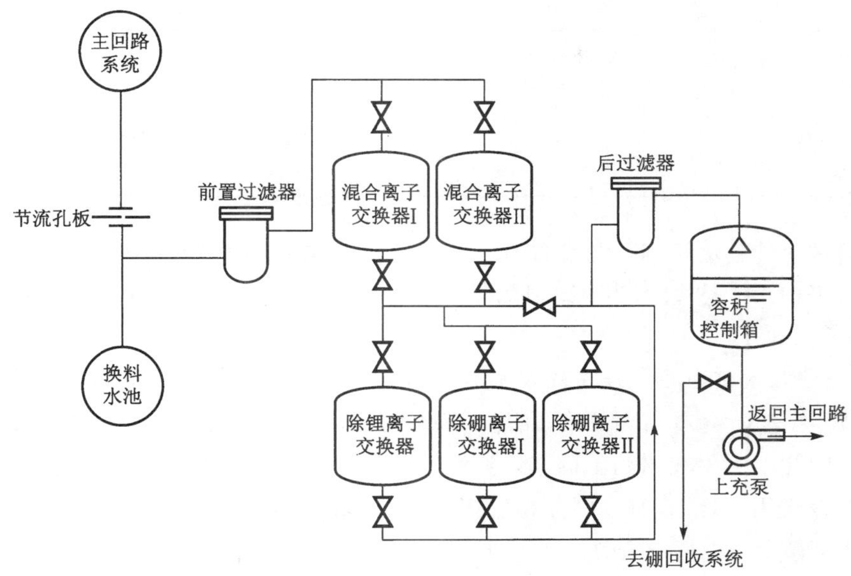

图 9-3　冷却剂循环水净化处理系统原理流程图

不同核电厂对压水堆各种水的处理系统的设计和工艺当然不尽相同，但划分和设立水处理系统的基本原则是相近的。

(2) 各部分组成及其功能

1) 前置过滤器　许多压水堆的运行经验指出，前置过滤器的作用并不明显，相反，其后的离子交换器中堆积很厚的树脂层具有良好的过滤作用，因此，后来有些反应堆取消了前置过滤器。但是，杨基核电厂停堆换料时，发现大量^{58}Co释放到换料水池中，这时在净化过程中，前置过滤器发挥了很大效用：一个过滤器截获的放射性物质，在器壁上造成了 2.58×10^{-1} C/(kg・h)的剂量率，由此认为前置过滤器仍然是不可少的。比较合理的做法是保留这个过滤器，并根据实际情况决定是否投入运行。

2) 锂型和硼酸型混合离子交换器　目前，大多数压水堆都用 LiOH 作为冷却剂的 pH 控制剂，所以混床内阳树脂需转成锂型，而以氢氧型充入床内的阴树脂在运行过程中很快被冷却剂中硼酸转换成硼酸型。试验和运行经验表明，锂-硼酸型混床的净化效果对铯之外的各种离子的交换情况令人满意。其中对腐蚀产物 Ni^{2+}、Cr^{3+}、Fe^{2+} 以及 I 的去污因子可以达到数百以上。表 9-4 为萨克斯登反应堆的实际运行的净化效率。

现代压水堆冷却剂中都加入硼酸作为反应性补偿控制手段，这就要求净化系统的离子交换树脂在吸附杂质的同时，不改变冷却剂中硼和 pH 控制剂的含量。因此，混合离子交换器必须采用硼酸型阴离子树脂以及和 pH 控制剂相应的阳离子交换树脂（如锂型阳离子树脂）。这些树脂对大多数可溶性杂质离子有很好的交换作用，但对若干阳离子，特别是 Mo、Y、Cs 的去除效果却显著下降（GP Simon，et al. WAPO-TM215，1973）。

表 9-4 锂-硼酸型混床的净化效率

核 素	去污因子
^{131}I	100
^{137}Cs	7
^{58}Co	9×10^3
^{60}Co	1×10^3

混床对放射性的去污因子与冷却剂 pH 值有关。杨基核电厂的混床，在冷却剂 pH 值为 10.5 时，去污因子达 300；当 pH 值为 7 时，去污因子降到 100～200；而当 pH 值为 4.5 时，去污因子仅为 5。

锂-硼酸型混床对铯离子去除效率不高。将含有 Cs^+、Co^{2+}、Ni^{2+}、Mn^{2+}、Cl^-、I^- 等微量元素（浓度均在 1 mg/L 以下）的硼酸（1×10^3 mg/L）-氢氧化锂（2 mg/L）溶液通过这类混床，就会发现，初期吸附在树脂上的 Cs^+ 逐渐被交换势更强的其他金属离子取代，由于树脂床的色层浓缩作用，以致在某一时刻树脂床出口处 Cs^+ 的浓度甚至超过进口处，铯的穿透曲线出现一个峰值。当去污因子为 1 时（即进出口处铯的浓度相等），树脂对 Cs 的交换容量仅为 0.02～0.03 mmol/ml（湿树脂）。混床对 Co^{2+}、Mn^{2+}、Ni^{2+} 等两价金属离子（湿树脂）的总交换容量为 1.4～1.6 mmol/ml，且随核素在溶液中浓度增高而增大。

位于混合床下游的阳床离子交换器是间断使用的，以减少冷却剂中铯活性和除去由硼的 $^{10}B(n, \alpha)^7Li$ 反应而形成的过量的锂。

短寿命核素，即使是交换势很小的铯的同位素，由于树脂床的延迟作用能够提供相当长的衰变时间，因此显示了较大的表观去污因子。

综上所述，锂-硼酸型树脂能有效地去除冷却剂中大多数放射性核素，但设计时考虑到辐照等原因，树脂的工作交换容量宜取理论值的 50%～70%，净化效率以 90%计（Cs、Mo、Y 和惰性气体除外），以留有充分的余地。

在一回路净化系统中，混床的使用周期长，更换树脂的原因常常不是因为饱和，而是由于表面剂量过大或树脂层压降过高所致。施塔德电厂的混床连续运行了 3 a 仍无需更换。

3）除锂和除硼离子交换器　冷却剂循环净化系统还备有两种离子交换器，一种是氢型阳离子树脂交换器，它们的主要功能在于去除冷却剂中的多余的锂，另一种是氢氧型阴离子交换器。它的主要功能是去除冷却剂中的多余的硼，维持合适的冷却剂水质。

（3）冷却剂除锂

选用氢氧化锂为 pH 控制剂，其浓度不宜超过 3×10^{-4} mol/L。反应堆运行过程中，由于 $^{10}B(n,\alpha)^7Li$ 反应，以及金属杂质离子对阳树脂中 Li 的置换作用，冷却剂 Li 的浓度将逐渐增大。当锂的积累接近或超过其上限时，可启动氢型阳树脂床（除锂床）除去部分锂。另外在硼回收系统蒸发装置前设有氢型阳树脂床，以除去冷却剂中锂和净化回路混合离子交换床所不易除去的 Cs、Mo、Y 等元素离子。然而这些示踪量放射性元素的浓度远小于水中锂浓度，所以最终该床吸附的元素主要仍是锂。

氢型树脂与 Li^+ 的交换反应为：

$$RH + Li^+ \rightleftharpoons RLi + H^+ \tag{9-12}$$

$$K_{H}^{Li}=\frac{[RLi][H^{+}]}{[RH][Li^{+}]} \tag{9-13}$$

反应的选择系数 K_{H}^{Li} 约等于 0.8，若溶液中有硼酸存在，则因 pH 值的变化将使反应(9-1)向左移动。例如，当树脂已与一定浓度的锂溶液达到交换平衡后，若向该体系加入少量硼酸，则经过一定时间，溶液锂浓度略有提高。但当溶液硼浓度超过 800 mg/L 时，它对 pH 值的影响已不显著，树脂上锂的释放也基本趋于稳定。总的来说，硼酸对树脂除锂性能的影响并不大。国产 732# 型（旧型号）阳树脂的实验表明，即使硼浓度由 100 mg/L 增至 1.5×10^{3} mg/L，树脂对锂的交换容量并没有多大变化(见表 9-5)。

表 9-5　溶液硼浓度对树脂除锂性能的影响

硼浓度/(mg/L)	工作交换容量/(mmol/ml)	饱和交换容量/(mmol/ml)
100	1.6	1.8
500	1.6	1.7
1 000	1.6	1.7
1 500	1.6	1.7

而且，树脂对锂的交换容量也不受溶液锂浓度的影响(见表 9-6)。通常进入除锂床的冷却剂经过混合离子床的净化，其中交换势较大的高价金属离子(Fe^{2+}、Cr^{3+}、Ni^{2+}、Ba^{2+}、Sr^{2+} 等)已被除去，不至于干扰除锂床对 Cs、Mo、Y 等离子的交换，因而除锂床对这些核素也有很好的去除效果。氢型阳树脂对 Cs 的去除无疑比锂型树脂更有效。为降低腐蚀，冷却剂的碱浓度控制 OH^{-} 浓度在 mol/L 以下，以避免非挥发性强碱浓缩造成锆燃料包壳的腐蚀。在用硼酸作为可溶性中子吸收剂时，$^{10}B(n,\alpha)$反应将生成 ^{7}Li，在堆芯运行初期，^{7}Li 的生成量相当大，需要适时地使净化流通过氢型阳树脂床，以除去冷却剂中多余的 ^{7}Li，以维持正常的锂浓度，故常将其称为除锂离子交换器，该离子交换器除了对锂有很好的吸附作用外，还能吸附锂型和硼酸型混合离子交换器所不易吸附的 Mo、Y 、Cs 等。因此，必要时也可以用来提高冷却剂的净化深度。

表 9-6　溶液锂浓度对树脂除锂性能的影响

锂浓度/(mg/L)	工作交换容量/(mmol/ml)	饱和交换容量/(mmol/ml)
5.2	1.6	1.7
8.9	1.6	1.7
21	1.6	1.7
49	1.5	1.6
100	1.6	1.7

(4) 冷却剂除硼

在反应堆运行前期，为补偿燃耗，通常冷却剂硼浓度用充排水的方法加以调节。但在燃料循环后期，若仍用此种调节方法将会产生大量废水。为此，该系统也设有 OH^{-} 型除硼离子床，当硼酸浓度较低(以 B 计小于 100 mgB/L)时，启用 OH^{-} 型除硼离子交换器以去除冷却剂中的硼酸，更为经济合理。若冷却剂硼浓度为 100 mg/L，则为去除 1 m^{3} 冷却剂中的硼,需要 10 L 湿树脂。

除硼离子交换床失效后,可以再生。再生剂(NaOH)浓度越高,硼的洗脱率也越高,但洗涤水耗量也越大。实际操作时宜用如下再生工艺条件:再生液浓度为 0.5 mol/L,流速为 4 m/h,用量为 4 倍床体积;洗涤水流速为 3 m/h,用量为 10 倍床体积。

为什么在冷却剂中,硼浓度较高时不用树脂除硼呢?有两个原因:

1) 在较高的硼浓度下树脂极易饱和,再生树脂将产生大量难以处理的放射性废水。如果将一次饱和了的树脂当作固体废物抛弃,树脂的消耗量又太大。

2) 树脂无论是再生还是直接抛弃,吸附的硼酸都不能回收使用,这将造成每年数十吨的硼酸消耗。硼酸的离子交换热再生方法(见 9.7.3 节)提供了解决上述问题的途径。

(5) 喷雾除气

当净化流被雾化喷入容积控制箱上部空间时,其中部分裂变气体即会通过液滴表面扩散而出,借此而被除去。半衰期较短的裂变气体在容积控制箱滞留过程中很快就衰变了;而对长半衰期的核素(如^{85}Kr),喷雾除气的效果被气体重新溶解抵消了许多。因此,喷雾除气对半衰期短的裂变气体效果较好,而对半衰期较长的裂变气体效果较差。由此,提出了一种对容积控制箱上部扫气的方法,即喷雾除气的同时,定期地用氢气吹扫容积控制箱气空间,将放射性裂变气体载带到废气处理系统压缩贮存,待放射性衰变到一定程度后,作为载气再来吹扫容积控制箱。计算表明,这样可使冷却剂中^{85}Kr浓度降低至原来的 1/30。

9.7.2 化学添加和容积控制系统

9.7.2.1 系统的功能

系统的功能主要有:

1) 保持反应堆主系统内合适的水容积,使稳压器水位按规定的水位-功率曲线变化;

2) 调节反应堆冷却剂中硼浓度,控制堆芯反应性;

3) 减少反应堆冷却剂中裂变产物和腐蚀产物等杂质的数量,使主系统的放射性在允许范围内;

4) 保持反应堆冷却剂内合适的腐蚀抑制剂的浓度,减少冷却剂对设备和管系的腐蚀。

5) 提供反应堆主泵的轴封水;

6) 对反应堆主系统充水和进行检漏试验;

7) 作为安全系统的补充,事故工况时向反应堆主系统紧急注入含硼水和浓硼酸溶液;

8) 对稳压器进行辅助喷淋。

9.7.2.2 容积控制箱

容积控制箱的功能之一是承担反应堆从冷态到热态零功率启动过程中的最大温升速率和从热态零功率到冷停堆过程中的最大降温速率所引起的水容积的变化。变功率运行时,还承担负荷线性变化最大速率为±5%满功率每分钟的约 40%的水容积变化。功能之二是当下泄流被雾化喷入容积控制箱上部空间时,其中部分裂变气体即会通过液滴表面扩散而出,借此而被除去。但特别要注意在反应堆冷停堆或换料停堆之前进行。容积控制箱功能之三就是维持气相空间一定氢分压,使冷却剂中溶解氢量在 25～35 ml/kgH_2O 范围内,只要堆的功率在 1 MW 以上,就可抑制冷却剂的辐射分解使冷却剂中氧含量低至 5 μg/L。

在核蒸汽供应系统冷却期间，当一回路压力较低而不能使用正常下泄系统时，由停堆冷却系统进行下泄，再进入化学和容积控制系统净化：一回路水流的一部分离开停堆冷却系统热交换器后，经过下泄热交换器、混合床离子交换器、净化过滤器，回到容积控制箱。上充泵把净化后的冷却剂通过上充管线送回到一回路中。

上述流程几乎已经成为现有压水堆化学和容积控制系统的规范流程。它的缺点在于，由于离子交换树脂工作温度的限制，必须将高温高压冷却剂降温降压，处理后再升温升压送回主回路。这就限制了净化流量不能选得太大。在流量较小的情况下，这一系统对短半衰期核素的去除就有限，同时这一系统流程对惰性气体的去除也不彻底。因而总的来说它对冷却剂放射性水平的降低并不显著。希平港反应堆的试验指出，即使将净化流量降低一半，冷却剂中仅长寿命碘增加了一倍，其他裂变产物和腐蚀活化产物总放射性的增加也不明显。但这一系统流程对冷却剂的化学净化是有效的，混合离子交换器能将出水的电导降低一个数量级以上。

为从根本上提高冷却剂循环净化系统的效能，应注意研究能承受反应堆运行温度和压力的新的净化方法，如高温高压过滤和离子交换等。迄今已在高温高压磁过滤方面取得了一定进展。

9.7.2.3　反应堆排水与冷却剂中硼浓度的调节

反应堆运行过程中总要不断地排出放射性的含硼冷却剂，因此，净化反应堆的排水，并将其转化成合格的堆补给水和浓硼酸，是本系统的主要任务。

(1) 反应堆的停运和启动

压水堆的冷停堆和启动要求冷却剂中溶解硼的反应性控制量在百分之几到百分之十几之间，相应的硼浓度变化量为 300～500 mg/L。也就是说，在停堆时需要将冷却剂硼浓度提高 300～500 mg/L(加硼)，而在启动时将硼浓度降低相应值(减硼)。如果用注入浓硼酸或清水的方法来“加硼”或“减硼”，则向堆中注入多少数量的浓硼酸溶液或清水，相应的需要由堆中排出相同数量的冷却剂。充水和排水并不是简单的容积置换，而是一种注入－混合－排放过程。由于主回路冷却剂循环量每小时以十万吨计，大大超过注水流量，可以认为注入的水迅速与整个回路混匀，排出的已是混匀了的冷却剂。如果以 C_0 表示注入溶液的硼浓度，C_1、C_2 分别表示冷却剂中的初始硼浓度和需要达到的硼浓度，对上述充排模型不难导出如下关系式：

$$V = V_0 \ln \frac{C_0 - C_1}{C_0 - C_2} \tag{9-14}$$

式中：

V——需要注入的清水或浓硼酸量，m^3；

V_0——主回路总水量，m^3。

由上述可以看出，停堆时，由于 C_0 远远大于 C_1 和 C_2，故注水量(亦相当于排放量)很小。而在启动时注入的清水($C_0 = 0$)量就要大得多，并且 C_1/C_2 的值越大，需要充入和排出的水量越大。假设 $V_0 = 200\ m^3$，冷却剂运行时的硼浓度为 800 mg/L，停堆所需的硼浓度增值为 400 mg/L，则停堆一次需注入 $C_0 = 7\times10^3$ mg/L 的浓硼酸约为 14 m^3，而启动时需注入清水 80 m^3，而当冷却剂运行硼浓度为 100 mg/L，停堆所需的硼浓度增值为 300 mg/L 时，冷却堆一次需要充入的浓硼酸和清水分别约为 6 m^3 和 280 m^3。由上面简略的计算可以明白，为什么在冷却剂硼浓度较低时，用充水法稀释将引起大量的堆水排放。

此外，反应堆启动升温时，由于水体积的膨胀，也引起部分冷却剂的排放，但其量很小。

(2) 补偿后备反应性的降低

随着反应堆的运行，后备反应性逐渐降低，需要不断降低冷却剂硼浓度。在换料周期的前期，当冷却剂硼浓度较高时，冷却剂硼浓度的降低同样用注入清水来实现，从而也引起冷却剂的排放。

(3) 反应堆负荷变化

有些电厂是负荷跟踪电厂，即运行负荷随电网用电要求而改变，在用电高峰时满功率甚至超功率发电，而在用电低谷时低功率甚至停止发电。现代压水堆电厂的功率变化也用调节冷却剂硼浓度实现，因而引起相应的排水。如果功率变化很频繁，由此引起的排水量是很可观的。

(4) 反应堆换料或检修排水

在反应堆换料或检修后，都需要排出一定量的水。由此引起的排水量与停堆检修的次数有关。

表 9-7 为一个 118 万 kW 的负荷跟踪电厂每年预计排水量。由表中可知，负荷跟踪引起的排水量是很大的，而基本负荷电厂的排水量就要少得多。由堆中排出的冷却剂有很高的放射性，未经严格处理是绝不能向环境排放的。经过处理的冷却剂，完全可以满足堆补给水的要求。将堆排水处理后重新补回堆内。这样既减少了环境污染，又减少了新鲜补水量，显然是十分可取的。出于冷却剂硼浓度控制的要求，必须使复用补水的硼含量降低到允许程度，因此，堆排水处理系统除了净化之外，还有一个硼水分离的任务，即生产合格的堆补给水和浓硼酸。再生硼酸的浓度应符合堆浓硼酸储存要求，有的取 4%，有的取 12%，主要考虑到硼酸水溶液的结晶温度，4%硼酸的结晶温度为 15 ℃，使用这样的硼酸一般无需对储槽和管道特殊加热保温，但设备容量相对要大些，12%硼酸的结晶温度为 50 ℃，为避免硼酸结晶，需将所有的管道及设备的温度保持在 50 ℃以上，这当然比较麻烦，但设备容量相对可以小些。

表 9-7 一个 118 万 kW 压水堆的设计排水（主回路容积 V_0 = 340 m^3）

排水原因	年排水量/m^3	假设条件
负荷跟踪	14 440	在一个换料周期的 85%的时间内每天有下列负荷变化：12 h 满功率； 3 h 内满功率降至半功率； 6 h 在半功率下运行； 3 h 由半功率提升到满功率
反应性补偿要求的冷却剂硼浓度降低	1 138	硼浓度由 1.19×10^3降至换料前的 10 mg/L
堆启动要求的冷却剂硼浓度降低	1 225	1 a 内四次相等时间间隔的冷停堆及启动
其 他	397	
合 计	17 200	

从表 9-7 的数据可以看出系统的功能，如年处理量为 17.2 km^3 的堆排水，平均硼浓度

为 7×10^{2} mg/L（相应的硼酸浓度为 4.2×10^{3} mg/L），每年可回收硼酸 72 t，所以硼回收系统对电厂来说是有经济价值的，通常把这个系统称为硼回收系统。

堆的排水是间歇式的，所以硼回收系统的运行也必然是间歇的。系统的时间负荷因子一般取 30%～50%，即系统仅有一半或 1/3 时间运行。在堆排水量和系统运行时间负荷因子确定以后，系统的处理能力也随之而定，一个 1 000 MW 负荷跟踪电厂的硼回收系统处理能力一般在 6～8 t/h，基本负荷电厂的则要小些。

某些新建的负荷跟踪电厂已经取消了净化系统中的除硼离子交换器。有人认为，对于这类电厂冷却剂循环净化系统已无必要。

9.7.3　硼回收系统

9.7.3.1　硼回收系统功能

为达到前述目的，硼回收系统应该具备如下三种功能：

1）为堆排水提供足够的存储容量；

2）去除堆排水中的放射性和其他杂质；

3）为堆运行提供再生补给水和浓硼酸。

9.7.3.2　硼回收系统组成单元

硼回收系统由堆排水存储和输送、净化和硼水分离三个单元组成，见图 9-4。

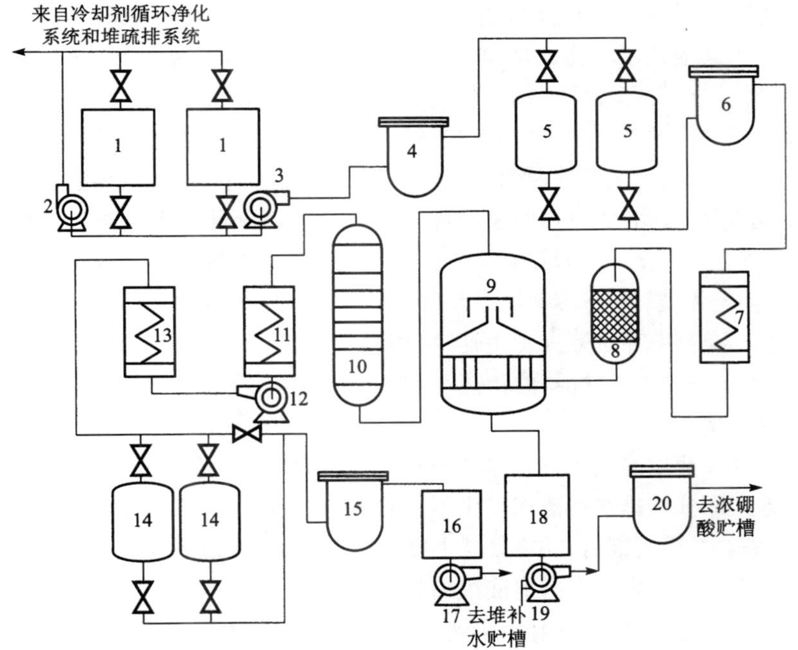

图 9-4　硼回收系统原理流程图

1—堆排水贮槽；2—循环泵；3—供料泵；4—前置过滤器；5—阳离子交换器；6—后过滤器；7—预热器；8—脱气器；9—蒸汽发生器；10—吸收塔；11—冷凝器；12—冷凝水泵；13—冷却器；14—凝水离子交换器；15—过滤器；16—检测槽；17—检测槽泵；18—浓硼酸卸放器；19—浓硼酸泵；20—浓硼酸过滤器

硼回收系统是将来自反应堆的带有放射性的含硼排水经过滤、离子交换、脱气及蒸发使硼水分离，分别去除排水中不溶性颗粒杂质、可溶性离子杂质及溶解气体，最后将硼浓集回收利用，冷凝液为反应堆的复用水。

(1) 堆排水存储和输送单元

包括堆排水储槽和相应的泵组。为保证反应堆排水顺畅，并为本系统的运行保留足够的机动能力，通常堆排水储槽的容量能够容纳任何条件下接连两次冷停堆启动的排水。较大的储存能力同时也可提供堆排水较长的放射性衰变时间，这对于去除短半衰期核素很有效。储槽采用氮封、防止冷却剂中逸出的氢气和空气相混引起爆炸的可能性。配属于储槽的各种泵用来倒槽、取样、混匀，以及提供工艺流程所需的流量压头。

(2) 净化单元

由过滤器、离子交换器和脱气器构成，分别用来去除排水中的不溶性颗粒杂质，可溶性离子杂质以及溶解气体。

前置过滤器的作用并不明显，新近设计的压水堆已不采用，而令树脂床兼起过滤作用，本系统的原料水大部分已经冷却剂循环净化系统混合床离子交换处理，所以，一般仅设置一组氢型阳树脂床，用以去除 Cs、Mo、Y 等循环净化系统不易除去的核素以及 pH 添加剂的阳离子(Li^+、K^+、NH_4^+)。树脂床的后置过滤器是用以防止破碎树脂流出的。为提高净化效果，有的还增设了混合离子交换器。

除气是堆水净化的一个重要环节。冷却剂放射性组分中，裂变气体占 90%以上，为使净化水的比放显著降低，就必须相当彻底地除去这些气体，因为即使将 90%的裂变气体除去，其剩余比放仍然等于其他核素的比放之和。所以，除气效率必须达到 10^3 以上才能符合要求，一般采用热力除气法以达到深度除气的目的。水流先经预热，雾化喷入脱气器，使大部分气体由水中释出。随后使水流通过填料表面，与本系统蒸汽发生器产生的二次蒸汽逆流接触，蒸汽将水中剩余的气体带出，进入脱气冷凝器，把蒸汽冷凝下来，而使不凝性气体进入废气系统。

在原料水储存期间，水中包含的氢和部分裂变气体逐渐释放到氮封气体中，而氮气则溶解于水中，并逐渐达到平衡。当堆排水送去脱气时，主要的溶解气体是氮气。在常温常压下，氮气在水中溶解度为 10～15 ml/L 水(标准状态)，脱气器的设计以此为基础。除尽水中的不凝性气体，利于其后的蒸汽发生器、冷凝器的运行，因为二次蒸汽中只要含有少量的不凝性气体，即会显著降低冷凝器的传热系数。

(3) 硼水分离单元

硼水分离是通过蒸发来实现的。本单元由蒸汽发生器、雾沫去除器、吸收塔、冷凝器以及冷却器构成。绝大部分堆排水在蒸汽发生器中被转为二次蒸汽，经雾沫去除器除去夹带的雾沫，以及经吸收塔除去挥发硼后，在冷凝器中凝结下来，再经冷却器冷却，检测合格后送堆补给水箱储存起来。而蒸汽发生器底部溶液浓缩到一定程度后，经冷却过滤送往浓硼酸储槽。

硼回收系统蒸发的目的与放射性废液蒸发处理不尽相同。前者主要在于硼水分离，而后者在于除去放射性。硼回收系统蒸发后的两种产物(二次蒸汽冷凝液和浓硼酸)最后都被重新补入回路。因此，总的说来，蒸发对去除冷却剂中的放射性无效。硼回收系统对堆排水放射性的去除仅借助于过滤、离子交换和脱气来完成。这就是为什么硼回收系统与废液处理系统的工艺流程不同，并把离子交换放在蒸发之前的道理。

既然蒸发以硼水分离为主要目的，那么就希望二次蒸汽中挥发硼的含量越少越好，所以硼回收系统蒸发单元除了一般的雾沫去除器之外，还要加一个吸收塔以淋洗吸收挥发硼。当然，这也将提高对二次蒸汽的放射性净化水平。这样处理后的二次蒸汽冷凝液的硼浓度实际上降低到难以检测的水平。必要时，可以借助于一组附加的阴离子交换器或混合离子交换器，进一步去除凝结水中的残余硼，即净化冷凝液。

硼回收蒸汽发生器也可以作为废液蒸汽发生器使用。事实上，为了控制冷却剂的氚浓度，每年都要排掉数百吨蒸发冷凝液，有时也要排掉部分不合格的浓硼酸，此时硼回收蒸汽发生器起了废液处理的作用。在压水堆核电厂中，一般说来，硼回收蒸汽发生器和废液蒸汽发生器采用完全相同的结构和工艺参数，以利于运行控制，必要时可以替换使用。

上述系统的划分和采用的工艺流程不一定是最佳的，为达到同样的目的可以有不同的方案。

9.7.3.3　硼酸的热再生

用硼酸进行反应性补偿控制的压水堆，经常要循环往复地"加硼硼化"或"稀释减硼"。冷却剂循环净化系统和硼回收系统对硼酸的处理都是有不足的。除硼离子交换器低温下很容易除去水中的硼，但被吸附了的硼很难回收使用；如果用清水将树脂上的硼洗下来，得到的硼酸溶液浓度太低，不能作为加硼之用；如果用碱液再生树脂，则从再生液中提取硼又是一个难题。实际上，硼酸一旦被吸附在硼床上即成了废物。蒸发法回收硼是有效的，但成本很高，特别是在排水硼浓度很低时，蒸发大量的清水仅能回收数量很少的硼酸。

从强碱型树脂对硼酸吸附的研究中发现，树脂对硼酸的吸附有一个明显的特点，即吸附容量随温度而变，在低温下的吸附容量高于高温下的吸附容量。由此引出这样的设想：用调节除硼离子交换器工作温度的办法来改变冷却剂的硼含量。在需要"减硼"时，降低循环净化流的温度，使其通过阴树脂床，这时硼被吸附，水液中的硼浓度降低；在需要"加硼"时，则提高水流的温度，使其通过阴树脂床，这时硼由树脂上解吸下来，水流中的硼浓度提高。这种用改变通过离子交换器水流温度来调节硼浓度的方法，叫硼酸的热再生法。它避免了前述两种处理系统的弊病。

图 9-5 为硼热再生的流程示意图。下泄流经过循环净化系统之后，进入硼热再生系统，水流温度在 50 ℃左右，如果冷却剂要"减硼"，打开阀门 1，关闭阀门 2，水流经冷却器降温，由上向下通过热再生阴离子交换器（硼热再生器），其中部分硼被吸附。相反，如果冷却剂需要"加硼"，则关闭阀门 1，开启阀门 2，温度为 50 ℃的水流由下至上将硼热再生器的部分硼洗下来，水流最后经容积控制箱重新补回堆中。储槽 1，2 及阀门 3，4 可机动之用。

理论上，所有因硼浓度调节所引起的冷却剂的排放，都可以用硼热再生方法消除，该方法既免除了除硼离子交换器吸附硼酸所造成的硼酸损失，又大大减轻了硼回收蒸汽发生器的负担是一种理想的方法。但实际上，因温度变化引起的树脂对硼酸的吸附容量的变化量有限，如果冷却剂调硼全都采用硼热再生法，则需设置很庞大的树脂床，给堆的设计带来许多不便，经济上也不合算。比如，为使 34.0 m^3 的冷却剂硼浓度发生 100 mg/L 的变化，即要求硼热再生树脂 8.5 m^3。此外，硼热再生法只适用于调节冷却剂硼浓度的缓慢变化。因此，硼热再生法不能完全代替充水或充浓硼酸的调硼方法。

比较合理的是，采用充水与硼热再生综合调硼法。在换料周期的前期仍沿用充水调硼方法，此时充水法有效，且排水不多。在换料周期的后期，启用硼热再生装置。用硼热再生法调节负荷跟踪电厂的负荷变化是较理想的，主要用来调节负荷跟踪要求冷却剂硼浓度的变化。

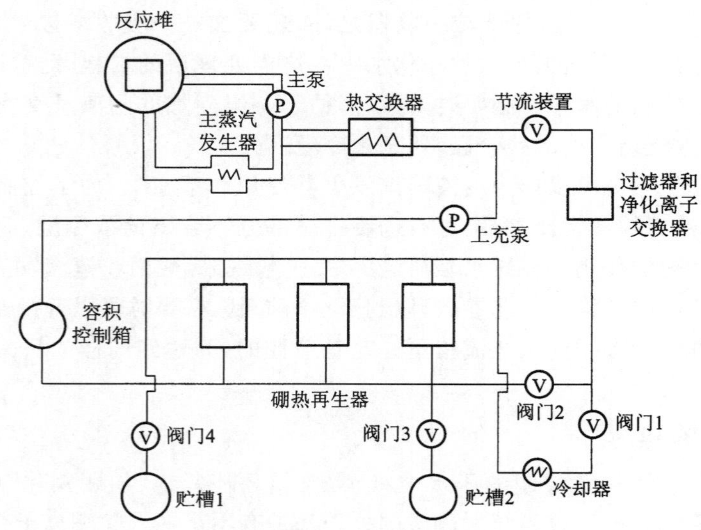

图 9-5 硼热再生流程示意图

(本图引自 G Gtamer, et al. U. S. Patent 3666626. 1969)

复习题

1. 什么是离子交换树脂? 它的功能是什么? 离子交换法的作用原理是什么?
2. 离子交换树脂如何分类?
3. 离子交换树脂的物理特性如何? 指出常用树脂的粒度、阳、阴树脂使用温度、树脂的视密度、溶胀性和含水率。
4. 离子交换树脂交换容量有哪几种表示方法?
5. 说明离子交换的净化效率和去污因子的定义和表达式。
6. 简述核级离子交换树脂的规格、预处理和转型过程。锂型树脂是如何转型的?
7. 说明冷却剂循环净化系统流程及各组成部分的功能。
8. 简述硼回收系统的主要任务,系统工艺流程。什么叫做硼酸的热再生法?
9. 简述膜分离等方法。"渗析"和"渗透"有何区别? 反渗透技术和电渗析技术在使用上有何共同点?
10. 简述 CO_2 的去除方法。
11. 简述核电厂一回路水质处理方法及其优缺点。
12. 控制一、二回路水质中含氧量,采用的除氧主要有哪些方法?

第 10 章　PWR 水化学分析和监测

压水堆中的分析监测作用如同“眼睛”一样。对确保反应堆的安全运行及在指导今后反应堆的设计、建造起着极其重要的作用。因而，冷却剂的分析测试和监督工作，是不容忽视的。

10.1　分析化学在 PWR 水质控制与监测中的重要作用概述

核科学是一门综合性的学科，它涉及自然科学领域里的各个学科，其中当然包括分析化学。分析化学在核科学领域里起着不可或缺的重要作用。虽然核电厂冷却剂等的水质对反应堆材料的影响是一个缓慢的过程，但若不严格加以控制，也将会产生严重的后果，所以必须及时地对冷却剂等水质做化学分析，对冷却剂质量加以监督，以维护反应堆的安全运行。及时对这些项目进行分析测定，这可以为运行人员提供必要的数据，从水化学控制方面减少反应堆事故发生的概率。总之，在核电厂运行模式下，发现水质超过了限值，按行动基准所要求达到的目标采取行动，纠正存在的问题。压水堆中的分析监测工作起到了“眼睛”一样作用。它可以及时地发现反应堆运行中的冷却剂环境，材料及其相容性等各类化学问题，对确保反应堆的安全运行及在指导今后反应堆的设计、建造起着极其重要的作用。因而，冷却剂的分析测试和监督工作，是不容忽视的。

10.2　化学分析简述

分析化学是研究物质的组成、状态和结构、测定方法和相关理论的一门科学。分析化学包括定性分析和定量分析。微量及超痕量分析以及微区和薄层分析等，一直是分析化学发展被关注的方向。据分析手段不同，分析化学也被分为化学分析法和仪器分析法两大部分。

化学分析法是指利用化学反应和它的计量关系来确定被测物质的组成和含量的一类分析方法。化学分析法又分为定性分析和定量分析（包括重量分析、容量分析、气体分析）；化学分析法主要的内容为：重量分析法、四大滴定分析法、数据处理与误差分析。

仪器分析法是基于与物质的物理或物理化学性质而建立起来的分析方法。这类方法通常是测量光、电、磁、声、热等物理量而得到分析结果，而测量这些物理量，一般要使用比较复杂或特殊的仪器设备，故称为“仪器分析”。仪器分析又分为光度分析（包括吸光光度法、原子吸收光谱法、发射光谱法）、电化学分析（包括电位分析法、电导分析法、极谱分析法）、色谱分析（包括气相色谱法、液相色谱法、离子色谱法）和质谱分析法等。这些分析方法在原理、分析对象及操作方面都是截然不同的，不能互相替代。仪器分析除了可用于定性和定量分析外，还可用于结构、价态、状态分析。

学习分析化学要求掌握其基本的原理和测定方法，建立起严格的“量”的概念。能够运用化学平衡的理论和知识，处理和解决各种分析法的基本问题。例如，掌握滴定曲线、滴定突跃、滴定终点的判断和滴定误差等；掌握分析化学中的数据处理与误差处理。总之要正确掌握有关的科学理论知识和实验技能，具备必要的分析问题和解决问题的能力。

分析化学中常用的名词：

1）控制分析　在生产工艺流程中，对某工序的产品或中间产品、半成品进行的定量分析称之为生产过程的控制分析。

2）仲裁分析（也称裁判分析）　不同单位对分析结果有争执时，要求有关单位按指定的方法进行准确的分析，以判断原结果的正确性。

3）流线分析（也称在线分析）　对工艺流程中的某些组分不经取样而直接在管道中进行的分析，通过仪表，自动报出（或记录）结果，以达到控制生产的目的。因此，它是生产自动化的前提。

4）纯度分析　纯度分析是习惯用语，一般指产品中主要成分含量的测定及产品中杂质的分析。纯度分析的结果可以确定样品或产品的质量。

化学试剂，指实现某化学反应而使用的物质，一般指化学分析中所使用的药品，如：硫酸、盐酸、硝酸、氯化钠、氢氧化钠、氢氧化锂等。根据试剂中杂质含量的多少，又划分几个级别。这个划分各个国家是不同的，我国化学药品的分级如下：

1）工业纯　属纯度很低的实验试剂，仅仅适用于一般实验室用，因为价格低廉，工业中大量地采用此种试剂。

2）化学纯　此种试剂适于一般的定性分析及有机物和无机物的制备上。通常用“C. P”符号表示试剂级别。

3）分析纯　此种试剂纯度较高，适于容量分析和一般的比色和光度分析。通常用：“A. R”符号表示试剂级别。

4）保证试剂　此种试剂纯度高，适用于准确度较高的分析。通常用“G. R”符号表示试剂的级别。

5）光谱纯　此种试剂比一级品纯度还要高，杂质含量极低，用光谱法检查不出其杂质，或杂质含量不致影响微量及超微量的分析结果，通常用“S. P”表示试剂级别。

分析化学本身的性质决定了它几乎与国民经济的一切部门都有着密切地关系，一切产品及制造产品的原材料，均应符合一定的质量要求，并且原材料的选择、生产过程的控制，产品质量的检验都要靠分析化学提供数据，以便于作出判断和决定。

核科学涉及自然科学领域里的各个学科，也包括分析化学。一般在工作中，往往习惯于根据样品用量不同来分类，压水堆核电厂的冷却剂质量标准，包括了从常量至超微量的分析，从分析项目来看，包括了大部分的分析手段。在任何一个大型的生产部门或像核电厂这样的大企业，往往是各类分析方法配套使用，或设立分析测试中心，建造标准的化学实验室和配备与之相适应的仪器设备，并配有整套的完善的分析方法，以满足生产运行的需要。

10.2.1 化学分析

化学分析往往是通过称量反应生成物的重量或者用标准溶液标定来测定物质含量定量

的分析方法。许多化学分析方法都是绝对分析方法。仪器分析方法是在化学分析的基础上发展起来的，大多仪器分析方法需要用化学分析方法来标定和校对等。许多仪器分析方法中的试样处理涉及化学分析方法(试样的处理、分离及干扰的掩蔽等)。化学方法和仪器方法是相辅相成的，可互相配合，取长补短。化学分析方法所需条件大多比较简单、易行，有时操作也比较方便。

10.2.2　重量法分析

通过称量生成物的重量来测定物质含量的定量分析方法。重量法通常以沉淀反应为基础，也可利用挥发，萃取等手段来进行分析。

10.2.3　滴定法分析

滴定分析法是将一种已知其准确浓度的试剂溶液（称为标准溶被）滴加到被测物质的溶液中，直到化学反应完全时为止，然后根据所用试剂溶液的浓度和体积可以求得被测组分的含量，这种方法称为滴定分析法(或称容量分析法)。在容量分析中，用已知浓度的试剂溶液(标准溶液)滴定被测溶液，当反应完全时，即两者以等当量化合时，滴定到达终点。滴定的终点是借指示剂的变色或被测溶液某种特性(如颜色、电位等)的改变来指示的，由此所测得的终点，称为滴定终点。浓度准确配制成已知标准量的溶液称为标准溶液，在化学分析中依此溶液作为计算的标准。

(1) 对滴定反应的要求

1) 反应要按一定的化学方程式进行，即有确定的化学计量关系；

2) 反应必须定量进行　反应接近完全(＞99.9％)；

3) 反应速度要快　有时可通过加热或加入催化剂方法来加快反应速度；

4) 必须有适当的方法确定滴定终点　简便可靠的方法和合适的指示剂。

(2) 根据标准溶液和待测组分间的反应类型的不同，滴定分析法分为四类

1) 酸碱滴定法　利用酸和碱在水中以质子转移反应为基础的滴定分析方法。可用于测定酸、碱和两性物质，也称中和法，即一种利用酸碱中和反应进行容量分析的方法。用酸作滴定剂可以测定碱，用碱作滴定剂可以测定酸，这是一种用途极为广泛的分析方法。

2) 配位滴定法　以配位反应为基础的一种滴定分析方法。即一种利用配位反应进行的容量分析方法，又称螯合滴定法。它主要以氨羧配位剂为滴定剂，这些氨羧配位剂对许多金属有很强的配位能力。配位滴定使用的指示剂多为金属指示剂。这些金属指示剂必须要与金属配位后呈相当深的颜色。指示剂与指示剂配位物要有显著不同的颜色。确定终点也可以使用仪器，如电位分析法，库仑滴定法，安培滴定法，分光光度滴定法等，既可提高灵敏度和准确度，也可用于测定微量元素。

3) 氧化还原滴定法　以氧化还原反应为基础的一种滴定分析方法。氧化还原滴定法是以溶液中氧化剂和还原剂之间的电子转移为基础的一种滴定分析方法。它以氧化剂或还原剂为滴定剂，直接滴定一些具有还原性或氧化性的物质；或者间接滴定一些本身并没有氧化还原性，但能与某些氧化剂或还原剂起反应的物质。

4) 沉淀滴定法　以沉淀反应为基础的一种滴定分析方法。生成沉淀的反应很多，但符合容量分析条件的却很少，实际上应用最多的是银量法，即利用 Ag^+ 与卤素离子的反应来

测定 Cl^-、Br^-、I^- 和 SCN^-。

根据滴定方式的不同，滴定分析法也分为四类：直接滴定法、反滴定法、置换滴定法和间接滴定法。

10.3 仪器分析简述

10.3.1 仪器分析的特点

仪器分析(与化学分析比较)的特点：适合于微量、痕量和超痕量成分的测定。灵敏度高，检出限量低、选择性好、操作简便、分析速度快、容易实现自动化。仪器分析与分析化学两者之间并不是孤立的，仪器分析方法是在化学分析的基础上发展起来的。化学方法和仪器方法是相辅相成的。在使用时应根据具体情况，取长补短，互相配合。许多仪器分析方法中的试样处理涉及化学分析方法(试样的处理、分离及干扰的掩蔽等)；同时仪器分析方法大多都是相对的分析方法，要用标准溶液来校对，而标准溶液大多需要用化学分析方法来标定等。随着科学技术的发展，化学分析方法也逐步实现仪器化和自动化以及使用复杂的仪器设备。现代测试技术是指利用现代分析仪器来研究物质的微观世界，完成对物质(材料)性能变化的跟踪和监测。根据所用仪器和原理不同，现代测试技术可以分为两大类，一类称为光学分析方法，另一类称为非光学分析方法。

10.3.2 光学分析法

电磁辐射是光和热辐射，还包括 X 射线、紫外线、微波和无线电波。电磁波的波长范围与各种光学分析方法相对应，见图 10-1。

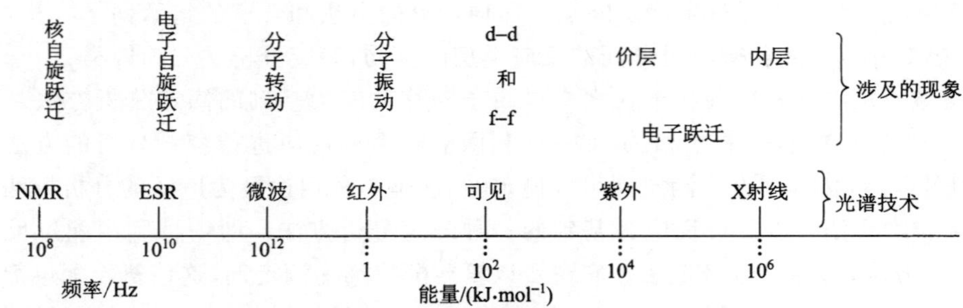

图 10-1 电磁波谱的主要分区和有关的光谱技术

根据物质发射电磁波(辐射能)或物质与电磁波相互作用而建立起来的分析方法称为光学分析方法。利用光谱学的原理和实验方法以确定物质的结构和化学成分的分析方法称为光谱分析法。各种结构的物质都具有自己的特征光谱，光谱分析法就是利用特征光谱研究物质结构或测定化学成分的方法。光谱分析法主要有原子发射光谱法、原子吸收光谱法、紫外-可见吸收光谱法、红外光谱法等。根据电磁辐射的本质，光谱分析又可分为原子光谱和分子光谱。

(1) 原子发射光谱法

利用原子或离子在一定条件下受激发而发射的特征光谱来研究物质化学组成的分析方

法。根据激发机制不同，原子发射光谱有 3 种类型：原子的核外光学电子在受热能和电能激发而发射的光谱，通常所称的原子发射光谱法是指以电弧、电火花和电火焰（如 ICP 等）为激发光源来得到原子光谱的分析方法。以化学火焰为激发光源来得到原子发射光谱的，专称为火焰光度法；原子核外光学电子受到光能激发而发射的光谱，称为原子荧光；原子受到 X 射线光子或其他微观粒子激发使内层电子电离而出现空穴，较外层的电子跃迁到空穴，同时产生次级 X 射线即 X 射线荧光。

根据谱线的特征频率和特征波长可以进行定性分析。原子发射光谱的谱线强度 I 与试样中被测组分的浓度 c 成正比。据此可以进行光谱定量分析。

原子发射光谱分析的优点是：

1）灵敏度高，许多元素绝对灵敏度为 10^{-10} g；

2）选择性好，许多化学性质相近而用化学方法难以分别测定的元素如铌和钽、锆和铪、稀土元素，其光谱性质有较大差异，用原子发射光谱法则容易进行各元素的单独测定；

3）分析速度快，可进行多元素同时测定；试样消耗少（毫克级），适用于微量样品和痕量无机物组分分析，广泛用于金属、矿石、合金和各种材料的分析检验。

（2）X 射线光谱

利用高能电子轰击物质时，内层电子可能从原子中被击出，随后外层电子落进内层能级空位，释放出 X 射线。每一种元素给出一种特征的 X 射线谱，它是由一组锐的峰组成。因此，X 射线发射谱可以用于元素分析，即通过寻找特定位置或波长处的峰进行定性分析；通过测量峰的强度并与标准物质对比进行定量分析。吸光光度法：是基于被测物质对光辐射具有选择性吸收的特性而建立的分析方法。它包括以比较有色溶液深浅的比色法和通过欲测溶液对不同光辐射的选择性吸收来测定物质含量的分光光度法。包括比色法、可见及紫外吸光光度法及红外光谱法。

（3）吸光光度法

吸光光度法的应用较为广泛，与其他分析方法相比，本法灵敏度较高，可测至 10^{-6}～10^{-9} g 的微量组分，如果用浓度表示可测 mg/L 至 μg/L 的未知杂质。方法的相对误差为 2%～5%，若使用精密的仪器，误差可降至 1%～2%。

吸光光度法是采用分光器获得纯度较高的单色光，基于物质对单色光的选择性吸收测定物质组分的分析方法。吸光光度法是比较有色溶液对某一波长光的吸收情况。

基本原理：

吸光光度法原理是借助分光光度计测定溶液的吸光度，根据蓝伯特-比尔定律确定物质溶液的浓度。蓝伯特-比尔定律是最常用的吸光光度法和光度分析的基本定律。

蓝伯特-比尔定律（Lambert-Beer's Law）：

$$A = \lg \frac{I_0}{I} = \varepsilon LC \tag{10-1}$$

式中：

A——吸光度（又称光密度或消光值）；

L——液层厚度（或称吸收光程），cm；

ε——摩尔吸光系数，L/(mol · cm)；

C——待测组分浓度，mol/L。

也有人认为，吸光度 A 等于透光率的负对数，透光率(或透过率) T 等于 $\frac{I}{I_0}$，所以写作

$$A=-\lg T=-\lg\frac{I}{I_0}=\varepsilon LC \tag{10-2}$$

则，$T=10^{-\varepsilon LC}$，可见吸光度与吸光物质的浓度成正比，而透光率与吸光物质为负指数关系。若以吸光度(或透光率)为纵坐标，以吸光物质浓度为横坐标作图，得 A-C 是一条直线，就是通常说的标准曲线。

可以看出，待测物质在一定浓度范围内与吸光度呈线性，根据这个原理采用标准曲线法和标准加入法可以测定未知物质的含量。蓝伯特-比尔定律这一光吸收的规律不仅应用于吸光光度法中，而且也应用于其他一些先进的分析技术中，如原子吸收光谱技术等。

吸光光度法所使用的仪器——分光光度计，操作简单，易于掌握。近年来，由于一些灵敏度高、选择性好的显色剂和各种掩饰剂不断出现，常可不经分离直接进行吸光度分析，有效地简化了测量步骤，提高了分析速度。

(4) 原子吸收光谱法

原子吸收光谱法，又称原子吸收分光光度法。是基于蒸汽相中待测元素的基态原子对其共振辐射的吸收强度来测定试样中该元素含量的一种仪器分析方法。是利用气态原子可以吸收一定波长的光辐射，使原子中外层的电子从基态跃迁到激发态的现象而建立的。由于各种原子中电子的能级不同，将有选择性地共振吸收一定波长的辐射光，这个共振吸收波长恰好等于该原子受激发后发射光谱的波长，由此可作为元素定性的依据，而吸收辐射的强度可作为定量的依据。现已成为无机元素定量分析应用最广泛的一种分析方法。它是测定痕量和超痕量元素的有效方法。

如图 10-2 所示，测定氯化镁溶液中镁的含量时，先将氯化镁溶液喷射成雾状进入燃烧火焰中，氯化镁雾滴在火焰温度下，挥发并解离成镁原子蒸汽。再用镁空心阴极灯作光源，辐射出具有镁的特征谱线的光，当光线通过一定厚度的镁原子蒸汽时，部分被蒸汽中基态镁原子吸收而减弱，通过单色器和检测器测得镁特征谱线光被减弱的程度，即可计算试样中镁的含量。

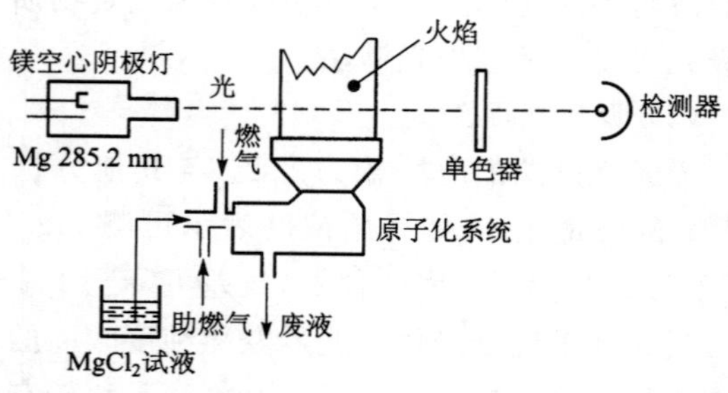

图 10-2 原子吸收分析示意图

原子吸收光谱法具有检出限低(火焰法可达 $ng\cdot cm^{-3}$ 级)、准确度高(火焰法相对误差小于 1%)，选择性好(干扰少)、操作简便、分析速度快等优点。而且可以使整个操作自动化。

原子吸收分光光度计：

用于原子吸收光谱分析的仪器——原子吸收分光光度计，有单光束型和双光束型两类，图 10-3 所示为单光束型火焰原子化原子吸收分光光度计的仪器结构和工作原理。

原子吸收分光光度计主要由光源、原子化系统、分光系统及检测系统 4 个部分组成。光源(空心阴极灯)由稳压电源供电，光源发出的待测元素的光谱线经过火焰，其中的共振线

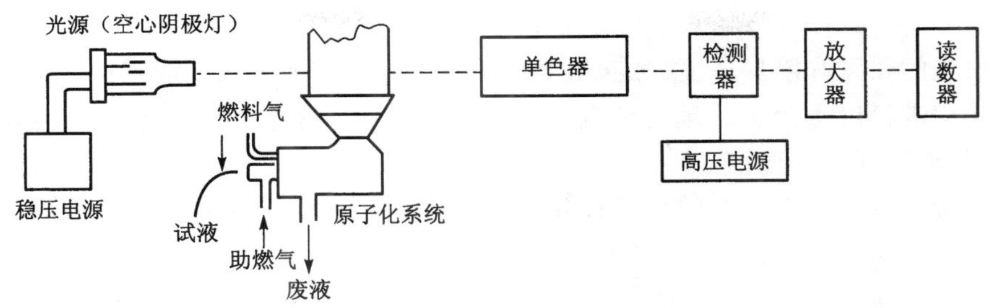

图 10-3　单光束原子吸收分光光度计示意图

部分被火焰中待测元素的原子蒸汽吸收，透射光进入单色器经过分光后，再照射到检测器上，产生直流电信号，经过放大器放大后，就可以从读数器（或记录器）读出吸收值。这种仪器具有结构简单和检测极限高等优点。单光束型仪器的缺点是，如果光源电压不稳，则其发射的光强度不稳，从而使测定结果产生误差。

（5）红外光谱

物质经一定波长范围的红外辐射的照射，并以测得的吸光率作为浓度的函数，就可以得到吸收光谱图。吸收光谱就像“指纹印”一样，它是由物质的分子内部结构所决定的。各物质的分子具有不同的电子能级，所以吸收光谱各有差异，人们可根据吸收光谱的形状来辨认各种物质。红外光谱以波长或波数为横坐标，以强度或其他随波长变化的性质为纵坐标所得到的反映红外射线与物质相互作用的谱图。按红外射线的波长范围，可粗略地分为近红外光谱（波段为 0.8～2.5 μm）、中红外光谱（2 ～10 μm）和远红外光谱（25 ～1 000 μm）。对被物质所吸收的红外射线进行分光，可得到红外吸收光谱。每种分子都有由其组成和结构决定的独有的红外吸收光谱，它是一种分子光谱。分子红外光谱是由分子不停地作振动和转动而产生的。红外光谱具有高度的特征性，不但可以用来研究分子的结构和化学键，如力常数的测定等，而且广泛地用于表征和鉴别各种化学物种。

红外光谱仪有两种类型：一种是单通道或多通道测量的棱镜或光栅色散型光谱仪，另一种是利用双光束干涉原理并进行干涉图的傅里叶变换数学处理的非色散型的傅里叶变换红外光谱仪。

（6）紫外和可见吸收光谱

物质吸收波长范围在 200～780 nm（近紫外线的范围为 20～380 nm，可见光线的范围为 380～780 nm）区间的电磁辐射能而产生的分子吸收光谱称为该物质的紫外和可见吸收光谱，利用紫外和可见吸收光谱进行物质的定性、定量分析的方法称为紫外和可见分光光度法。

吸收光谱基本原理是由于分子中某些价电子吸收了一定波长的电磁波，由低能级跃迁到高能级而产生的一种光谱，也称之为电子光谱。因此这种吸收光谱决定于分子中价电子的分布和结合情况。一束可见光照射到物体上时，辐射会引起电子跃迁使分子从基态上升到激发态，部分光波被吸收。当一束逐渐改变波长（200～780 nm）的入射光照射某物质，并相应记录该物质对每种浓度的吸收程度（A）或透射程度（T），然后以入射光波长 λ 为横坐标，以 A 或 T 为纵坐标，画出连续的 $A\sim\lambda$ 或 $T\sim\lambda$ 的曲线，就是该物质的吸收光谱。若一束光波照射到一有色溶液上，则其吸光度与溶液的浓度 C 及液层厚度 L 的乘积成正比，即：

$$A=\varepsilon LC \tag{10-3}$$

当入射光的强度和液层厚度一定时，溶液的吸光度与溶液的浓度成正比，这就是紫外和可见吸收光谱进行定量分析的理论依据。如果以波长 λ 为横坐标（单位 nm），吸收度 A 为纵坐标作图，即得到紫外光谱。

用于测量有色溶液吸光度的仪器有分光光度计和配有滤光片的光电比色计，这类仪器的工作原理都应用了光电效应。

10.3.3 电化学分析法

电化学分析法是建立在物质在溶液中的电化学性质基础上的一类仪器分析方法。通常将试液作为化学电池的一个组成部分，根据该电池的某种电参数（如电阻、电导、电位、电流、电量或电流—电压曲线等）与被测物质的浓度之间存在一定的关系而进行测定的方法。电化学分析法的基础是在电化学池中所发生的电化学反应。化学电池由电解质溶液和浸入其中的两个电极组成。在两个电极上发生氧化还原反应，电子通过连接两电极的外电路从一个电极流到另一个电极。根据电解质溶液的电化学性质与被测物质的化学组成、浓度、氧化态与还原态的比率等之间的关系，将被测定物质的浓度转化为一种电学参量加以测量。

电化学分析法主要有电位分析法、库仑分析法和伏安分析法与极谱分析法等。电位分析法包括直接电位法和电位滴定法。

直接电位法是利用专用电极将被测离子的活度转化为电极电位后加以测定，如用玻璃电极测定溶液中的氢离子活度，用氟离子选择性电极测定溶液中的氟离子活度。

电位滴定法是在滴定过程中利用指示电极通过测量电位的突跃来确定滴定终点的方法（例如用硝酸银溶液滴定氯离子溶液时所用的指示电极是银电极，参比电极是饱和甘汞电极）。在滴定到达终点前后，滴液中的待测离子浓度往往连续变化 n 个数量级，引起电位的突跃。按照滴定反应的类型通过使用不同的指示电极，电位滴定法可用于酸碱滴定，氧化还原滴定，配位滴定和沉淀滴定。

两种方法的区别在于：直接电位法只测定溶液中已经存在的自由离子，不破坏溶液中的平衡关系；电位滴定法测定的是被测离子的总浓度。电位滴定法可直接用于有色和混浊溶液的滴定。在酸碱滴定中，它可以滴定不适于用指示剂的弱酸；在沉淀和氧化还原滴定中，它应用更为广泛；电位滴定法可以进行连续和自动滴定；和直接电位法相比，不需要准确的测量电极电位值，其准确度优于直接电位法。

电位滴定法所用的基本仪器装置如图 10-4 所示，它包括滴定管、滴定池、指示电极、参比电极、搅拌器、测量电动势的仪器，市售的电位滴定计也是由这些部件构成的。测量电动势的仪器可以用电位计，也可以用直流毫伏计。因为在电位滴定的过程中需多次测量电动势，所以使用能直接读数的毫伏计较为方便。

在滴定过程中，每加一次滴定剂，测量一次电动势，直到超过等当点为止。这样就得到一系列的滴定剂用量（V）和相应的电动势（E）数值。

10.3.4 分离分析法

现代分离分析技术是用现代分离和测试技术通过分离和仪器分析手段来监测、控制物质(材料)性能的变化以及剥离有害的物质,提取有益的成分。

分离分析方法是基于物质特有的(物理、化学、生物)性质,将样品中所需的成分分离出来,并进行定性定量分析的方法。它是化学、环境、药学、材料、高分子等学科,以及生命科学、环境科学、食品科学等领域应用广泛的技术方法。分离分析方法有毛细管气相色谱、微径液相色谱、离子色谱、整体柱、毛细管电泳、电色谱、超临界萃取和超临界流体色谱、多维色谱、联用技术、逆流色谱、场流分离等。

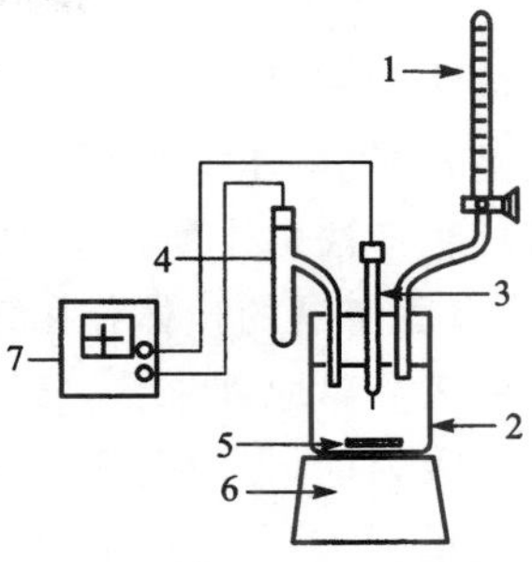

图 10-4　电位滴定法用的基本仪器装置
1—滴定管;2—滴定池;3—指示电极;
4—参比电极;5—搅拌棒;
6—电磁搅拌器;7—电位计

(1) 色谱分离

色谱分离是化学分离法中一种极为重要的分离方法。常用的方式有柱上色谱、纸上色谱和薄层色谱。以柱上色谱应用最广,它既能定量地分离超微量物质,也可用于分离常量物质。柱上色谱按其流动相的不同又可分为气相色谱和液相色谱。

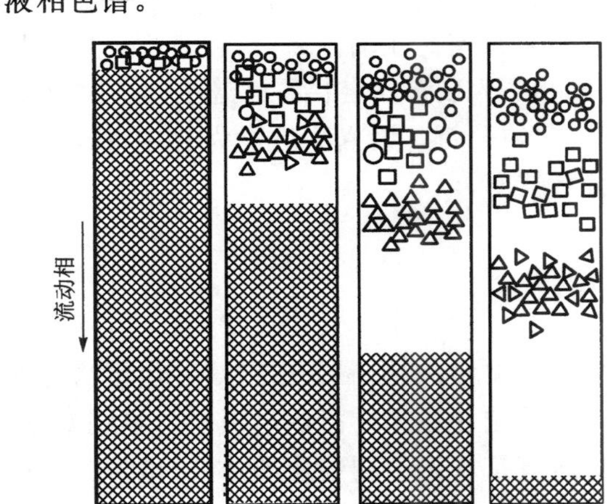

图 10-5　柱上色谱分离原理示意图
组分 A:△;组分 B:□;组分 C:○

柱上色谱分离原理:柱上色谱分离原理如图 10-5 所示。含有多组分(A、B、C)的试样流经填装有固定相的柱子,开始时,试样吸附在柱子上端,然后用溶剂淋洗,各组分在固定相上进行吸附和解吸,吸附力差的组分 A 流动快,位于柱子的下端。吸附力强的组分 C 流动慢,位于柱子的上端。吸附力居中的组分 B 位于柱子的中间。最后在柱子的下端出现一个由多个色带组成的色谱(一个色带代表一种物质),于是组分 A、B、C 的混合物就这样被分离开来。

柱上色谱分离方法有三个基本要素:固定相使被分离的组分固定下来;流动相使被分离的组分移动;固定相支撑物(如玻璃管)。

由于被分离的组分,其性质和结构不同,它们与固定相之间的相互作用力(吸附、分配、溶解、交换、空间位阻)有差异,导致各组分在固定相中的滞留时间有长有短,或者说各组分在固定相中的流动速度不同,因此,在移动过程中能够彼此分开,并按次序从柱中流出。可见,色谱分离的实质是被分离组分在多孔介质(固定相)中的差异移动。

影响各组分移动速度的主要因素有两个:滞留时间-固定相对组分的吸附性能;流动速度-流动相对组分的溶解性。

在这两个因素的作用下,被分离物质在柱子中经历吸附-解吸(被溶解)-再吸附-再解吸……如此重复几万次～几百万次,只要混合物中的各组分在吸附和溶解性能上有差异,就可以彼此分开。

（2）气相色谱法

色谱法中有两个相，一个相是流动相，另一个相是固定相。如果用液体作流动相，就叫液相色谱，用气体作流动相，就叫气相色谱。

气相色谱法由于所用的固定相不同，可以分为两种，用固体吸附剂作固定相的叫气固色谱，用涂有固定液的担体作固定相的叫气液色谱。

按色谱分离原理来分，气相色谱法亦可分为吸附色谱和分配色谱两类，在气固色谱中，固定相为吸附剂，气固色谱属于吸附色谱，气液色谱属于分配色谱。

按色谱操作形式来分，气相色谱属于柱色谱，根据所使用的色谱柱粗细不同，可分为一般填充柱和毛细管柱两类。一般填充柱是将固定相装在一根玻璃或金属的管中，管内径为 2～6 mm。毛细管柱则又可分为空心毛细管柱和填充毛细管柱两种。空心毛细管柱是将固定液直接涂在内径只有 0.1～0.5 mm 的玻璃或金属毛细管的内壁上，填充毛细管柱是将某些多孔性固体颗粒装入厚壁玻管中，然后加热拉制成毛细管，一般内径为 0.25～0.5 mm。

（3）高效液相色谱法

又称“高压液相色谱”、“高速液相色谱”、“高分离度液相色谱”、“近代柱色谱”等。高效液相色谱是色谱法的一个重要分支，以液体为流动相，采用高压输液系统，将具有不同极性的单一溶剂或不同比例的混合溶剂、缓冲液等流动相泵入装有固定相的色谱柱，在柱内各成分被分离后，进入检测器进行检测，从而实现对试样的分析。该方法已成为化学、医学、工业、农学、商检和法检等学科领域中重要的分离分析技术。

10.3.5 其他仪器分析法

（1）一般仪器分析方法

其他仪器分析法诸如荧光光谱法、质谱法、核磁共振谱法、顺磁共振谱法和电镜法等在反应堆水化学分析中很少使用，此不赘述；电位分析是选用适当的指示电极浸入被测溶液，测量其相对于一参比电极的电位，根据测出的电位，直接求出被测物质的浓度，电位分析中常用的指示电极是离子选择性电极，它是一种电化学传感器，敏感膜是其主要组成部分，而电导的测定、pH 值的测定和卤素的测定等电位分析法在反应堆水化学分析中却特别重要，故在本节专述如下。

1）电导测定　溶液的电导是通过电导率仪进行测定的。把幅度恒定的电压 E 加到电导池的两端上，这时流过溶液的电流 I_x 的大小取决于溶液的电导率，也取决于溶液中呈现的电阻 R_x 和外加电压 E：

$$R_x = E/I_x = \rho L/A$$

式中：

ρ——电阻率；

L——两电极片间的距离，cm；

A——两电极的截面积，cm^2。

通常，溶液的导电性能以电阻倒数 $1/R_x$，即电导 G 来表示：

$$G = 1/R_x = A/\rho L$$

$1/\rho$ 称为电导率，常以 K 表示，于是：

$$K = GL/A$$

当电导电极形状、结构确定后，L/A 就为一常数，通常称电极常数，用 J 表示，所以：

$$K = GJ = J/R_x = I_xJ/E$$

于是可见，当外加电压 E 幅度及电极常数恒定时，溶液的电导率 K 与电流 I_x 的大小呈正比，因此只需测量 I_x 的大小，就可以测出被测溶液中的电导率。

2) pH 值测定　pH 值测定又称酸度测定，常温下测定 pH 值的方法主要是采用离子选择电极来进行测定。离子选择电极是采用玻璃膜电极，它作为指示电极，以甘汞电极作为参比电极。

玻璃电极头部球泡是由特殊的敏感薄膜制成，它对氢离子有敏感作用。球泡内充以 0.1 mol/L 的 HCl 溶液和插入 Ag-AgCl 电极当它浸入被测溶液内，被测溶液中氢离子与电极球泡表面水化层进行离子交换，球泡内层也有电位产生，由于内层氢离子不变，而外层氢离子在变化，因此，内外层所产生电位差也变化。

玻璃电极的电位是各部分液界之间电势的代数和，即：

外溶液 | 水化层 | 玻璃膜 | 水化层 | 内缓冲溶液 | AgCl 半电池的电极电位。

甘汞电极是由金属汞、Hg_2Cl_2 和饱和 KCl 溶液组成的。内玻璃管封接一根铂丝，铂丝插入纯汞中，纯汞下面有层甘汞和汞的糊状物。外玻璃管中装入饱和 KCl 溶液，下端用素瓷塞塞住，通过素瓷塞的毛细孔，可使内外溶液相通。甘汞电极可表示为：

$$Hg|Hg_2Cl_2(s)|KCl(饱和)$$

在测量过程中，甘汞电极电位是不随被测氢离子浓度改变的。

当氢子浓度发生变化时，玻璃电极和甘汞电极之间的电动势也随着引起变化，电动势的变化符合下列关系：

$$\Delta E = -58.16 \times \frac{273 + t}{293} \times \Delta pH$$

式中：

ΔE —— 表示电动势的变化，mV；

ΔpH —— 表示溶液 pH 值的变化；

t—— 表示被测溶液的温度，℃。

玻璃电极和甘汞电极之间产生的直流电动势，经过前置 pH 放大器输入到 A/D 转换器，然后以 pH 值数字显示。进行 pH 值的分析测定时，要使用标准缓冲溶液对电极电位和 pH 值关系进行标定和校正，给出标准曲线，然后就可以准确地测定常温下样品的 pH 值。

3) 卤素测定　卤素(F^-、Cl^-、Br^-、I^-)的测定是采用晶体膜电极作为指示电极，这类膜电极是难溶盐晶体，这些晶体具有离子导电的功能，其中最典型的是氟离子选择电极，这种电极的晶体膜是由 LaF_3+EuF_2 单晶片制成，对 F^- 有良好的选择性。难溶盐 AgS 和 AgX (X^- 为 Cl^-、Br^-、I^-)也可制成电极，用以测定溶液中的其他卤素离子。

(2) 仪器分析技术在冷却剂的质量控制中的部分应用

1) 电导率和阳离子电导率的测量；

2) 在线监测对二回路水污染的监督；

3) 各种元素的分析方法。

10.4 分析化学技术在PWR水质监测中的应用

10.4.1 水质等监测的管理对策

以下是核电厂管理部门通常所制定的部分水质监测、腐蚀监督和辐射场报警管理法规及对策。

10.4.1.1 一回路水的化学监测

(1) 连续监测(在线监测)

由于连续监测可以及时、准确地给出测量结果,对于测量频率高的项目,通常采用连续监测,主要有以下几项:

1) 硼(B)的测量;

2) pH值的测量;

3) 氢(H_2)的测量;

4) 总的γ活度测量。

(2) 实验室监测(取样分析)

核电厂设有自动化学连续取样系统。实验室分析可对在线监测起到对照作用,对于不能实现在线分析的项目,则采取取样实验室分析的办法。

特别要提出的是,核电厂要对燃料元件包壳破损率进行监测,须进行放化分析,如总的α活度、总的β活度、γ能谱、^{3}H和^{90}Sr的测定。对于活化的腐蚀产物和裂变产物的γ能谱测量,参看图6-1(用锗锂探头测得冷却剂的γ能谱图)。

10.4.1.2 二回路水质监测

(1) 在线监测

二回路的化学监测主要依赖于化学在线仪表,它具有以下优点:

1) 连续监测,可及时发现异常现象,操作员立即采取行动,及时解决;

2) 减少取样及实验室手工操作引入的误差,从某种意义上来说,可提高结果的可靠性。

(2) 取样分析

取样分析受测试条件及测试频率的限制,作为在线监测的补充,便于更全面、准确地掌握二回路水质,深入分析仪表测量数据可信度,尤其在仪表失控、故障情况下,必须取样分析来确认回路水质情况。

在水质各规范表中,在"分析频率"一项,注明"连续"的均为在线仪表监测,其他为取样分析。在二回路设有多处取样点和监测点。

(3) 电导率和阳离子电导率的测量

1) 电导率(总电导率)λ 表示水中的离子总量(阳离子和阴离子),电导率与电阻率互为倒数,电阻率通常用来表示水的纯度,在水质的测量中常常采用,符号写作:Ω·cm。

2) 阳离子电导率λ^+ 指溶液通过H型阳离子交换树脂后的电导率。通常用在压水堆核电厂二回路水的测量中。

3) λ^+的测量原理 当含有阳离子(Na^+,Ca^{2+},NH_4^+…)的水进入H型阳离子交换柱进行离子交换时，阳离子将离子交换树脂活性基团中的 H 置换下来。此时，从离子交换柱流出的水中含有[H^+]和阴离子(Cl^-，SO_4^{2-}…)。

4) λ^+ 测量的优点　可消除碱性化学添加剂(如 NH_4OH)造成的 λ^+ 测量偏高的影响，也就是说，可消除人为地加入化学试剂带来的高本底，克服了由此造成的测量误差。

5) λ^+ 测量的缺点　在用阳离子交换树脂去除 NH_4OH 中阳离子(NH_4^+)的同时，也除去了其他杂质阳离子(如 Na^+，Ca^{2+}…)。假如有杂质沾污发生，当水通过阳离子交换树脂时，同样发生阳离子与[H^+]的交换反应，所以，λ^+ 的测量也有不足。

(4) 在线监测对二回路水污染的监督

单纯的 λ^+ 测量不能发现碱性污染，但综合在线仪表的测量结果，进行全面分析，就可以得出正确的判断。见表 10-1。

表 10-1　二回路污染时在线仪表测量值的变化

现　象		在蒸汽发生器排污水(APG)中		
		Na	λ^+	pH 值(趋势)
海水泄漏进入凝汽器		↑	↑	↓
污染补给水(SER)	盐	↑	↑	
	碱	↑		↑
	酸		↑	↓
冷却水(SRI)进入二回路		↑	↑	
空气漏入凝汽器		凝结水(CEX)中含氧量升高，如果大量进入空气，λ^+ 会升高		

从表 10-1 可看出，单纯 λ^+ 的测量难以确定二回路水是否沾污，当结合对 Na 及 pH 值的测量时，就可以得出正确的判断，甚至可监测海水是否进入凝汽器。

10.4.2　取样

为用分析化学手段控制工艺和产品的质量在所期望和限定的范围内，必须采取积极有效地进行定期和“临时”性的取样分析措施(在有条件的情况下，对某些监测项目采用在线测量，但多数还是取样分析。无论采用哪种测量方式，必须选择和建立好的分析方法，保证测试结果的准确度高，重现性好)，这就涉及一个重要的问题，即如何取样获得有代表性的样品。

一般工业所用的取样工艺，如取样管的长度和尺寸，取样器形式和阀门的设计等，严格地说，不完全适合于反应堆回路水的取样，必须做适当地改进。

(1) 几种常见的取样方法

取样管线来自安全壳内，然后进入辅助厂房内的取样间。反应堆冷却剂的高压取样管线有足够的长度以保证在安全壳内有至少 45 s 的流动时间，从安全壳到取样间的管线还提供一段额外的流动时间。由于一回路水放射性高，取样滞留盘管的长度要足以使水中短半衰期核素如 ^{16}N 的放射性衰减到分析工作者在取样时经受的辐射剂量低到允许水平。每条取样管线包括：

1）一只靠近取样源的手动隔离阀；

2）一只在隔离阀下游的遥控电磁阀；

3）位于安全壳内侧和外侧的隔离阀和一只在取样间内的用于控制流量的手动阀。

高温取样管线还包括一台取样冷却器。

另外，要考虑到一回路水溶有一定量的气体，减压时要释放，如按常规方法取样，水中由于气体的解吸，使所取水样不具代表性。由于反应堆的特殊性，根据不同的系统有不同的取样方法，几种常见的取样方法有：

1）可承受一回路压力的高压取样钢瓶取水样用于分析放射性同位素和气体组分；

2）取样瓶取样，这是最常见的化学取样方法，适用于取水样和油样等；

3）快速接头取样方式，采用钢管容器，两端用螺纹口与取样循环管相连，连接好后，打开相应阀门对管线中的液体进行循环。完成规定的循环时间后，关闭相应的阀门，取下快速接头便完成了取样；

4）气体快速接头取样，选用专用的取样装置，并将其接入系统中进行气体样品的取样；

5）用取样容器在水池内吊取样品，适用于各种地坑的取样。

（2）核电厂的取样点

核电厂的集中取样点有一回路主、辅系统的取样点，蒸汽发生器二次侧排污水（炉水）取样点。图 10-6 给出了核电厂一回路水汽系统取样的示意简图。

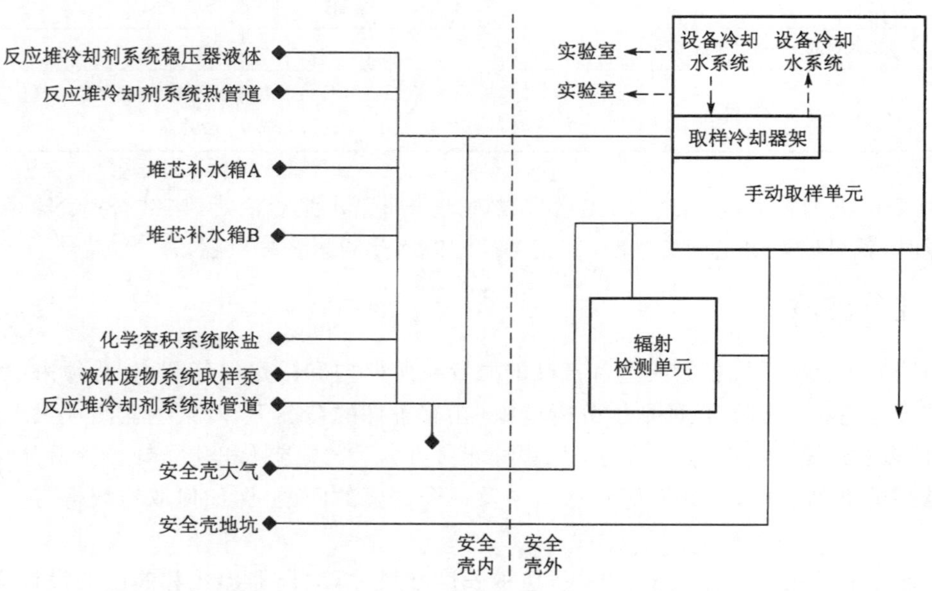

图 10-6　一回路水汽系统取样的示意简图

核电厂一回路取样系统可以分为两个独立的子系统：液体取样系统和气体取样系统。

反应堆二回路水化学的分析可以采用类似一般工业的取样工艺并进行分析。一回路一般为间断取样，二回路一般为连续取样。核电厂分设一、二回路取样箱。一回路取样箱包括低压取样箱、高压取样箱、液体取样箱及气体取样箱。就地取样点的布置分散在电厂的各处，并表示在有关工作的流程图上。

(3) 取样步骤

核电厂一回路一般取样步骤如下：

1) 一回路冷却剂取样，是将取样高压钢瓶连接到与一回路相同压力的取样系统上，让一回路冷却剂在高压取样瓶内流动循环；

2) 将已取好样品的高压瓶装到实验室的样品控制盘上；

3) 用循环气通过样品瓶，使冷却剂样品中溶解的气体解吸直到平衡，此时样品瓶中的压力趋于大气压(1.01×10^5 Pa)；

4) 测定释放出来的总气量以计算样品中的气体浓度；

5) 样品瓶中气体和冷却剂水样用于分析。

一回路取样系统也可用取样管取样，手动操作，间断运行。为了取得有代表性的样品，取样管需要扫液。为了保护取样操作人员和防止取样间内的污染扩散，采取了一系列安全措施。

(4) 二回路及其辅助系统的取样

对于二回路及其辅助系统的取样方式与常规电厂没有明显的区别(不同的是要考虑放射性及活度测量问题)，二回路取样需要连续监测电导率和 pH 值。它的取样方式主要有以下 5 种：

1) 取样瓶取样，这是最常用的化学取样方法，适用于取水样和油样等；

2) 蒸汽样品取样，必须先把蒸汽冷凝下来，然后取水样进行分析，从而可推得蒸汽成分；

3) 真空系统取样 主要在冷凝器管板和热阱使用真空泵进行取样，由钠表和阳电导表在线检测凝汽器是否泄漏；

4) 取酸碱样 树脂再生时要使用不同浓度的 H_2SO_4 和 NaOH，因而要取样进行分析。

5) Hide-out return 的取样 在电厂冷停堆情况下，蒸汽发生器(SG)沉积物中的浓缩离子会返出。对 SG 中炉水进行取样，一方面判断 SG 的沉积情况，另一方面为了确定在合适的时间对 SG 排污(约 40 h)。

由蒸汽发生器排污水来的样品，温度压力较高，须先经中压取样冷却器冷却，再由减压阀减压，在二回路取样箱取样。

总之，化学取样必须综合考虑各种因素，要保证系统运行和工作人员的安全，并要考虑到方便取样人员的操作，从而通过不同的取样方法取到具有代表性的各类样品，为电厂化学控制提供准确可靠的数据。

10.4.3 水质控制项目的分析方法

对一般条件下普通公认的各种元素的分析方法，有害杂质及气体的测定方法，如何在压水堆核电厂的高温、高压、强放射性的特定条件下运用，保证分析结果的准确性，是要做些工作的，给仪器设备提出特殊要求，并在压水堆核电厂应用此方法之前必须做验证。压水堆核电厂常用的分析方法如下。

10.4.3.1 元素的分析

(1) 锂(Li)、钠(Na)和钾(K)的分析测定

Li 、Na、K 属于碱金属，它们的分析测定通常采用火焰光度法，测至 mg/L 级。由于分

析技术的发展，现在，多数选用火焰原子吸收法，最佳测定范围在 mg/L～μg/L 量级，且得到好的精密度。也可选用 ICP 发射光谱法。

目前采用原子吸收分光光度法和离子色谱法测定冷却剂样品中的锂浓度，通过比较测定的条件下样品与标准溶液的吸光度或峰面积，从而可以较好的消除测定中的系统误差，得到样品中的锂浓度。

但是，原子吸收火焰法在测定压水堆核电厂一回路的锂含量时通常会存在以下问题：① 测量样品为高硼酸基体，且每天样品的硼含量都是在变化（整个换料周期硼含量在 10～2 500 mg/kg范围变化），不同硼含量的基体对锂的测定结果带来不同的干扰；② 分析方法使用的锂标准溶液含有大约 60～70 mg/kg 的 HNO_3，同样品的基体存在较大的差异，事实上这种差异已影响了测量结果的准确性。

上述锂含量测量误差的问题已影响到了压水堆核电厂一回路冷却剂硼-锂协调控制的运行操作，必须对分析方法加以改进来提高硼酸体系中锂含量测定的准确性。

硼酸基体对锂含量的测定存在物理和化学两方面的干扰，物理干扰是指试样溶液在输送、雾化、蒸发和挥发等过程中，由于溶剂或溶质的物理性质和其他因素的变化而引起的干扰，物理干扰的消除可采用配制与试样溶液有相同或相似基体的标准溶液，使用同试样中含量一致的锂标准溶液做工作曲线。而化学干扰可能是硼酸基体同锂元素发生化学反应，生成了一种难以离解和影响锂元素原子化的化合物（$Li_xB_yO_z$），消除干扰的方法是向含硼酸基体的试样中加入适量的 HNO_3 使 $Li_xB_yO_z$ 溶解，该法的可行性得到了实验证实。

为解决压水堆（PWR）核电厂一回路冷却剂硼酸溶液对锂含量测定的影响，对原子吸收法进行了改进。当试样的硼含量小于 1 000 mg/kg 时，使用 500 mg/kg 硼基体标准工作液，并在样品中加入 65 mg/kg 的硝酸进行测定；如果试样的硼含量大于 1 000 mg/kg 时，须将样品进行稀释，使稀释后的样品中硼含量小于 1 000 mg/kg，然后按照硼基体含量小于 1 000 mg/kg 的样品进行测定。测定实际 L1 Rcp（岭澳核电厂 1 号机组）的样品精密度为 0.48%，回收率为 100%，结果证明方法可行。

(2) 钙（Ca）和镁（Mg）的分析测定

早期测定钙和镁，采用分光光度法。现在较多采用火焰原子吸收法，可测至 mg/L～μg/L 量级，并可得到好的精密度。

(3) 氟（F^-）、氯（Cl^-）和硫酸根（SO_4^{2-}）等阴离子的分析测定

以上三种离子的分析，长时间都是采用分光光度法来测定的，其测定范围在 mg/L 量级，且操作较麻烦，试剂用量和种类较多，后来采用离子选择电极法。除氟离子灵敏度较高，可测至 μg/L 量级外，其他离子灵敏度不高，并且每测定一个离子要用一个特制的电极，对微量元素测定并不是理想的方法。氟、氯离子的分析方法现主要用离子色谱法，离子色谱技术是近代发展起来的新技术，可以同时完成对多组分阴离子分离和测定，该方法具有即快速、又准确、灵敏度高、重现性好、样品消耗少等特点。方法的检测下限可在 mg/L～μg/L 量级范围。这项新的分析技术已广泛应用，尤其在核电厂的炉水分析中早已采用。将样品峰的峰面积与标准溶液峰的峰面积进行比较，就可以得到该样品中的氟、氯离子含量。

(4) 硼的分析测定

常见的硼酸浓度测量方法有物理方法，也有化学方法。常见的物理测量硼酸的方法有中子源法、密度法。中子源法是电厂常用的在线物理测量方法。中子源法的测量原理是利

用^{10}B吸收中子的特性测量^{10}B的浓度，再通过溶液中^{10}B与总硼酸浓度的关系换算获得硼酸浓度。密度法一般用于高浓度硼酸的测量，该测量方法的缺点是测量误差大，故一般不推荐该方法。

由于在冷却剂中硼的浓度在 5～2 000 mg/L 范围，范围较宽。覆盖常量、半微量和微量三个量区。文献中报道硼的化学分析方法，有容量法、分光光光度法、原子吸收法、重量法等，它们有的适于微量分析，有的适于常量分析。等离子体发射光谱法可应用于测定硼含量低于 50 μg/L 的样品，离子色谱法也可用于分析水中的硼。胭脂红酸比色法适用于 1～10 mg/L的测定。姜黄素萃取比色测定法也可以应用。

一方面考虑到设备的因素，另一方面由于冷却剂中的主要组分为硼和锂，所以采用容量法进行分析测定。常见的硼酸浓度化学测量方法是滴定法，该方法也是相对比较精确的经典测量方法，通常可以把测量相对误差控制在很小的范围，如手工滴定法，自动电位滴定法。自动电位滴定法可以用于实验室的分析，也可以用于在线监测。硼的分析现多采用甘露醇电位滴定法，且作为常规分析方法。但要注意避免氨、盐酸和二氧化碳的影响。

容量法测定硼主要基于在甘露醇的存在下，硼酸从一个弱酸转变为一个中等强度的酸，在等当点处产生一个 pH 值从 6.4～9.5 的突跃，从而可以使用酸碱指示剂来指示滴定终点，用氢氧化钠标准溶液直接滴定样品来确定硼的含量。在测定过程中，可以根据硼浓度的不同，在不同硼含量时使用不同的指示剂来指示滴定终点，解决了在测定低含量硼时酚酞指示剂终点指示不明显的问题。在硼含量较高时（>50 mg/L）使用酚酞作指示剂，在硼浓度<50 mg/L 时使用混合指示剂来指示终点，比较好地解决了硼覆盖范围宽的问题，方法的精密度基本一致，相对标准偏差<2%，同时在硼酸与反应堆腐蚀产物共存的条件下，方法的平均回收率为 99.72%。

手动滴定法主要用于测定高浓度水样中的硼浓度。其测定范围：1 000～50 000 mg/L。手动滴定法的测定原理是由于硼酸是一种弱酸，不能用标准碱溶液直接进行定量滴定，当加入甘露醇与硼酸生成络合酸，可转化成一种较强的酸，可用氢氧化钠标准溶液直接进行滴定，等当点 pH 值是 8.5，其反应式：

$$C_6H_8(OH)_6 + H_3BO_3 \longrightarrow C_6H_8(OH)_4 \cdot HBO_3 + 2H_2O$$

$$C_6H_8(OH)_4 \cdot HBO_3 + NaOH \longrightarrow C_6H_8(OH)_4 \cdot NaBO_3 + H_2O$$

手动滴定后通过以下计算：

$$C_{B(mg/L)} = \frac{C_{NaOH} \times V_{NaOH} \times 10.82 \times 10^3}{V_{样}}$$

式中：

C_B——水样中硼浓度，mg/L；

C_{NaOH}——标准氢氧化钠溶液的浓度，mol/L；

V_{NaOH}——消耗氢氧化钠溶液体积，ml；

$V_{样}$——取样体积，ml；

10.82——每毫摩尔硼的重量，mg。

手动滴定法中的注意事项有：

1）样品温度高于室温时，在滴定前冷却到室温；

2）用氢氧化钠溶液滴定时，加入甘露醇必须过量，即加到溶液中出现固体为止；

3）用氢氧化钠溶液滴定时，开始可以快速滴定到 pH=7，再慢慢滴定到 pH=8.5；

4）反应堆冷却剂中，加 LiOH 来控制 pH 值，由于 LiOH 也中和一些硼酸，在加入甘露醇之前，硼酸溶液 pH 值必须用稀盐酸来调节。在测定一回路冷却剂的硼酸浓度时，用自动滴定仪取代人工手动滴定分析，能更快速准确地得到结果，减少人为误差。它的测定范围为 3～3 000 mg/L。测量原理与手动滴定法相同。

自动滴定法测量硼溶度的仪器主要有：

1）自动滴定仪；

2）自动滴定仪专用天平；

3）自动滴定仪专用 100 ml 烧杯。

测量硼溶度的试剂主要有：

1）pH=7.00 标准缓冲溶液；

2）pH=10.01 标准缓冲溶液；

3）甘露醇 A.R 级；

4）标准 NaOH 溶液，[NaOH]=0.1 mol/L：溶解 4 g 固体氢氧化钠（优级纯）于去离子水中，稀释至 1 L，贮于聚乙烯瓶中，用邻苯二甲酸氢钾标定。

（5）水中溶解氢的分析测定

大多数核电厂一回路冷却剂中溶解氢的分析，仍采用先将冷却剂中氢释放出来，用气相色谱法测定，再计算单位重量冷却剂中溶解的氢气的含量。

由于冷却剂中氧的主要来源是水的辐射分解，通常是采用向主回路中加氢的方法来抑制水的辐射分解，降低溶氧水平，维持系统处于还原状态下的。实验证明冷却剂中氢含量＞15 ml(STP)/kg H_2O 时，氧浓度可降至 5 μg/L 以下，考虑到其他氧化性杂质的存在，一般要求达到 25 ml(STP)/kgH_2O，但有资料表明氢含量过高会促成一回路水应力腐蚀开裂(PWSCC)，因此要求把氢含量控制在 25～35 ml(STP)/kgH_2O 范围内，但这样也增加了加氢控制难度。

目前溶解氢分析通常主要采用真空释放—气相色谱法对溶解氢进行分析测定。通过高压在线取样管线和采用高压取样器进行取样，可以解决降温降压取样法不能避免的溶解氢解析问题所造成的取样代表性差、重现性不好等问题，从而提高了取样的代表性和分析结果的重现性。在分析数据处理时，采用内标法进行数据处理，可以解决仪器本身不稳定带来的分析误差，提高分析方法的重现性。

（6）水中溶解氧的分析测定

水中微量的溶解氧的测定，可用靛胭脂红比色法，但取样和分析过程要注意防止空气进入，应在取样前，将取样瓶抽真空处理并在取样时用样品充分洗涤。溶解氧的测定，有氧表可在线测量。

由于冷却剂中溶解氧是引起结构材料腐蚀、破坏结构材料完整性的重要因素之一，尤其在和冷却剂中氟、氯离子的共同作用下，更是造成结构材料应力腐蚀和晶间腐蚀的主要原因，因此在冷却剂系统中，为保证反应堆的安全运行，须严格地控制冷却剂中溶解氧的含量，尤其是在一回路系统中，通常将溶解氧控制在 0.1 mg/L 以下。

对于冷却剂中溶解氧的分析，可以采用改进的温克勒法进行分析测定。它的原理是在碱性条件下，水中的氧将氢氧化锰氧化成 $MnO(OH)_2$，酸化后，$MnO(OH)_2$ 将 KI 氧化为

I_2，I_2与过量的碘离子形成的I_3^-在350 nm处有一较强的吸收峰，用分光光度计测定其吸光度，由工作曲线法可得到水样中溶解氧的含量。

采用特制的取样管，可以大大减少在分析操作过程中空气中氧对样品分析的影响，对试剂中溶解氧及试剂中氧化性杂质对测定结果的影响，可以扣除一个校正值后基本消除它们的影响。在测定时，可将操作步骤中每次加入除氧剂改为加入非除氧试剂，大大简化了操作的复杂程度。它们之间的差值作为总的校正值的一部分，测定的结果扣除校正，从而可以得到比较准确的测定结果。

对于溶解氧含量在20 mg/L以上的样品，该方法的相对标准偏差<10%，回收率可达到(100±10)%，可以满足冷却剂中溶解氧的分析测定。

(7) 硅的分析测定

硅的测定，通常用分光光度法、石墨炉原子吸收法，测总硅量检测下限可达20 μg/L。

(8) 铝的分析测定

分光光度法是测定铝的常用方法，近年采用无火焰原子吸收法测定铝，有较高的灵敏度，另外可用等离子体发射光谱法。

(9) 同位素的分析

用高分辨率的γ谱仪测定冷却剂水样和溶解气体，可以得到γ能谱图，据此可以作出分析。如果要准确知道β放射体，如氚分析，就须要将样品进行仔细地放化分离纯化。

10.4.3.2　其他相关的分析

(1) 总固体悬浮物的分析测定

在压水堆冷却剂中，固体悬浮物主要是腐蚀产物。它们在反应堆回路传热表面的沉积，会使系统传热效率降低。而当它们积累过多时，会造成系统局部过热并给维修造成一定的不良影响。分析测定一般取大约100 ml冷却剂样品流过0.45 μm孔径的微孔滤膜，随后将膜与不同形式氧化物的标准图表进行颜色比较，此法可得到定量的数据。也可通过测定滤膜在冷却剂流过前后的重量变化，得到冷却剂中的固体悬浮物含量。若将含有悬浮固体的滤膜溶于盐酸和硝酸的混合溶液中，再用原子吸收光谱测定不溶性的铁和其他金属物质，则可测定总固体低至10 μg/L水平的总固体悬浮物。如冷却剂中悬浮固体量高至5 mg/L，则可将冷却剂样品流经预先烘干并恒重的过滤器，再将过滤器烘干恒重。如冷却剂中悬浮固体量高达25 mg/L以上，可用冷却剂样品流经过滤器之前和流经过滤器之后的溶液，采用蒸发称量法，求得悬浮固体的量。

(2) 氨的分析测定

通常采用比色法测定，现代已普遍采用离子选择电极法来测定氨。

(3) 联氨的分析测定

反应堆启动时，须向一回路冷却剂中添加联氨以降低氧含量，多采用分光光度法来测定。

(4) 有机物分析

各种有机物均有可能进入系统，如离子交换树脂、润滑油、清洁剂及补水中的有机物，这些物质及它们的分解产物对结构材料及燃料包壳都会产生不良影响。总有机碳(TOC)，总碳(TC)和总无机碳(TIC)的分析可用先进的气相色谱法和质谱法。

(5) pH值的测定

很多电厂已实现了(100 ℃以下)在线监测，但pH值的给出取决于溶液中总离子强度。

如果一回路冷却剂中有硼、锂存在，那就要进行比较，综合分析。

二回路的炉水也需测定 pH 值，注意每天要校正仪器，至少采用两点校正法。

(6) 电导率的测定

实验室取样测定电导率值，是有一定困难的，因为空气中的 CO_2 很快地溶解于水，使电导率值迅速地增高，尤其对高纯水更是如此。建议将电导池安装在系统上，采用在线流动测量，如果有高温电导池更好，可直接测定高温回路样品。在没有高温电导池的情况下，反应堆一和二回路的电导率测定较为复杂，非常重要的一点，是维持温度在(25±3) ℃为好。

(7) 理论计算 pH 值

压水堆主冷却剂的 pH 值要求精密控制，压水堆核电厂一回路运行温度一般在 285～315 ℃之间，测 pH 用的玻璃电极的最高工作温度不超过 100 ℃。目前直接测定其 pH 值尚无法做到。对于运行温度下冷却剂的 pH 值，是由常温下分析冷却剂样品中硼和锂的浓度数据，通过理论计算确定。国外采用的计算方法不公开。韩延德等研制成硼－锂匹配浓度下 pH 值的近似计算和精密计算两种程序软件，可以计算硼－锂不同匹配浓度在不同温度(包括一回路运行温度)下的 pH 值。另外，也可以由已知温度下样品中硼的浓度和 pH 值，计算出样品中的锂浓度。精密计算程序已在国内 600 MW 商用压水堆核电厂设计中得以应用。

硼酸是一种弱酸，在水中解离形式比较复杂，计算与碱共存的未解离硼酸浓度[HB]是计算氢离子浓度$[H^+]$及各化学平衡物种浓度如单硼酸根 B^- 和三硼酸根离子 B_3^- 的关键。下面给出目前文献上还没有报道的硼酸和碱共存溶液中未解离的硼酸分子浓度[HB]的数学解析方程式：

$$
\begin{aligned}
&27K_{13}^6 K_{Li}[HB]^9 - 3K_{13}^5 K_{Li}[HB]^8 + K_{13}^5[K_{Li}(6[B]-9[Li]-27K_{11})-9K_W][HB]^7 + \\
&[K_{13}^4(K_W-4K_{11}K_{Li})+K_{13}^5[B](9K_W+9K_{Li}[Li]-3[B]K_{Li})][HB]^6 + \\
&K_{13}^4[[B](8K_{11}K_{Li}-3K_W)+9K_{11}^2K_{Li}-3K_{Li}K_W-6K_{11}K_W-6[Li]K_{11}K_{Li}][HB]^5 + \\
&[K_{13}^4[B](3[B]K_W-4[B]K_{11}K_{Li}+6K_{Li}K_W+6[Li]K_{Li}K_{11} + \\
&6K_{11}K_W)+K_{13}^3(K_{11}K_W-K_{11}^2K_{Li})][HB]^4 + \\
&\{K_{13}^3[[B](2K_{11}^2K_{Li}-3K_{11}K_W)+K_W^2-K_{11}K_{Li}K_W-K_{11}^2K_W-[Li]K_{11}^2K_{Li}+K_{11}^3K_{Li}] - \\
&K_{13}^4[B]^2([B]K_W+3K_{Li}K_W)\}[HB]^3+K_{13}^3[B](2K_{11}K_{Li}K_W - \\
&3K_W^2+K_{11}^2K_W+[Li]K_{11}^2K_{Li}+3[B]K_{11}K_W-[B]K_{11}^2K_{Li})[HB]^2 + \\
&K_{13}^3[B]^2(3K_W^2-[B]K_{11}K_W-K_{11}K_{Li}K_W)[HB]-K_{13}^3[B]^3K_W^2=0
\end{aligned}
$$

其中，[Li]、[B]分别表示氢氧化锂和硼酸的总浓度。

当做精密理论计算时，还要对溶液中二硼酸根离子和四硼酸根离子在解离平衡时的活度、离子强度对各种化学解离平衡的影响加以考虑。该 pH 值计算软件的计算结果与国外的计算数值完全符合，与国外同类软件等效。另外，该计算软件还可以计算硼-锂溶液中的各种离子及未解离分子的定量组成。

复习题

1. 分析方法的分类有哪几种?
2. 试述化学试剂是怎么分级的? 它们的表示符号是如何书写的?

3. 试述仪器分析涉及的分析方法是如何根据物质的光、电、声、磁、热等物理性质和化学特性对物质的组成、结构、信息进行表征和测量的？基本了解各类仪器分析方法的基本原理和各仪器分析方法的应用对象。基本了解如何根据样品性质、分析对象选择最为合适的分析仪器及分析方法。
4. 写出蓝伯特-比尔定律表达式，说明式中符号的物理意义及单位。

索 引

（本索引按汉语拼音排序，每个词条后面的数字，是它在本书中首次出现地方的页码）

Q

R

S

T

W

X

Y

Z

参考文献

[1] 张琦霞．压水反应堆的化学化工问题．北京:原子能出版社,1984.

[2] 王皓．关于轻水堆核电厂辐射源项控制几项新技术的讨论．辐射防护通讯,2006,26(1):12-16.

[3] 长谷正川义,三岛良绩．核反应堆材料手册．孙守仁,等译．北京:原子能出版社,1987.

[4] Safety Aspects of Water Chemistry in Light Water Reactors. IAEI Technical Document 7241,1988.

[5] Paul Cohen. Water Coolant Technology of Power Reactors. NewYork, Gordon and Breach, 1980.

[6] 陈济东．大亚湾核电厂系统及运行(中册). 北京:原子能出版社,1994.

[7] 庞增义,李洪盛．气相色谱仪及其应用．昆明:云南科技出版社,1989.

[8] A O Allen. The Radiation Chemistry of Water and Aqueous Solutions. Van Nastrand Reinhold ,1961.